21世纪软件工程专业规划教材

基于MVC的JSP软件开发案例教程

牛德雄 陈华政 李彬 扶卿妮 编著

清华大学出版社

北京

内 容 简 介

  JSP 是人们开发中小型 Web 应用软件常用的技术,也是基于 Java 的 Web 软件开发基本技术。本书以"项目案例导向"的方式首先介绍 JSP、Servlet、JavaBean、MySQL 数据库开发等程序设计基本技术,然后介绍软件模块的 MVC 实现及集成为一个粗放式的软件。另外,本书还介绍了软件非功能需求的编码概念及相关技术,以及复杂结构软件的实现及开发文档的编写。

  全书分 4 部分:第 1 部分(第 1 章～第 5 章)为基础内容,着重介绍 Java Web 基础、JSP 技术、MySQL 数据库开发、Servlet、JavaBean 技术与应用等;第 2 部分(第 6 章～第 7 章)为软件的实现部分,着重介绍一个软件模块的 MVC 实现及其集成;第 3 部分(第 8 章～第 9 章)为软件完善部分,在讨论如何提高软件的实用性并完善软件的同时,介绍了数据库连接池、Ajax 等技术的应用;第 4 部分(第 10 章)为综合部分,介绍了"真正"的综合软件案例的实现及开发文档的编写。另外,本书提供了大量的案例与实现,并以附录的形式介绍了 Java Web 应用软件开发环境的安装与配置,以及 Struts、Hibernate、Spring 框架的 MVC 实现的提升技术。

  本书适合作为高等院校计算机、软件工程专业,高职高专软件技术专业、网络技术专业 JSP 课程教材,也可以作自学 JSP 软件开发、JSP 软件开发的实训、培训教材。

图书在版编目(CIP)数据

  基于 MVC 的 JSP 软件开发案例教程/牛德雄等编著. --北京:清华大学出版社,2014(2020.8重印)
  21 世纪软件工程专业规划教材
  ISBN 978-7-302-35919-7

  Ⅰ. ①基… Ⅱ. ①牛… Ⅲ. ①JAVA 语言—网页制作工具—教材 Ⅳ. ①TP312 ②TP393.092

  中国版本图书馆 CIP 数据核字(2014)第 062011 号

责任编辑:张 玥 薛 阳
封面设计:何凤霞
责任校对:时翠兰
责任印制:沈 露

出版发行:清华大学出版社
    网 址:http://www.tup.com.cn,http://www.wqbook.com
    地 址:北京清华大学学研大厦 A 座   邮 编:100084
    社 总 机:010-62770175   邮 购:010-62786544
    投稿与读者服务:010-62776969,c-service@tup.tsinghua.edu.cn
    质 量 反 馈:010-62772015,zhiliang@tup.tsinghua.edu.cn
    课 件 下 载:http://www.tup.com.cn,010-62795954
印 装 者:北京九州迅驰传媒文化有限公司
经 销:全国新华书店
开 本:185mm×260mm   印 张:19.5   字 数:448 千字
版 次:2014 年 7 月第 1 版   印 次:2020 年 8 月第 7 次印刷
定 价:39.00 元

产品编号:056503-02

前 言

PREFACE

传统的软件教学侧重程序设计、细节技术及理论教学,但在这样的学科性教学中,很难培养学生基于软件开发的思维能力与动手开发能力。本教程力争做到以项目为导向,通过软件开发过程中系统化的典型工作任务的实现,引导学生一步一步掌握软件开发应具备的知识、技术、方法及动手能力。通过对本书内容的学习,使学生可以利用常用的JSP、JavaBean、Servlet技术,以MVC设计模式开发Java Web应用软件。

本教程需要学生具有Java程序设计基础、数据库开发基础、网页设计基础。在此基础上学习利用JSP技术进行软件开发。

本书以项目案例为导向的方式讲解如何用JSP技术开发MVC模式的数据库应用软件。第1章回顾了Java面向对象编程并介绍用Java进行Web编程;第2章介绍用JSP编写动态网页知识;第3章介绍在JSP中实现数据库操作并介绍如何封装数据处理层;第4章介绍通过JSP标准动作、JSTL标签和EL表达式简化JSP页面编码;第5章介绍Servlet原理及其应用;第6章介绍用前面学习的技术实现一个软件功能"模块";第7章介绍通过软件架构集成各功能模块;第8章介绍完善功能模块使软件更具有实用性;第9章介绍提高软件的处理能力和开发效率的几个技术;第10章通过一个案例介绍用JSP技术实现一个综合案例及其开发文档的编写。

本书整体内容组织上,先根据一个项目开发需要的编程技术从浅到深逐步引导,再进行基于这些技术的使用及编码能力的训练。本教材整体内容的组织是,首先介绍基本的JSP开发的MVC技术,然后用其开发一个软件模块,再讲授如何集成及软件架构的相关内容;通过非功能需求的编码实现以完善模块使其更具实用性。真实的软件往往是结构复杂的,表现为复杂的数据结构与软件结构以及管理困难,最后介绍"真正"的软件如何开发及开发文档的编写。

本书各单元内容的组织是以任务实现的案例引导进行的,先介绍案例要完成的任务、然后进行任务的实现,最后再围绕任务实现的技术与知识进行教学,并通过总结完整地介绍知识与技术。本书各个任务均代表了完成一个完整项目的某个方面的任务,即它们是软件开发的"典型工作任务";而这些典型工作任务之间具有衔接关系。这样就实现了通过系统化的项目导向、任务驱动的教学,从而实现了对学生进行软件开发知识与开发能力的培养。这样,学生不但学习了软件开发的技术,而且能从案例中学习程序编码语言技术。本书各章的案例均是相互衔接,并且是逐步深入引导的。

本课程前5章是基本技术,建议以老师讲授为主并兼顾学生的动手操作;第6章、

第 7 章是搭建一个软件的基本架构,是前面技术的综合应用,建议以学生动手为主、老师讲解为辅;第 8 章、第 9 章是提高软件实用性及运行效率的实现技术,建议以学生自学为主;第 10 章是一个综合案例的实现过程文档,介绍了软件开发的复杂性及如何进行综合软件开发。并通过一个综合的学生管理系统的开发文档介绍完整的软件开发文档的写法,该部分可以作为一个完整的软件项目的开发报告范文。在教学中教师可根据实际情况进行教学安排。

本课程建议安排 72 学时,其中讲课与实践各 36 学时,建议学时分配如下表所示。

学时分配表

类　　型	授 课 内 容	学时分配	
		讲　课	实　践
基础技术	第 1 章　用 Java 进行 Web 编程	4	4
	第 2 章　用 JSP 编写动态网页	8	8
	第 3 章　在 JSP 中实现数据库操作	6	6
	第 4 章　简化 JSP 页面编码	8	8
	第 5 章　Servlet 原理与应用	4	4
功能实现与集成	第 6 章　一个软件功能"模块"的 MVC 实现	4	4
	第 7 章　在软件架构下集成各功能模块	2	2
非功能实现技术	第 8 章　完善功能模块使其更实用	简述	实训
	第 9 章　提高软件处理与软件开发效率	简述	实训
综合案例	第 10 章　综合软件项目开发案例	简介	自学
合　　计		36	36

在教学过程中,除了老师教学与演示外,还要强调学生的动手实践,包括模仿与通过综合前面的技术完成一个较复杂的程序。本书后 5 章是综合技术与综合应用,建议以学生自主学习与实训为主。本教程的学习需要学生具备 Java 面向对象的基本知识、HTML、JavaScript 网页开发基本知识及数据库操作语言 SQL 基本知识。本书所附的案例作者均调试运行成功,希望读者能通过案例的剖析逐步掌握所介绍的方法与技术。

本书由广东科学技术职业学院的牛德雄担任主编,第 1 章由杨叶芬、牛德雄编写;第 2 章由李彬编写;第 3 章、第 5 章、第 6 章、第 7 章、第 10 章由牛德雄编写;第 4 章由扶卿妮编写;第 8 章、第 9 章由陈华政、牛德雄编写。另外,刘晓林、莫春清、岑兆荣、曾文英、樊红珍、冯丽娟、管华山也参与了部分内容的编写,珠海顶峰互动科技有限公司程高飞参与了本书教学内容的设计,魏云柯设计了本书部分图形。在此一并表示感谢。

本教材克服"以程序知识与技术"为中心的传统教学,以软件开发过程系统化方式进行教学内容的设计与组织,以一个软件项目的各"典型任务"的实现贯穿整个教材始终。由于时间仓促、经验不足,书中难免存在疏漏和不足,恳请同行专家和读者给予批评和指正。

　　本书附有教学课件、课程讲义和案例代码,读者登录清华大学出版社网站 http://www.tup.com.cn 或 http://61.145.231.44:8080/skills/solver/classView.do?classKey＝6152862&menuNavKey＝6152862 下载。也可以通过 178074603@qq.com 与笔者联系,或者进入交流群(375571590)获取更多课程资源。

编　　者

2014 年 3 月 1 日

目 录

CONTENTS

第1章 用 Java 进行 Web 编程 ··· 1

1.1 Java 面向对象编程回顾 ··· 1

1.1.1 Java 程序的开发与运行概述 ·· 1

1.1.2 Java 面向对象的编程 ··· 4

1.2 Java 程序与 Web 开发 ·· 7

1.2.1 Web 程序运行原理 ·· 7

1.2.2 JSP 动态网页技术 ·· 8

1.2.3 在 Tomcat 服务器中部署 Web 程序 ··· 9

1.3 Java 代码在 Web 上运行 ··· 16

1.3.1 在 JSP 中编写 Java 代码显示当前日期 ··· 16

1.3.2 在 JSP 中编写 Java 代码访问对象中的数据 ·· 18

1.4 一个简单用户登录功能的 JSP 实现 ··· 19

1.4.1 登录代码的实现 ··· 19

1.4.2 JSP 代码总结 ··· 21

1.5 Tomcat 服务器目录简要说明 ·· 22

小结 ·· 23

习题 ·· 23

综合实训 ·· 24

第2章 用 JSP 编写动态网页 ··· 25

2.1 JSP 动态网页概述 ··· 25

2.1.1 了解 JSP 代码组成 ··· 25

2.1.2 JSP 运行原理 ··· 26

2.1.3 JSP 的执行机制 ·· 27

2.2 JSP 页面元素及编码 ·· 28

2.2.1 静态内容 ·· 29

2.2.2 JSP 中基本的动态内容 ··· 29

2.3 数据在不同 JSP 页面中的传递 ·· 36

2.4 网页间跳转的控制 ··· 40

2.5　JSP 内置对象 ·· 42

　　2.5.1　JSP 内置对象的特点与分类 ··· 42

　　2.5.2　内置对象简介 ·· 43

小结 ·· 49

习题 ·· 49

综合实训 ·· 49

第 3 章　在 JSP 中实现数据库操作 ·· 51

3.1　Java 访问数据库概述 ··· 51

　　3.1.1　数据库运行环境介绍 ··· 51

　　3.1.2　编写 Java 程序访问 MySQL 数据库 ·· 53

　　3.1.3　在 JSP 中编写 Java 代码段访问数据库 ······································· 57

3.2　编写可重用的类封装数据库处理代码 ·· 58

　　3.2.1　在 JSP 中连接数据库编码的缺陷 ·· 58

　　3.2.2　通过 Java 类封装数据库处理代码 ··· 59

　　3.2.3　JavaBean 是可重用的封装数据或处理的类 ·································· 64

3.3　数据库操作交互模型的实现 ··· 65

　　3.3.1　预编译 SQL 语句的使用 ·· 65

　　3.3.2　数据库操作交互模型的实现 ·· 67

3.4　综合案例：用户管理综合功能的实现 ·· 69

　　3.4.1　实现思路 ··· 69

　　3.4.2　实现代码提示 ·· 70

小结 ·· 71

习题 ·· 71

综合实训 ·· 72

第 4 章　简化 JSP 页面编码 ··· 73

4.1　JSP 程序的优点与不足 ··· 73

　　4.1.1　JSP 程序的不足 ··· 73

　　4.1.2　改进 JSP 编码的策略 ·· 74

4.2　JSP 标准动作 ·· 76

　　4.2.1　了解 JSP 标准动作 ·· 76

　　4.2.2　JSP 标准动作简述 ··· 78

4.3　EL 表达式 ·· 80

　　4.3.1　EL 表达式语法 ·· 80

　　4.3.2　EL 表达式使用案例 ·· 82

4.4　JSTL 标准标签库 ·· 83

　　4.4.1　使用 JSTL 的步骤 ·· 83

　　　　4.4.2　JSTL 标准标签的类型与应用 ················ 85

　　　　4.4.3　JSTL 标签库简介 ·············· 90

　　4.5　JavaBean 作为封装数据的实体类 ·············· 92

　　小结 ················ 94

　　习题 ················ 95

　　综合实训 ················ 95

第 5 章　Servlet 原理与应用 ················ 96

　　5.1　什么是 Servlet ················ 96

　　　　5.1.1　见识一个 Servlet 代码 ·············· 97

　　　　5.1.2　Servlet 特点简介 ·············· 98

　　　　5.1.3　开发自己的第一个 Servlet ·············· 99

　　5.2　Servlet 工作原理与应用 ·············· 101

　　　　5.2.1　Servlet 工作原理 ·············· 101

　　　　5.2.2　Servlet 生命周期 ·············· 102

　　　　5.2.3　Servlet 应用 ·············· 104

　　5.3　Servlet 作为控制器的编码实现 ·············· 105

　　　　5.3.1　简单控制器编码实现 ·············· 105

　　　　5.3.2　数据库应用中 Servlet 控制器的实现 ·············· 109

　　5.4　Servlet 技术介绍 ·············· 111

　　　　5.4.1　Servlet 与 JSP 的关系 ·············· 112

　　　　5.4.2　Servlet 工作模式简介 ·············· 112

　　　　5.4.3　Servlet 的应用优势 ·············· 113

　　小结 ·············· 113

　　习题 ·············· 114

　　综合实训 ·············· 114

第 6 章　一个软件功能"模块"的 MVC 实现 ·············· 115

　　6.1　软件项目由模块组成 ·············· 115

　　　　6.1.1　软件由其模块组成 ·············· 115

　　　　6.1.2　软件项目开发以模块为单位进行 ·············· 116

　　　　6.1.3　"用户信息管理"程序结构简介 ·············· 118

　　6.2　基于 MVC 设计模式的软件开发概述 ·············· 118

　　　　6.2.1　MVC 设计模式概述 ·············· 118

　　　　6.2.2　MVC 设计模式的优缺点 ·············· 120

　　6.3　软件项目功能模块分解与设计 ·············· 121

　　　　6.3.1　学生管理系统软件项目的开发 ·············· 121

　　　　6.3.2　功能模块分解 ·············· 122

6.3.3 数据库设计 ……………………………………………………… 122

6.4 "学生信息管理"模块的 MVC 实现 ……………………………………… 123

6.4.1 任务描述 ………………………………………………………… 123

6.4.2 "学生信息管理"模块运行效果演示 …………………………… 123

6.4.3 软件项目结构介绍 ……………………………………………… 126

6.4.4 软件的 MVC 实现步骤 ………………………………………… 127

6.4.5 各程序的关键代码讲解 ………………………………………… 132

6.5 模块模型层的优化 ……………………………………………………… 143

小结 …………………………………………………………………………… 144

习题 …………………………………………………………………………… 144

综合实训 ……………………………………………………………………… 145

第 7 章 在软件架构下集成各功能模块 …………………………………… 146

7.1 问题的提出 ……………………………………………………………… 146

7.1.1 软件项目的功能模块分解 ……………………………………… 147

7.1.2 软件的模块集成 ………………………………………………… 147

7.1.3 软件集成的相关技术工作 ……………………………………… 147

7.2 软件架构简介 …………………………………………………………… 148

7.2.1 以架构为中心的开发方法 ……………………………………… 148

7.2.2 软件架构设计时的工作内容 …………………………………… 149

7.3 学生管理系统各模块的统一运行环境 ………………………………… 149

7.3.1 统一运行界面的设计 …………………………………………… 149

7.3.2 统一运行界面的实现 …………………………………………… 150

7.3.3 在主界面中其他模块的集成 …………………………………… 154

7.3.4 软件集成后程序的组织 ………………………………………… 155

7.4 软件的架构与集成总结 ………………………………………………… 157

7.4.1 识别每一层中的功能模块 ……………………………………… 157

7.4.2 软件架构的设计要满足用户的要求 …………………………… 158

7.4.3 什么是一个好的软件架构 ……………………………………… 158

7.4.4 软件集成后要进行集成测试 …………………………………… 159

小结 …………………………………………………………………………… 160

习题 …………………………………………………………………………… 160

综合实训 ……………………………………………………………………… 161

第 8 章 完善功能模块使其更实用 ………………………………………… 162

8.1 一个软件模块的编码实现 ……………………………………………… 162

8.1.1 仅仅提供功能还不行,要使软件更实用 ……………………… 162

8.1.2 通过非功能编码使软件更"实用" ……………………………… 163

8.2　汉字乱码处理的实现 ··· 163
　　8.2.1　Java 和 JSP 文件本身编译时产生的乱码问题 ··················· 164
　　8.2.2　JSP 与页面参数之间的乱码 ······································· 164
　　8.2.3　汉字编码简述 ··· 165
　　8.2.4　Java 与数据库之间的乱码 ··· 166
8.3　多数据分页显示处理的实现 ··· 171
　　8.3.1　实现技术与思路 ··· 171
　　8.3.2　案例的实现 ·· 172
8.4　文件上传的实现 ·· 178
　　8.4.1　文件上传技术与实现 ··· 178
　　8.4.2　学生相片的上传与显示 ·· 185
8.5　软件非功能需求的编码实现 ··· 191
　　8.5.1　软件的功能需求与非功能需求 ···································· 191
　　8.5.2　非功能需求的种类与实现 ··· 191
小结 ··· 192
综合实训 ·· 192

第 9 章　提高软件处理与软件开发效率 ··· 193
9.1　问题的提出 ··· 193
9.2　Tomcat 数据库连接池技术 ··· 194
　　9.2.1　传统数据库连接方式的不足 ······································ 194
　　9.2.2　连接池应用案例 ··· 194
　　9.2.3　数据库连接池与 JNDI ·· 199
9.3　Ajax 技术实现 Web 页面的局部刷新 ··· 200
　　9.3.1　案例准备 ··· 201
　　9.3.2　用 Ajax 技术实现用户注册账户查重 ···························· 203
　　9.3.3　用 Ajax 技术实现用户登录的身份验证 ························· 208
　　9.3.4　Ajax 相关技术概述 ·· 211
9.4　JavaBean 与软件复用 ·· 216
　　9.4.1　Java 类与 JavaBean ··· 216
　　9.4.2　JavaBean 的组件及优势 ·· 217
9.5　利用接口技术分离业务定义与实现 ··· 219
　　9.5.1　面向接口的编程 ··· 220
　　9.5.2　面向接口的编程案例 ··· 220
小结 ··· 223
综合实训 ·· 224

第 10 章　综合软件项目开发案例 ·· 225

　10.1　综合软件项目开发概述 ·· 225

　10.2　软件结构的复杂性及实现 ·· 226

　　10.2.1　复杂的数据结构及软件结构 ·································· 226

　　10.2.2　案例实现技术介绍 ·· 229

　　10.2.3　面向对象的软件开发过程 ·································· 236

　10.3　综合软件项目开发说明 ·· 237

　　10.3.1　项目介绍 ·· 238

　　10.3.2　用例模型 ·· 239

　　10.3.3　功能需求 ·· 239

　　10.3.4　数据分析与数据库设计 ·································· 240

　　10.3.5　软件设计 ·· 243

　　10.3.6　各功能模块设计 ·· 245

　　10.3.7　软件实现及操作说明 ·································· 248

　小结 ··· 260

　综合实训 ··· 260

附录 A　JSP 开发环境的安装、配置与使用介绍 ·························· 261

附录 B　SSH 框架技术简介 ·· 292

参考文献 ··· 297

用 Java 进行 Web 编程

本章学习目标

- 通过回顾掌握 JSP 程序开发需要的基本知识与技能，包括 Java 面向对象编程、Web 开发等。
- 了解 JSP 动态网页技术以及开发与运行环境。
- 熟练掌握在 Tomcat 服务器中部署与运行简单的 JSP 程序。
- 了解 JSP 程序的开发过程。

随着 Web 的发展与 Web 应用的不断完善，各种 Web 技术层出不穷，基于 Java 技术的 Web 应用程序的开发逐步发展起来。

Java 程序设计语言不但可以开发传统的应用程序，而且可以开发基于网络的 Web 应用程序。Java 语言强大的处理能力与稳定的架构及在 Web 交互页面的开发中也得到了很好的体现。

本章回顾了用 Java 进行面向对象的开发的一些概念，包括用 Java 编写封装数据的类、封装业务处理的类编程；介绍了 Web 开发技术及其原理、动态交互网页及 JSP 动态网页开发技术等。同时，介绍了 Java 语言在 JSP 中的运行，并通过一系列案例说明其如何实现。

1.1 Java 面向对象编程回顾

1.1.1 Java 程序的开发与运行概述

1. Java 开发与运行环境简述

目前市场上流行的 Java 集成开发环境很多，如 JBuilder、Eclipse、MyEclipse 等，它们给 Java 开发提供了许多方便。但是，对于初学者，先了解 Java 开发与运行原理，再通过集成开发环境提高开发效率非常有必要，这样有利于学生的学习。

下面简要回顾一下 Java 的开发与运行环境及原理。

关于 Java 的开发与运行，首先不得不提到 Java 开发工具包（Java Development Kit，JDK）。如果一个计算机上需要开发与运行 Java 程序，就需要安装 JDK。图 1-1 所示的就是一个 JDK 安装程序。

安装 JDK 时,需要选择安装目录,默认的目录是"C:\ Program Files\Java"。若选择默认的目录,安装后的结果如图 1-2 所示。

图 1-1　JDK 安装程序

图 1-2　JDK 安装目录

在此 Java 安装目录下有两个子文件夹 jdk、jre,后面跟的数字是版本号。如图 1-2 所示,安装好 Java 的 JDK 后,两个文件夹为:

- .\jdk1.6.0_03;
- .\jre1.6.0_03。

这就是 Java 程序的开发与运行环境。Java 家族庞大,而 JDK 是整个 Java 家族的核心。JDK 中 jdk 文件夹是一些 Java 工具(如编译工具 javac.exe,运行工具 java.exe 等);而 jre 文件夹是 Java 运行时环境(Java Runtime Environment),包含 Java 运行所必需的一些基础类库(以 jar 文件形式提供)。

其实,不论什么 Java 应用服务器实质都是内置了某个版本的 JDK。

【案例 1-1】　分别徒手和在 Eclipse 下编写与运行 Java 程序。

2. 徒手编写与运行 Java 程序

安装了 Java 开发工具包 JDK 后,就可以进行 Java 程序的编写与运行了。Java 的程序开发,一般要介绍环境配置、开发工具的使用等。但为了简洁明了地介绍 Java 的程序开发与运行,绕过这些内容更能说明问题(其实,关于 Java 开发环境的配置问题,Java 集成开发环境已经解决了,所以在这方面可以少花点精力)。

在 Java 安装目录中,jdb 文件夹的子文件夹 bin 是直接存放 Java 开发工具的地方。在此编写 Java 简单程序就可以不用配置 Java 参数了。

为了说明 JDK 开发运行环境已经可以工作,我们编写了一个简单的 HelloWorld 程序来运行。

操作过程如下。

1) Java 程序的编写

进入 Java 安装程序下的\jdk1.6.0_03\bin 文件夹,用记事本编写一个 Java 程序:HelloWorld.java,如图 1-3 所示。

注意,Java 程序的类名与文件名一致,包括大小写。Java 代码中也对字母大小写敏感。

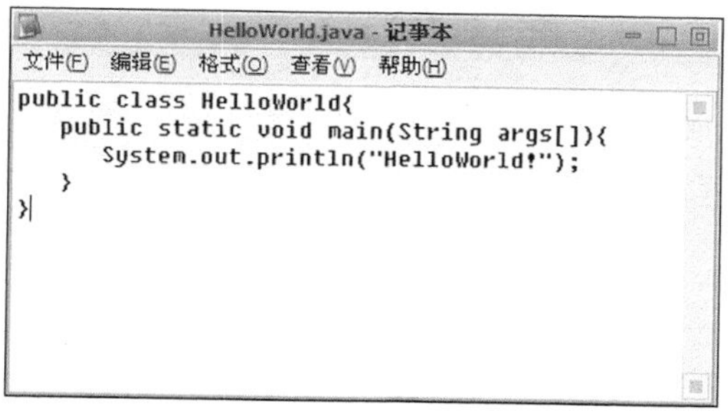

图 1-3   通过记事本编写 Java 程序

2) 编译与运行

从 Windows 的命令行(cmd)操作窗口中进入 C:\Program Files\Java\jdk1.6.0_03\bin 文件夹,对上述 HelloWorld.java 进行编译与运行(如图 1-4 所示)。

- 编译命令输入:javac HelloWorld.java。
- 运行命令输入:java HelloWorld。

图 1-4   在 cmd 命令行窗口下编译与运行 Java 程序

通过上述例子,说明最基本的 Java 开发与运行环境已经可以工作了。Java 的开发只需要简单的文本编辑器(如记事本)即可,而运行则需要 Java 运行环境 JRE 的支持(又称为 Java 运行时环境,其中包括 Java 虚拟机 JVM)。为了提高程序的开发效率,我们往往使用 Java 的集成开发环境(IDE),如 Eclipse 等。下面就介绍 Java 在 Eclipse 下的编码与运行。

3. 在 Eclipse 集成环境下的 Java 编程

Eclipse 是一款优秀的集成开发环境(IDE)。它不仅仅是开发 Java 的 IDE,而且还是 C、Python 等的 IDE。只要开发出相应语言的插件,Eclipse 就可以成为任何语言的 IDE。

Eclipse 是一个开放、免费的软件,具有强大的可扩展插件功能,它从编写、查错、编译、帮助等方面支持 Java 语言开发。目前 Eclipse 是 Java 软件开发的主流开发工具。

例如,在 Eclipse 下编写与运行 HelloWorld.java 程序,如图 1-5 所示。

在 Eclipse 下编写与运行 HelloWorld.java 程序,先要建立一个项目(见图 1-5 中的项目名),然后在该项目的 scr 包中创建一个类文件,如 HelloWorld.java。再在编码区对其进行编码。编写好后,单击“运行”按钮,就会在控制台中显示运行结果,具体结果如图 1-5 所示。

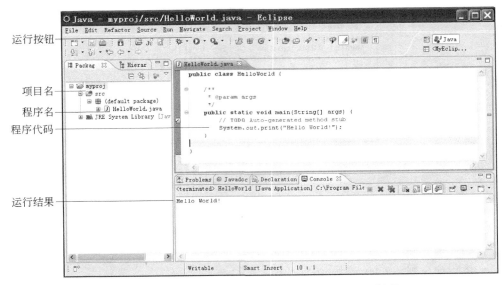

运行按钮

项目名
程序名
程序代码

运行结果

图 1-5　在 Eclipse 下编写与运行 HelloWorld.java 程序

上述用 Eclipse 进行 Java 编码与运行，Eclipse 同样要得到 Java 运行环境 JRE 的支持，只不过 Eclipse 会自动对 JRE 进行配置(你也可以改变该配置)。

一般，在 Eclipse 使用前需要安装 JDK，然后再安装 Eclipse。那么，Eclipse 就会自动配置已经安装的 JDK 运行环境，只需要编写与运行 Java 程序便可。

如果想改变 Eclipse 中 JRE 的配置，可以按以下步骤操作：选择窗口菜单项 Window →Preferences，就会出现一个首选项对话框。然后在其左侧的框中选择 Java→Installed JREs，则出现如图 1-6 所示的对话框，可在其中对 JRE 进行配置。

在此，可以对 JRE 进行新增、修改等操作，这时在 Installed JREs 框中就会列出一系列供选用的 JRE。最后，在相应的 JRE 前打钩以选择你要选用的 JRE(如图 1-6 所示)。

正确配置 JRE 后，就可以在 Eclipse 中进行 Java 程序的开发与运行了。在此只是说明 Java 程序在 Eclipse 中的编写与运行。Eclipse 只要配置成功 JRE 就可以开发与运行 Java 程序了。

Eclipse 的功能还有很多，关于 Eclipse 更多的功能与操作说明，请参考相应的参考书。

1.1.2　Java 面向对象的编程

【案例 1-2】　编写封装数据的类及访问的程序。

Java 语言是纯面向对象编程的。关于面向对象的程序设计的基本概念及特点，此处就不多讲了，请读者参考其他教材。这里只回顾一下 Java 进行面向对象编程(OOP)的最基本的技术。

Java 程序均是面向对象的，所以其实现的各种功能都是类与对象的参与。类与对象在程序设计中的作用是多方面的，有封装数据的类、有封装操作的类，还有实现界面的类等。下面就读者容易忽略与混淆的几个关键技术问题进行阐述。

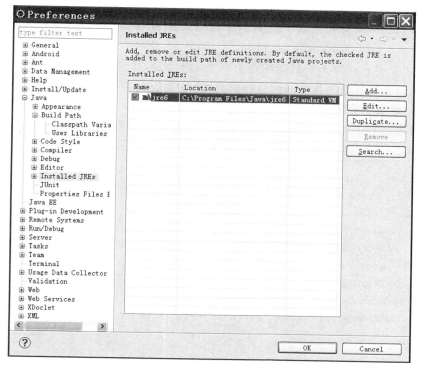

图 1-6　对 JRE 进行配置

1. 用对象封装数据

例如：一个学生管理系统中，有一个学生类，它封装了一个学生的信息，这些信息包括学生的学号、姓名、班级、性别、年龄等。我们定义一个实体类 Student 封装学生数据。该类文件名为：Student.java，该类存放在 entitypackage 包中，其代码如下：

```java
package entitypackage;
public class Student {
    public int id;
    public String name;
    public String sex;
    public String grade;
    public int age;
    public Student() {
        this.id=6;
        this.name="张国盛";
        this.sex="男";
        this.grade="12网编1班";
        this.age=22;
    }
}
```

上述代码在一个 entitypackage 包下定义的 Student 实体类,其中,5 个属性 id、name、sex、grade、age 分别存放学生的学号、姓名、性别、班级、年龄。该类文件 Student.java 存放在 scr 下的 entitypackage 包中。

Student 类中有一个无参数的构造方法 Student(),它对该类进行数据的初始化,即将所需要赋给该类对象的各个属性进行赋值,当该类进行实例化后可以创造一个含有数据的对象,这些数据存放到对象的属性中。所以,类 Student 完成了一个数据的封装。

下面编写一个主类访问封装数据类 Student,将该主类命名为:MainClass.java,它引用 Student 类,并将其中封装的数据显示出来,其代码如下:

```java
import entitypackage.Student;
public class MainClass{
    public static void main(String args[]){
        Student student=new Student();          //类的实例化,即生成一个对象
        //显示对象中封装的信息
        System.out.println("你好,"+student.name+",你的信息是:");
        System.out.println("学号 "+student.id);
        System.out.println("年龄 "+student.age);
        System.out.println("班级 "+student.grade);
    }
}
```

上面的主类 MainClass.java 程序运行时,先实例化 Student 类,生成一个含数据的对象 student,再访问该对象属性中的数据并显示。在 Eclipse 中运行该类显示的结果如图 1-7 所示。

注意:这个 Student 实体类是一个可复用的类,在其他需要访问该学生的地方,都可以使用上述方法进行调用。它的存在方式是一个编译后的 class 文件:Student.class。我们把这些可复用的 class 文件放到一起,就形成了一个可复用的类库(或构件库)。当然,这个类库有封装数据的,有封装处理算法的,也有其他通用功能。

```
你好,张国盛,你的信息是:
学号 6
年龄 22
班级 12网编1班
```

图 1-7　主类访问实体类 Student 显示的结果

2. 用对象封装处理功能

【案例 1-3】　编写封装方法的类及访问的程序。

下面通过一个简单的例子介绍用对象封装一个处理功能。例如,上面的实体类中封装了某个学生的年龄,但我们想知道他是哪一年出生的。这需要一个简单的计算得到该学生的出生年份。这个计算的算法也可以封装到一个类中。

下面定义 StudentYearAge.java 类来封装计算年龄的算法,其代码如下。

```java
package processpackage;
import entitypackage.Student;
public class StudentYearAge {
    public int ageyear(){
```

```
            Student student=new Student();
            return 2013-student.age;
        }
    }
```

类 StudentYearAge 中提供了一个 ageyear()方法计算出生年份,即通过它们实现计算处理的封装。该方法的程序很简单,主要是体现这个类是如何进行处理功能的封装的。其计算过程是:先获取数据对象中学生的年龄,然后通过

$$出生年份＝当年年份－当年实际年龄$$

最后,返回计算出的出生年份。

上述两个类: Student. java 和 StudentYearAge 分别封装了一个学生的信息和计算年龄的处理算法。但是,它本身是不能运行的,需要一个主控类进行调用,即实例化成对象后才能执行。

下面是一个调用这两个类中代码的主控程序 MainClass. java。

```
import processpackage.StudentYearAge;
import entitypackage.Student;
public class MainClass {
    public static void main(String[] args) {
        Student student=new Student();              //封装数据类的对象实例化
        StudentYearAge birth=new StudentYearAge();   //封装处理的实例化
        System.out.println("你好,"+student.name+",你的信息是:");
        System.out.println("学号 "+student.id);
        //封装算法的方法调用
        System.out.println("出生年份 "+birth.ageyear());
        System.out.println("班级 "+student.grade);
    }
}
```

执行 MainClass. java,它访问了数据对象、调用了计算年龄的对象,并将结果进行显示(如图 1-8 所示)。

从本节介绍的两个例子可以看出,Java 的程序设计均为面向对象的,对象既可以用于封装数据,也可以用于封装处理功能,还可以用于程序处理的控制等。封装在类中的数据、处理等,需要使用时,就用 new 语句实例化为对象;然后再通过访问该对象的属性、方法来进行操作,从而完成整个程序的处理。

```
你好,张国盛,你的信息是:
学号6
出生年份1991
班级12网编1班
```

图 1-8　运行 MainClass
　　　　类的结果显示

1.2　Java 程序与 Web 开发

1.2.1　Web 程序运行原理

Java 语言开发的程序可以进行 C/S 与 B/S 开发。在此先了解并比较一下这两种基于网络的程序开发与运行方式。图 1-9 是这两种方式的程序运行比较。

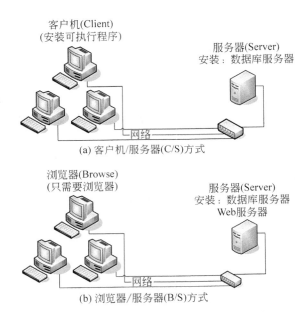

图 1-9　两种基于网络的程序运行方式比较

C/S 结构软件系统(Client/Server 即客户机/服务器方式),客户机和服务器常常分别处在相距很远的两台计算机上,客户程序的任务是将用户的要求提交给服务器程序,再将服务器程序返回的结果以特定的形式显示给用户;服务器程序的任务是接收客户程序提出的服务请求,进行相应的处理,再将结果返回给客户程序。

从图 1-9(a)中可以看出,C/S 方式中,Java 编写的程序安装在客户机上并在客户机上运行,它可以通过网络访问服务器上的数据库并获得返回的执行结果。

而 B/S 方式(Browse/Server 即浏览器/服务器方式),程序安装在服务器上(又称为 Web 网站),用户操作客户机上的浏览器,与服务器的 Web 程序进行交互。这时,在服务器上除了数据库系统外,还要装一个称为"Web 服务器"的软件,它负责 Java 程序从客户端到服务器的交互处理(Web 服务)。在 B/S 技术中,浏览器与服务器是采用请求/响应模式进行交互的,其具体交互原理如第 2 章图 2-1、图 2-2 所示。

用 Java 进行 Web 开发,一般常选择 Tomcat 作为 Web 服务器。Tomcat 全名为 Jakarta Tomcat,是 Apache 软件基金会(Apache Software Foundation)Jakarta 项目中的核心,由 Apache、Sun 和其他一些公司及个人共同开发而成。Tomcat 技术先进、性能稳定,而且免费,因而深受 Java 爱好者的喜爱并得到了部分软件开发商的认可,成为目前比较流行的 Web 应用服务器。常见的 Web 服务器有 MS IIS、IBM WebSphere、BEA WebLogic、Apache 和 Tomcat。

本书后面的案例均采用 Tomcat 作为 Web 服务器。Tomcat 安装程序可以从 http://tomcat.apache.org/免费下载获取。

1.2.2　JSP 动态网页技术

所谓的动态网页是与静态网页相对应的概念。纯粹以 HTML 格式设计的网页通常称为"静态网页"。静态网页的内容主要是以 HTML 格式描述的文字与图片,那些网页上的动画、字幕滚动等也属于静态网页的内容。

而动态网页是以静态网页为基础的,除了也有静态网页的内容与功能外,还有所谓的"动态"内容,这些动态内容提供用户与网页的交互操作。例如,用户在"百度"上输入一个关键词进行搜索,其将返回一个结果,这种提供"交互"的网页就是动态网页。

动态网页的代码,除了那些 HTML 格式的静态内容外,还有其他语言(如 Java、VB、VC)编写的动态内容。在编码过程中,动态网页是基本的 HTML 语法规范与 Java、VB、VC 等高级程序设计语言、数据库编程等多种技术的融合,以期实现对网站内容和风格的高效、动态和交互式的管理。因此,从这个意义上来讲,凡是结合了 HTML 以外的高级程序设计语言和数据库技术进行的网页编程技术生成的网页都是动态网页。其实,动态网页本身实际上并不是一个独立存在于服务器上的网页文件,只有当响应用户请求时服务器才返回一个完整的网页。

除了早期的 CGI 外,目前主流的动态网页技术有 JSP、ASP、PHP 等。下面重点介绍 JSP 动态网页技术。

JSP 即 Java Server Pages(即 Java 服务器页面),它是基于 Java 进行 Web 开发的技术。JSP 是由 Sun Microsystem 公司于 1999 年 6 月推出的新技术,是基于 Java Servlet 以及整个 Java 体系的 Web 开发技术。

JSP 页面由 HTML 代码和嵌入其中的 Java 代码组成。在页面被客户端请求以后,服务器对这些 Java 代码进行处理,然后将生成的 HTML 页面返回给客户端的浏览器。Java Servlet 是 JSP 的技术基础,而且大型的 Web 应用程序的开发需要 Java Servlet 和 JSP 配合才能完成。JSP 具备了 Java 技术简单易用、完全面向对象、具有平台无关性且安全可靠、主要面向 Internet 的所有特点。

JSP 动态网页技术集成了 Java 语言的优点,主要有以下几点:

(1) 一次编写,到处运行。在这一点上 Java 比其他开发技术更出色,除了系统之外,代码不用做任何更改。

(2) 系统的多平台支持。基本上 JSP 可以在所有平台的任意环境中开发,在任意环境中进行系统部署,在任意环境中扩展。

(3) 强大的可伸缩性。从只有一个小的 jar 文件就可以运行 Servlet/JSP,到由多台服务器进行集群和负载均衡、事务处理、消息处理等,Java 显示了巨大的生命力。

(4) 多样化和功能强大的开发工具支持。Java 已经有了许多非常优秀的开发工具,而且许多可以免费得到。

下面介绍 Tomcat 作为 Web 服务器时,JSP 是如何部署与工作的。

1.2.3　在 Tomcat 服务器中部署 Web 程序

如果 Tomcat 下载安装成功,则 Tomcat 安装目录下的内容如图 1-10 所示(Tomcat 安装过程见附录 A 介绍)。在 Tomcat 的安装目录下,webapps 文件夹是用来部署 Web 应用项目的。

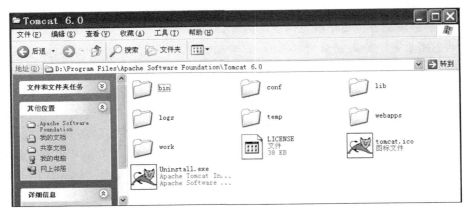

图 1-10　Tomcat 安装目录下的内容

1. Tomcat 提供 Web 服务

在 Tomcat 安装目录下有一个 bin 文件夹，它存放 Tomcat 的一些工具，包括提供启动、停止服务的监控器程序（如 tomcat6w.exe）。执行该监控程序，出现如图 1-11 所示的界面，可以通过 Start 和 Stop 按钮启动和停止 Tomcat 服务。

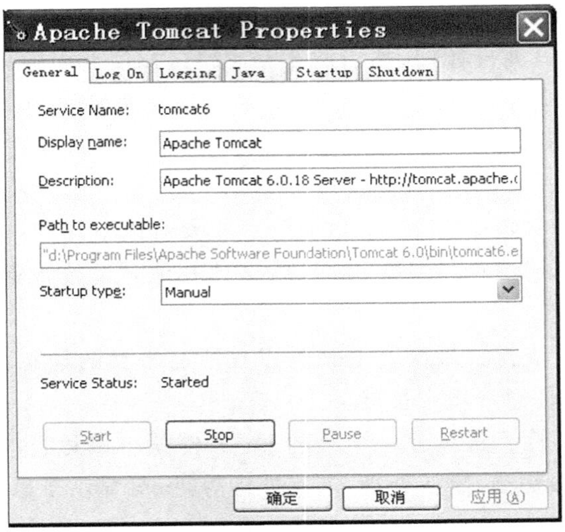

图 1-11　Tomcat 监控器

Tomcat 监控器需要配置其对应的 Java 运行环境 JRE。但其在安装时会自动配置好，也可以修改其配置。

下面通过一个简单的 HTML 网页，说明 Tomcat 已经可以提供 Web 服务。用记事器编写一个 HTML 文件 myhtml.html，代码如下：

```
<html>
    <head>
```

```
    <title>我的第一个 HTML 网页</title>
  </head>
  <body>
      欢迎进入我的空间!<br>
  </body>
</html>
```

在 Tomcat 的 webapps 下创建一个子文件夹 myweb,将 myhtml.html 复制到该文件夹中,我们就部署好一个简单的 Web 网站了。

在 Tomcat 监控器中单击 Start 按钮启动 Web 服务。在浏览器中输入以下 URL 地址:http://localhost:8080/myweb/myhtml.html,会出现如图 1-12 所示的运行结果。

图 1-12 myhtml.html 在浏览器中的运行结果

在 http://localhost:8080/myweb/myhtml.html 中,localhost:8080 分别说明服务器地址与端口,localhost 表示是本机。myweb 是项目文件夹,myhtml.html 是网页文件,它们共同组成在服务器上访问该文件的 URL 地址。

上述案例说明了 Tomcat 是如何启动与提供 Web 服务的。只要将创建的 Web 应用程序复制到 Tomcat 安装目录下的 webapps 文件夹,即部署成功了,就可以获取 Web 服务,即通过网络访问该网页了。

2. 一个简单 Java Web 项目的部署与运行

【案例 1-4】 在 Tomcat 服务器中部署 Web 程序并运行。

下面通过一个简单的 Java Web 项目,说明 Java Web 项目的结构及在 Tomcat 下的部署与运行。

Java Web 项目包括一个项目文件夹,它包含一个 Web-INF 子文件夹,且其下有两个子文件夹:classes,lib。其中 Web-INF 对 JSP 是不可少的,其下的 classes 是放编译后的 class 类文件的,而 lib 是放该项目要用到的各种 jar 工具包(如数据库驱动包、Struts 框架等)的。

在 Tomcat 的 webapps 文件夹下创建以下子文件夹结构(如图 1-13 所示),其中 classes,lib 文件夹均为空。

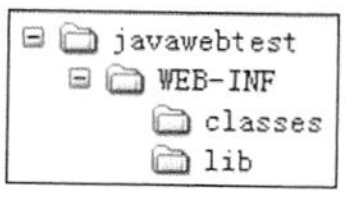

```
⊟ 📁 javawebtest
  ⊟ 📁 WEB-INF
       📁 classes
       📁 lib
```

图 1-13 创建一个简单的 Java
Web 项目结构

在 javawebtest 下创建一个 index.jsp 文件,在 Web-INF 下创建一个 Java Web 的配置文件 Web.xml,它们的内容分别如下。

index.jsp 代码如下:

```
<!DOCTYPE HTML PUBLIC "-//W3C//DTD HTML 4.01 Transitional//EN">
<html>
  <head>
    <title>'my java web' </title>
  </head>
  <body>
    This is my simple java web JSP page . <br>
  </body>
</html>
```

index.jsp 其实只是显示:"This is my simple java web JSP page"。

Web.xml 文件的代码如下。

```
<?xml version="1.0" encoding="UTF-8"?>
<web-app xmlns="http://java.sun.com/xml/ns/j2ee" xmlns:xsi="http://www.w3.
org/2001/XMLSchema-instance" version="2.4" xsi:schemaLocation="http://java.
sun.com/xml/ns/j2ee  http://java.sun.com/xml/ns/j2ee/web-app_2_4.xsd">
</web-app>
```

该 Web.xml 文件内容在 Eclipse 创建 Web 项目时会自动生成,目前不需要添加任何代码。

按上述要求建立好项目后,复制到 Tomcat 安装目录的 webapps 下,即部署成功。重新启动 Tomcat,在浏览器(如 IE)的地址栏输入

```
http://localhost:8080/javawebtest/index.jsp
```

则显示如图 1-14 所示的结果。

图 1-14　JSP 程序 index.jsp 的运行结果

如果用 MyEclipse 作为 JSP Web 项目的开发平台,则配置好 Tomcat 后,就可以自动部署到 webapps 中了,并且修改程序后,会同步更新那些已部署的程序。

3. 在 MyEclipse 中开发运行 Java Web 程序

MyEclipse(MyEclipse Enterprise Workbench 即 MyEclipse 企业级工作平台)是对 Eclipse IDE 的扩展,利用它可以在数据库和 Java EE 的软件开发、发布以及应用服务器的整合等方面大幅度地提高工作效率。MyEclipse 是付费软件,它提供功能丰富的 Java EE 集成开发环境,包括完备的编码、调试、测试和发布功能,完全支持 HTML、JSP、Struts、Hibernate 等的开发。

JSP 是 Java Web 开发的基本技术,也是 Java EE 的基础。下面介绍在 MyEclipse IDE 下开发与部署 JSP 项目。

前面介绍了徒手开发、部署、运行一个 JSP Web 项目。掌握徒手操作对于初学者了解与掌握 JSP 技术原理有益;但如果要提高开发效率,还是要利用 IDE(集成开发环境)。MyEclipse 是一个优秀的 Java、Java Web、Java EE 开发工具。

利用 MyEclipse 开发 Java Web 程序,首先需要配置一个 Tomcat 服务器,虽然它有一个内置的 Java 运行环境 JRE 和 Tomcat 服务器,但还是要掌握如何配置 Tomcat (MyEclipse 还要配置 JRE,其配置方法见本书的附录)。

在 MyEclipse 的操作界面中,选择 Window→Preferences→MyEclipse→Servers→Tomcat→Tomcat 6.x(假设你的 Tomcat 是第 6 版),然后出现如图 1-15 所示的窗口。

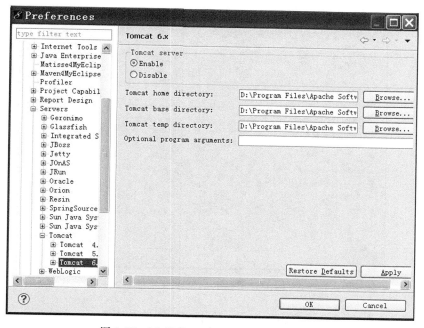

图 1-15　MyEclipse 中配置 Tomcat 的窗口

在上述对话框中,找到 Tomcat 的安装目录,再单击 Enable 按钮,单击 OK 按钮,就配置好 Tomcat 了。

配置好 Tomcat 后,即可在 MyEclipse 环境下开发与部署 Java Web 项目。

在 MyEclipse 工作环境下（见图 1-16），依次选择菜单项 File→New→Web Project，出现如图 1-17 所示的窗口。

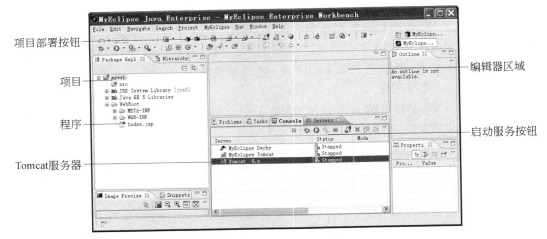

项目部署按钮
项目
程序
Tomcat服务器
编辑器区域
启动服务按钮

图 1-16　MyEclipse 工作台

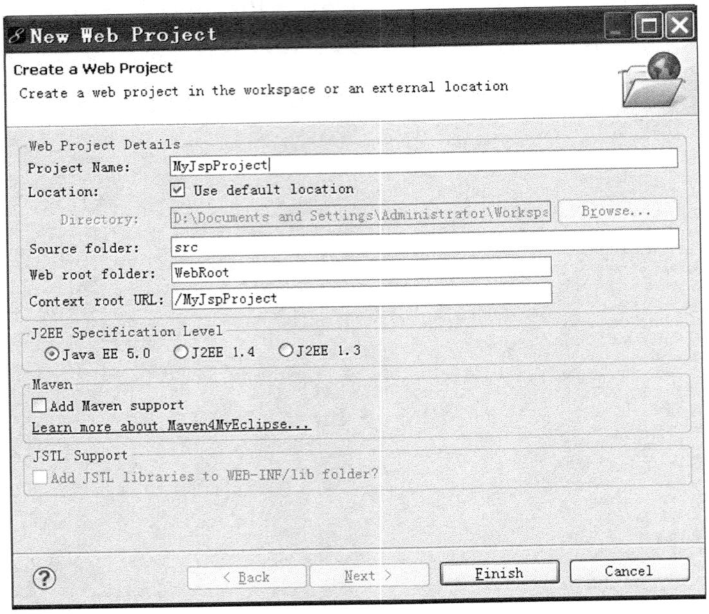

图 1-17　创建一个 Web 项目

填写项目名（Project Name），如项目命名为：MyJspProject。单击 Finish 按钮，就建好一个 Web 项目了。该 Web 项目结构如图 1-18 所示。

图 1-18 的项目结构中均为源程序，其中 src 中存放 Java 源程序，WebRoot 中存放 JSP 等其他程序或文件（如 HTML、JSP 等文件，它是这些文件的根目录）。其中有一

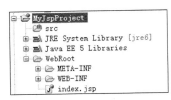

图 1-18　创建的 Web 项目结构

个自动创建的文件 index.jsp，它仅仅显示一行信息：This is my JSP page。

　　用鼠标选中该项目，单击图 1-16 中的"项目部署"按钮，则出现如图 1-19 所示的部署对话框。单击 Add 则出现平台中已配置好的 Tomcat 服务器，选择刚配置好的 Tomcat 6.x 进行部署，图 1-19 表示已经部署成功，单击 OK 按钮完成部署。

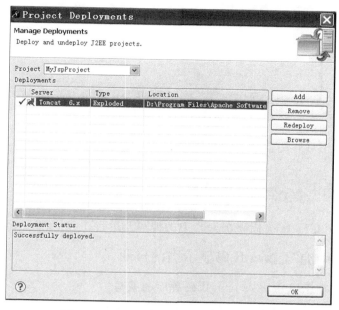

图 1-19　在 Web 服务器中部署 Web 项目

　　部署成功后，在 Tomcat 的 webapps 中就可以看到 MyJspProject 项目已经部署，其结构如图 1-20 所示。

　　图 1-20 是图 1-18 的部署项目，它们存放在不同的地方，并且如果有 Java 程序，它将被编译，且将编译后的 class 文件存放在 classes 文件夹中；其他支持工具包、JSP 文件等，均会相应地复制过来。

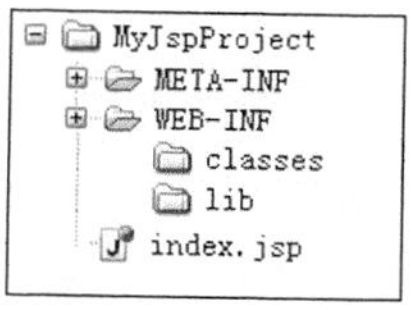

　　部署成功后，启动 Tomcat 服务，在浏览器中输入以下 URL：

图 1-20　在 webapps 中部署后的项目结构

```
http://localhost:8080/MyJspProject/index.jsp
```

则出现图 1-21 的运行结果。

　　从上述案例可以看出，MyEclipse 不但是 Java Web 项目的开发环境，而且还可以进行项目的部署与运行。

　　总之，Tomcat 作为 Web 服务器支持 Java Web 项目的运行，但 MyEclipse 仅仅只是一个协助软件开发的工具而已，它可以提高软件开发效率，虽然集成了 JDK、Tomcat，但不能代替它。对于 Java 初学者，先要了解 Java Web 项目开发的基本原理，再借助开发工具，将有利于今后的学习。反之，如果一开始就只使用 IDE 工具，就会使学员变得越来越

图 1-21   部署后在浏览器中运行的结果

"依赖"它,离开了工具环境就会无法适应。

1.3   Java 代码在 Web 上运行

本节通过案例介绍 Java 代码在 JSP 中的编写及运行。

1.3.1   在 JSP 中编写 Java 代码显示当前日期

【案例 1-5】   在 JSP 中嵌入 Java 代码程序的编写。

下面通过一个显示计算机的日期程序,介绍 Java 代码在 JSP 上的编写及在 Web 上的运行。

1. 显示计算机日期的 Java 程序

先编写一个显示当前计算机日期的 Java 程序 curDate.java,其代码如下:

```java
import java.text.SimpleDateFormat;
import java.util.Date;
public class curDate {
    public static void main(String[] args) {
        SimpleDateFormat formater=new SimpleDateFormat("yyyy年MM月dd日");
        String strCurrentDate=formater.format(new Date());
        System.out.print("今天日期是:"+strCurrentDate);
    }
}
```

执行该 Java 类,在控制台以我们设置的日期格式"yyyy 年 mm 月 dd 日"显示当前计算机日期(如图 1-22 所示)。

在编写 curDate.java 时,要注意以下几点。

(1)编写获取某个格式的日期数据,其代码如下。

图 1-22   执行 Java 程序后显示的结果

```
SimpleDateFormat formater=new SimpleDateFormat("yyyy年 MM月 dd日");
String strCurrentDate=formater.format(new Date());
```

（2）创建 import 语句。

```
import java.text.SimpleDateFormat;
import java.util.Date;
```

通过快捷键 Ctrl＋Shift＋O,Eclipse 可以帮助创建该 import 语句。
（3）输出显示 strCurrentDate 的数据。

```
System.out.print("今天日期是:"+strCurrentDate);
```

2. 在 JSP 中编写 Java 代码段实现上述功能

现在,将 curDate.java 的功能用 JSP 实现,即通过 JSP 及上述(1)中的代码,实现 JSP 显示当前计算机日期。

具体编码过程如下。

创建一个 JSP 页面文件 showDate.jsp,为了简洁起见,删除那些暂时多余的代码。然后在下面的代码中做以下改动。

首先,修改汉字显示的编码 pageEncoding＝"gbk",为的是显示的汉字不出现乱码;然后在＜body＞＜/body＞中编写＜％ Java 代码段％＞,该代码段即上面(1)中获取当前计算机日期的代码。由于该代码用到包"java.text.SimpleDateFormat",则在＜％@ page＞命令行的 import 语句中加入",java.text.SimpleDateFormat",以引入该包。最后,编写＜％＝ strCurrentDate ％＞以显示日期值。修改好的代码如下:

```
<%@page language="java"
import="java.util.*,java.text.SimpleDateFormat" pageEncoding="gbk"%>
<!DOCTYPE HTML PUBLIC "-//W3C//DTD HTML 4.01 Transitional//EN">
<html>
    <head>
        <title>显示当前日期</title>
    </head>
    <body>
    <%
SimpleDateFormat formater=new SimpleDateFormat("yyyy年 mm月 dd日");
String strCurrentDate=formater.format(new Date());
    %>
        今天日期是:<%=strCurrentDate %>        <br>
    </body>
</html>
```

部署好项目后,启动 Tomcat 服务器,在浏览器中输入以下地址:

```
http://localhost:8080/myweb/showDate.jsp
```

则在出现的 JSP 中显示了当前计算机日期,如图 1-23 所示。

图 1-23　在 JSP 中执行的结果

注意,为了使 JSP 页面中显示的汉字不出现乱码,需要修改页面(page)命令的 pageEncoding 中的 ISO-8859-1 为 gbk 或 UTF-8 或 gb2312,如图 1-23 所示。如果不做修改,汉字显示就会是乱码。关于汉字编码问题,请参阅本书 8.2.3 节。为了不将问题复杂化,这里只简单地说将 pageEncoding="ISO-8859-1"改为 pageEncoding="gbk",即能显示汉字编码的信息。

1.3.2　在 JSP 中编写 Java 代码访问对象中的数据

【案例 1-6】　在 JSP 中访问封装数据的类并显示其数据。

在前面"1.1.2 Java 面向对象编程"一节中,介绍了一个封装数据的类 entitypackage. Student,可以在另外一个类中编写 Java 代码访问其中的数据并显示出来。下面,将前面访问该类的对象的代码放到 JSP 文件中,即在 JSP 中编写 Java 代码访问该类中的数据并显示出来。

实现步骤如下:

(1) 创建一个 JSP 文件 showStudent. jsp。

(2) 在 showStudent. jsp 中设置汉字显示,即设置 pageEncoding="gbk"。

(3) <body></body>中编写<% %>代码段,实现 Student 对象:<%Student student=new Student(); %>,并在 import="java. util. * ,entitypackage. Student"引入数据类 entitypackage. Student。

(4) 编写显示数据对象中的数据表达式,如显示姓名:<%=student. name %>,其中 student 为第(3)步实例化的对象,name 是该对象的属性。由于在 Student 类中 name 的属性是 public(公共的),所以可以在表达式中直接访问(否则要通过一个 public 类型的方法访问)。

显示 Student 类中学生数据的 JSP 文件(showStudent. jsp)代码如下:

```
<%@page language="java"
import="java.util.*,entitypackage.Student" pageEncoding="gbk"%>
<!DOCTYPE HTML PUBLIC "-//W3C//DTD HTML 4.01 Transitional//EN">
<html>
  <head>
    <title>显示学生信息</title>
```

```
      </head>
      <body>
      <%Student student=new Student(); %>
          学号：<%=student.id %>   <br>
          姓名：<%=student.name %>   <br>
          性别：<%=student.sex %>   <br>
          年龄：<%=student.age %>   <br>
          班级：<%=student.grade %>   <br>
      </body>
      </html>
```

　　为了简洁起见，在上述 JSP 程序 showStudent.jsp 中，删除了一些代码，以突出自己编写的内容。

　　启动服务器，在浏览器中输入 http://localhost:8080/myweb/showStudent.jsp，则显示如图 1-24 所示的结果。

　　通过上述两个例子的介绍可知，JSP 中同样可以编写 Java 代码实现 Java 语言的各种功能，这就是 JSP 动态网页的特点。JSP 中不但有 HTML 元素编写的网页的静态部分，而且还有在＜% %＞中编写的 Java 代码实现的网页的动态部分。

图 1-24　执行后在 JSP 中显示的学生数据

　　从上述角度来看，JSP 具有与 Java 程序相同的功能，只是运行的平台环境不同。JSP 是基于 Java 实现网络环境的编程，它具有 Java 程序所具有的各种优点与特征，如跨平台、健壮性等。

1.4　一个简单用户登录功能的 JSP 实现

　　【案例 1-7】　用 JSP 实现一个简单的登录系统。

　　下面通过一个登录功能的实现，说明 JSP 程序的编写。该登录功能如图 1-25 所示，用户输入了姓名和密码后，单击"登录"按钮，就可以跳到如图 1-26 所示的界面并显示输入的姓名和密码。

1.4.1　登录代码的实现

　　首先编写一个 htm 文件"login.htm"（用于用户的登录）。

　　登录界面 login.htm 代码为：

```
<html>
  <head>
    <title>登录界面</title>
  </head>
```

图 1-25 用户登录 HTML 界面

```
  <body>
<p align="center"><font size="5">欢迎光临</font></p>
<form name="form1" method="post" action=" loginresult.jsp">
  <p align="center">请输入姓名：
    <input name="username" type="text" id="user"  size="20">
  </p>
  <p align="center">请输入密码：
    <input name="pwd" type="password" id="pwd" size="20">
  </p>
  <p align="center">
    < input type=" submit" name=" Submit" value="登录">      
   
    <input type="reset" name="Submit2" value="重置">
  </p>
</form>
</body>
</html>
```

在上述代码中，一个<form>表单用于用户输入数据，其中包括用户名 username 和密码 pwd 的输入(见<input>语句)。另外，还有两个按钮"登录"和"重置"。当用户单击"登录"时，则跳转到 action="loginresult. jsp"所指的 JSP 界面，即 loginresult. jsp 中，loginresult. jsp 显示的结果如图 1-26 所示。

loginresult. jsp 是登录后的欢迎界面，主要显示用户输入的信息。其代码主要是在<% %>中的 Java 代码，它用于获取 login. htm 文件中输入的 username、pwd。这里要用到 request 对象，它负责将用户在 form 中输入的数据存储起来供服务器使用，所以在 loginresult. jsp 中通过语句

```
String user=request.getParameter("username");
```

获取用户输入的 username 到变量 user 中，再通过<% = user% >显示出来，

图 1-26　登录后显示的结果

loginresult.jsp 代码如下：

```
<%@page language="java" import="java.util.*" pageEncoding="gbk"%>
<!DOCTYPE HTML PUBLIC "-//W3C//DTD HTML 4.01 Transitional//EN">
<html>
  <head>
    <title>JSP 欢迎界面</title>
  </head>
  <body>
    <%
        //获取 login.htm 网页提交的用户名 username 中的内容到 user 中
        String user=request.getParameter("username");
        //获取 login.htm 网页提交的密码 pwd 中的内容到 password 中
        String password=request.getParameter("pwd");
    %>
    你好,<%=user%>,欢迎浏览我的网站!
    你刚才输入的密码是<%=password%>
  </body>
</html>
```

如果图 1-25 中输入的姓名是汉字则会出现乱码。这是因为虽然 JSP 页面已经设置了页面信息的编码,但这些信息通过 request 等对象进行传递时,其默认的编码格式是 ISO-8859-1,它不能正确显示汉字。为了解决这种由于信息在传递过程中出现乱码的问题,可以在 loginresult.jsp 的下列语句

```
String user=request.getParameter("username");
```

之后紧跟着加下一语句

```
user=new String(user.getBytes("ISO-8859-1"),"gbk");
```

重新运行后,再次输入汉字信息就不会出现乱码问题了。因为该句强制将默认格式的变量转换为 gbk,从而能正常显示汉字。

1.4.2　JSP 代码总结

项目两个网页文件：login.htm 和 loginresult.jsp,它们均在项目的 WebRoot 根文件

夹中。如果不是该根文件夹,而是在其中再创一个子文件夹,则在 login. htm 的 action＝
""中要加该子文件夹名。

在 loginresult. jsp 文件中,<%@ page language＝"java" import＝"java. util. ＊"
pageEncoding＝"gbk"%>是 JSP 页面指令,它表示这个页面使用的字符集是 gbk 编码,
使用的语言为 Java 语言,并将 java. util. ＊ 包引入。

request 是 JSP 的内置对象之一,通过它实现用户的请求到服务器进行处理。代码中
通过 request 将 username、pwd 传递到服务器,即通过它获取用户名和密码到变量中。

<%＝user%>是表达式,通过它将 user 的值输出到当前位置。

启动服务器后,在浏览器中输入地址:http://localhost:8080/myweb/login. htm(其
中 myweb 是项目名),出现用户登录界面,用户输入用户名和密码后,则通过 action＝
"loginresult. jsp"指定的文件,跳转到 loginresult. jsp 的 地址(http://localhost:8080/
myweb/loginresult. jsp),显示结果见图 1-25、图 1-26。

1.5　Tomcat 服务器目录简要说明

Tomcat 服务器的安装目录在图 1-10 中已介绍过,其中的各子目录的作用见表 1-1
的说明。

表 1-1　Tomcat 服务器目录结构说明

目　　录	说　　明
/bin	存放 Windows 或 Linux 平台上用于启动和停止 Tomcat 等的工具程序
/conf	存放 Tomcat 服务器的各种配置文件,包括最重要的 server. xml 文件
/lib	存放 Tomcat 服务器以及所有 Web 应用都可以访问的 jar 文件
/logs	存放 Tomcat 服务器运行的日志文件
/temp	存放 Tomcat 服务器运行时的临时文件
/work	Tomcat 把由 JSP 生成的 Servlet 类文件放于此目录下
/webapps	当在 Tomcat 服务器上发布 Web 应用程序时,默认情况下将该 Web 应用的文件存放于此目录中

Web 应用部署到 Tomcat 的/webapps 中,其结构如图 1-13 所示,其结构说明如表 1-2
所示。

表 1-2　Web 应用的目录结构说明

目　　录	说　　明
根目录:/	Web 应用的根目录,该目录下所有文件在客户端都可以访问,包括 JSP、HTML、JPG 等访问资源。根目录一般是某个项目名
根目录下的子目录:/WEB-INF	存放应用使用的各种资源,该目录及其子目录对客户端都是不可以访问的,其中包括 Web. xml(部署表述符)

目 录	说 明
/WEB-INF/classes	存放 Web 项目的所有 class 文件,即 Java 类文件编译后的 class 文件
/WEB-INF/lib	存放 Web 应用要使用到的 jar 文件

小 结

本章回顾了用 Java 进行面向对象的开发的一些概念,并用案例的形式介绍了用 Java 编写封装数据的类、封装业务处理的类程序编写与运行。介绍了 Web 开发技术的相关概念与原理、C/S 与 B/S 开发技术及其区别、动态交互网页、JSP 动态网页及 Tomcat 服务器等,介绍了 JSP 项目的组成及在服务器中的部署与运行。Tomcat 是一种免费的开源代码的 Servlet 容器,其安装与使用均很简单,本书后面的附录 A 中介绍了其安装与使用。本书后面的案例均使用 Tomcat 作为 Web 服务器。

如果在 JSP 中有汉字信息,则需要将 JSP 的 page 命令中的 pageEncoding 由 ISO-8859-1 修改为 gbk 或 UTF-8 或 gb2312,以免出现汉字乱码问题。

本章通过案例的形式介绍了 Java 语言编写的代码在 JSP 中的运行,以及 JSP 程序的组成与运行原理。即通过一系列的项目案例,说明本章应阐述的技术的应用与实现;并通过综合案例,使得更有利于读者掌握所介绍的知识与技术,并提高自己的动手能力。

习 题

一、填空题

1. 在计算机上开发与运行 Java 程序,一定要安装_____,即 Java 开发工具包。而 Java 程序的运行只需要_____的支持。

2. 在 MyEclipse 上开发与运行 JSP 程序需要配置开发环境,主要需配置_____和_____。

3. Tomcat 服务器的默认端口是_____;如果用 Tomcat 作为 Web 服务器,则应用程序需部署到 Tomcat 安装目录的_____子目录中。

4. 用 Eclipse 或 MyEclipse 开发工具创建一个 Web 项目时,Java 类存放在_____中,而 JSP 文件则存放在_____。

5. 如果将用户在某个 JSP 文件输入的数据传递到另一个 JSP 文件中,我们常用到_____对象。

6. 在 Web 项目中 WEB-INF 下必须有的配置文件是_____。

二、简答题

1. 什么是 Web 应用程序?与传统的应用程序相比它有什么特征?

2. 简述 Java 程序的开发与运行环境。

3. 请说说 C/S 方式的程序与 B/S 方式的程序的区别,动态网页与静态网页的区别。

4. 如何解决 JSP 页面上的汉字乱码问题?

5. 如果有一段 Java 代码段,请问如何使它在 JSP 上运行,请回答操作步骤。

6. 如何将一个 JSP 网页上的数据传递到另外一个 JSP 网页进行显示?

综 合 实 训

实训 1　在 Tomcat 中徒手创建一个项目,并将案例 1-7 的代码手工部署到该项目中进行运行。

实训 2　某仓库有一批货物,用货物清单表进行登记。该表登记的项目有编号、货物名称、产地、规格、单位、数量、价格。编写一个 Java 程序记录这批货物,并运行显示这些数据。

实训 3　请将实训 2 的 Java 代码中的数据在一个 JSP 页面上显示出来。

用 JSP 编写动态网页

本章学习目标

- 了解 JSP 程序的代码组成结构、JSP 程序的运行原理。
- 熟练掌握 JSP 基本页面元素及应用其进行 JSP 程序开发。
- 会用＜％Java 代码段％＞小脚本与表达式完成 JSP 动态功能的实现。
- 掌握 JSP 页面之间跳转的实现方法。
- 熟练掌握用 request、response 等对象在 JSP 页面间传递数据的方法。
- 了解 JSP 内置对象及它们的作用。

　　JSP 作为 Java 语言进行 Web 程序设计的一种形式适合于表示层的程序编写。本章以动态网页的形式全面介绍了 JSP 网页的组成、JSP 页面元素等，以及它们的应用。在进行 JSP 编写动态网页的过程中，页面之间的交互、数据的传递是常见的操作。它们的实现以及用到的 JSP 内置对象是 JSP 技术的重点，这些内容也是本章介绍的重点内容。

　　另外，本章还系统地介绍了 JSP 内置对象及其方法，其中一些内容会在后续章节中用到。

2.1　JSP 动态网页概述

2.1.1　了解 JSP 代码组成

　　JSP 是 Java Server Pages 即 Java 服务器页面的简写，是 Sun 公司发布的基于 Java 的 Web 应用开发技术。它的诞生为创建高度动态的 Web 应用提供了一个独特的开发环境。JSP 具备了跨平台、通用性好、安全可靠等特点，能够适应市场上包括 Apache WebServer、IIS 4.0 等目前流行的大多种服务器产品。

　　在 1.2.3 节中介绍了一个 HTML 文件 myhtml.html 以及一个 JSP 文件 index.jsp 的代码组成及运行结果。它们分别是所谓的动态网页及静态网页。通过这些例子，我们可以看出 JSP 网页中是通过在 HTML 中嵌入 Java 脚本语言来响应页面动态请求的，即其 JSP 代码中包含 HTML 标记和 Java 脚本（又称为 JSP 小脚本、Java 代码段）。

　　【案例 2-1】　了解 JSP 中的代码。在 1.3.1 节中显示日期的 JSP 文件：showDate.jsp，其中，

```
<html>
    <head>
        <title>显示当前日期</title>
    </head>
    <body>
            ⋮
    </body>
</html>
```

是 HTML 的静态部分,而其中动态部分的代码如下:

```
<%
SimpleDateFormat formater=new SimpleDateFormat("yyyy年mm月dd日");
String strCurrentDate=formater.format(new Date());
%>
今天日期是:<%=strCurrentDate %>
```

除此之外,还有:<%@ page language="java" import="java. util. *,java. text. SimpleDateFormat" pageEncoding="gbk"%>之类的指令语句。可以创建一个 JSP 文件,看看其内容从而了解一个 JSP 中代码的组成。其实,JSP 作为动态网页开发技术,有一套自己的元素,它除了 HTML 静态内容之外,还包括指令、表达式、JSP 小脚本(Java 代码段)、声明、标准动作、注释等元素。在深入了解 JSP 的元素组成与应用前,先了解一下其运行原理与机制,有利于加深对 JSP 的理解。

2.1.2 JSP 运行原理

在学习静态页面时提到过,静态页面的显示内容是保持不变的,静态页面既不能实现与用户的交互,也不利于系统的扩展。所以,我们需要能动态变化并能与用户交互的新技术的出现,这也是基于 B/S 技术的动态网页出现的主要原因。

基于 B/S 技术的动态网页,不仅可以动态地输出网页内容、同用户进行交互,而且还可以对网页内容进行在线更新。

那么,使用什么样的技术可以实现动态网页呢? 通过图 2-1 中所展示的 B/S 技术的工作过程来了解动态页面的运行机制。

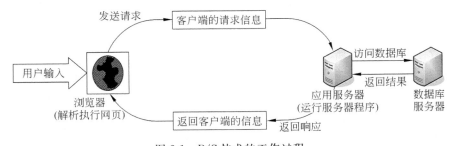

图 2-1 B/S 技术的工作过程

B/S 模式把传统 C/S 模式中的服务器部分分解为一个数据服务器和一个或多个应

用服务器(Web 服务器),从而构成一个三层结构的客户服务器体系:表示层、功能层和资料层被分成三个相对独立的单元。表示层中包括显示逻辑,位于客户端,它的任务是向 Web 服务器提出服务请求,接收 Web 服务器的主页信息并进行显示;而在功能层中则包含了事务处理逻辑,它位于 Web 服务器中,其任务是接收客户端的请求并与数据库进行连接,向数据服务器提出数据处理请求,并将结果传送到客户端;而处于第三层的资料层则包含了系统的数据处理逻辑,位于数据库服务器上,它接受 Web 服务器对数据进行操作的请求,对数据库进行查询、修改及更新等,并将结果提交给 Web 服务器。

通俗地来讲 B/S 模式就是采用"请求/响应"模式进行交互的,这个过程细分下来就是如图 2-1 所示的 4 步。

第一步:客户端接收用户的输入,比如输入一个地址,或者在 IE 中输入用户名、密码,发送对系统的访问请求。

第二步:客户端向 Web 服务器发送请求。

第三步:数据处理。Web 服务器通常使用服务器脚本语言,如 JSP 等,来访问数据库,查询该用户有无访问权限,并获得查询结果。

第四步:发送响应。Web 服务器向客户端发送响应消息,并将结果通过浏览器呈现在客户端。

JSP 作为一种动态网页技术,它运行在 Web 服务器上,它编写简单,适合平台宽广,非常适合构造基于 B/S 结构的动态网页。

实际上 JSP 就是通过在传统的 HTML 中嵌入 Java 脚本语言,当用户通过浏览器请求访问 Web 应用时,Web 服务器会使用 JSP 引擎对请求的 JSP 进行编译和执行,然后将生成的页面返回给客户端浏览器进行显示。JSP 的工作原理如图 2-2 所示。

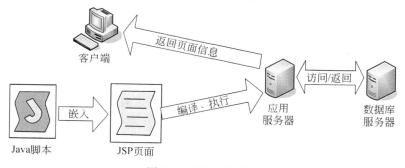

图 2-2　JSP 工作原理

2.1.3　JSP 的执行机制

通过对图 2-2 JSP 工作原理的分析,可以清楚地看到 JSP 的工作流程,那么当 JSP 提交到服务器时,Web 容器又是如何进行处理的呢? 当 JSP 请求提交到服务器时,Web 容器会通过三个阶段实现处理,分别是翻译阶段、编译阶段和执行阶段。

翻译阶段:当 Web 服务器接收到 JSP 请求时,首先会对 JSP 进行翻译,所谓的翻译就是将写好的 JSP 文件通过 JSP 引擎转换成 Java 源代码。

　　编译阶段：将翻译后的Java源文件编译成可执行的字节码文件,也就是把后缀为.java的文件转换为后缀为.class的文件。

　　执行阶段：Web服务器接受了客户端的请求后,经过翻译和编译生成可被执行的二进制字节码文件,而所谓的执行就是执行编译后的字节码文件。执行结束,会得到处理请求的结果,Web服务器又会再把生成的结果页面返回到客户端显示。

　　Web服务器处理JSP文件请求的三个阶段如图2-3所示。

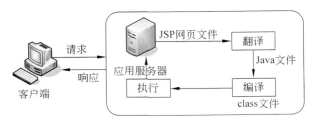

图2-3　JSP文件请求的三个阶段

　　当Web容器把JSP文件翻译和编译好之后,Web容器就会将编译好的字节码文件保存在内存中,当客户端再一次请求JSP页面时,就可以直接重用编译好的字节码文件,这样就省略了翻译和编译两个阶段,这就极大地提高了Web应用系统的性能。这也是为什么第一次请求一个JSP页面的时候时间长,而再次请求的时候访问速度很快。但是如果JSP页面做了修改,Web容器就会及时发现JSP页面的改变,此时,请求JSP页面就不会重用之前编译好的字节码文件,Web容器会对JSP页面重新进行翻译和编译。

2.2　JSP页面元素及编码

　　到目前为止,我们已经了解了JSP的工作原理以及执行过程。这些都是学习JSP的基础,但是使用JSP实现动态网页开发,还要熟悉JSP页面里包含什么元素,不同的元素具备什么功能。

　　通过1.3.1节中显示日期的案例中的JSP页面可以看出JSP是通过在HTML中嵌入Java脚本语言来响应页面动态请求的,在该示例中的JSP页面包含HTML标记和Java脚本。如果把这些细分,JSP页面就是由静态内容、指令、表达式、小脚本、声明、标准动作、注释等元素构成的。各自的功能如表2-1所示。

表2-1　JSP页面组成元素

JSP页面元素	示例说明
静态内容	HTML静态文本
注释	<!－这是注释,但客户端可以查看 --> <%-- 这也是注释,但客户端不能查看 --%>
指令	以"<%@"开始,以"%>"结束 比如：<%@ include file = " Filename" %>
Java代码段	<% Java 代码 %>

续表

JSP 页面元素	示 例 说 明
表达式	＜％＝Java 表达式 ％＞
声明	＜％！函数或方法 ％＞

下面通过案例展示几个比较常用的 JSP 页面元素及其应用。

2.2.1　静态内容

在 JSP 页面中静态内容主要是由 HTML 标记组成的,用户一般通过 HTML 标记创建用户界面,实现输入数据和展示数据。HTML 标记包括表单和组件。按照组件的不同作用,把组件分为三种类型:第一种类型组件是控件,这种控件的作用是提交或重置表单数据。第二种类型组件是数据输入组件。第三种类型组件是格式化组件。控件有两种:提交表单数据的控件和重置表单数据的控件。数据输入组件有:文本框、密码框、复选框、单选框、列表框、文本区。格式化组件有:LABEL 组件和表格。LABEL 组件主要起说明作用,表格主要用于数据展示的格式化。这些都是 JSP 的静态内容,静态内容与 Java 和 JSP 语法无关。

2.2.2　JSP 中基本的动态内容

【案例 2-2】　下面通过代码了解 JSP 中的注释、指令、Java 代码段、表达式、声明等基本动态元素及它们的应用。

1. JSP 中的注释

JSP 中的注释本身不产生语句功能,只用来增强 JSP 文件的可读性,便于用户维护 JSP 文件。JSP 注释分三种:HTML 注释、JSP 注释和 JSP 脚本中的注释。

(1) HTML 注释。JSP 页面使用这种注释且客户端通过浏览器查看 JSP 源文件时,能够看到 HTML 注释文字,其语法格式是:

```
<!--要注释的内容、文字、说明写在这里-->
```

(2) JSP 注释。使用这种注释时,JSP 引擎编译该页面时会忽略 JSP 注释,下面是其语法格式:

```
<%--要注释的内容、文字、说明写在这里--%>
```

(3) JSP 脚本中的注释。所谓的脚本就是嵌入＜％和％＞标记之间的程序代码,使用的语言是 Java,因此在脚本中进行注释和在 Java 类中进行注释的方法一样,其格式是:

```
<%//单行注释%>,<%/* 多行注释 */%>
```

2. JSP 指令元素

JSP 指令元素的作用是通过设置指令中的属性,在 JSP 运行时,控制 JSP 页面的某些特性。不能错误地理解为 JSP 指令元素是用来进行逻辑处理或者是用于产生输出代码的命令。

JSP 指令一般以"<%@"开始,以"%>"结束。例如,前面的 JSP 例子中属于 JSP 指令的代码是:

```
<%@page language="java" import="java.util.*,java.text.*"
pageEncoding="gbk"%>
```

JSP 中的指令很多,下面介绍一些常用的指令。

1) page 指令

page 指令主要用来定义整个 JSP 页面的各种属性。一个 JSP 页面可以包含多个 page 指令,指令中,除了 import 属性外,每个属性只能定义一次,否则 JSP 页面编译将出现错误。page 指令常用属性如表 2-2 所示。下面是 page 指令格式:

```
<%@page 属性 1="属性值 1" 属性 2="属性值 2"… 属性 n="属性值 n"%>
```

表 2-2　page 指令常用属性

属　　　性	描　　　述	默　认　值
language	指定 JSP 页面使用的脚本语言	Java
import	通过该属性来引用脚本语言中使用到的类文件	无
contentType	用来指定 JSP 页面所采用的编码方式	text/html, ISO-8859-1

下面分别介绍 page 指令中的常用属性。

(1) language。

language 属性定义了 JSP 页面中所使用的脚本语言。目前 JSP 必须使用的是 Java 语言,因此该属性的默认值为 Java,因此也要求 JSP 页面的编程语言必须符合 Java 语言规则。language 属性设置如下:

```
language="java"
```

使用该属性需要注意的是,在第一次出现脚本元素之前,必须设置该属性的参数值,否则将会导致严重的错误。

(2) import。

该属性和一般的 Java 语言中的 import 关键字意义一样,它描述了脚本环境中要使用的类。如果 import 属性引入多个类文件,就需要在多个类文件之间用逗号隔开。import 属性的具体设计格式如下。

```
<%@page import="java.uti.*,java.text.*"%>
```

上述代码也可以分割为下面的代码段。

```
<%@page import="java.util.*"%>
<%@page import="java.text.*"%>
```

(3) contentType。

contentType 属性的设置在开发过程中是非常重要的,而且经常被用到。中文乱码一直是困扰开发者的一个问题,而该属性就是用来对编码格式进行设置的。这个设置告诉 Web 容器在客户端浏览器上以何种格式显示 JSP 文件以及使用何种编码方式。对该属性设置的格式如下:

```
<%@page contentType="TYPE ;  charset=CHARSET"%>
```

需要注意的是分号后面有一空格。TYPE 的默认值为 text/html,字符编码的默认值为 ISO-8859-1。

代码说明: text/html 和 charset = gbk 的设置之间使用分号隔开,它们同属于 contentType 属性值。当设置为 text/html 时,表示该页面以 HTML 页面格式进行显示。这里设置的编码格式为 gbk,这样 JSP 页面中的中文就可以正常显示了。

2) include 指令标签

该指令标签的作用是在该标签的位置处静态插入一个文件。所谓静态插入指用被插入的文件内容代替该指令标签与当前 JSP 文件合并成新的 JSP 页面后,再由 JSP 引擎转译为 Java 文件。该指令标签的语法格式如下:

```
<%@include file="文件名字"%>
```

被插入的文件要求满足以下条件:

(1) 被插入的文件必须与当前 JSP 页面在同一 Web 服务目录下。

(2) 被插入的文件与当前 JSP 页面合并后的 JSP 页面必须符合 JSP 语法规则。

下面编写一个简单的登录页面,然后通过 include 指令把获取系统当前时间的页面引入登录页面中。

创建一个新的 JSP 页面,页面命名为 login.jsp,页面代码如下所示。

```
<%@page language="java" import="java.util.*" pageEncoding="gbk"%>
<html>
  <head>
      <title>登录页面</title>
  </head>
  <body>
    <%@include file="curDate.jsp"%>
    <form action="" >
       用户名：<input type="text" name="name">
       密码：<input name="password" type="password"><br/>
      <input type="submit" value="登录">
    </form>
  </body>
</html>
```

上面代码运行的效果如图 2-4 所示。

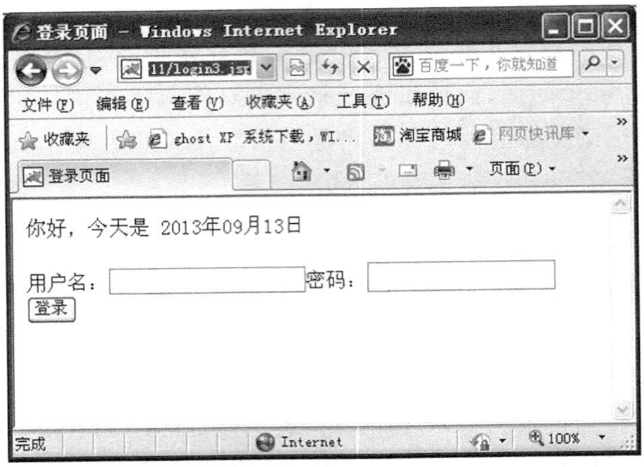

图 2-4 示例运行结果

3) JSP 动作标签

JSP 提供了所谓的动作标签来执行某些具体功能,如 include 动作标签、forward 动作标签。

include 动作标签的作用是当前 JSP 页面动态包含一个文件,即将当前 JSP 页面、被包含的文件各自独立地转译和编译为字节码文件。当前 JSP 页面执行到该标签处时,才加载执行被包含文件的字节码。

include 动作标签的语法格式如下。

```
<jsp:include  page="文件的名字" />
```

或者

```
<jsp:include  page="文件的名字">
</jsp:include>
```

将上述 login.jsp 中的 include 指令改为 include 动作指令之后效果仍然如图 2-4 所示。关于 JSP 的动作标签还有很多,具体第 4 章再介绍,这里只简单介绍一下 JSP 中的部分元素内容。

forward 动作标签的作用是:当前页面执行到该指令处后转向其他 JSP 页面执行。

forward 动作标签的语法格式是:

```
<jsp:forward  page="要转向的页面">
</jsp:forward>
```

或者

```
<jsp:forward  page="要转向的页面" />
```

JSP 中的指令很多,例如 taglib、plugin、useBean 等多个动作标签,都是在 JSP 动态页面中需要用到的指令,这里仅简单介绍一下动作标签的概念,关于 JSP 的动标签及其使用在后面的学习过程中再详细讲解。

3. JSP 脚本元素

1) JSP 小脚本

小脚本即那些包含在<% %>中的 Java 段,小脚本中可以包含任意的 Java 片段,形式比较灵活。通过在 JSP 页面中编写小脚本可以执行复杂的操作和业务处理,其编写方法就是将 Java 程序片段插入<% %>标记中。在上面的几个示例中都包含了小脚本的代码片段。

下面就用小脚本实现一个简单的业务处理,循环输出数组中的数值,代码如下。

```
<%@page language="java" import="java.util.* " pageEncoding="gbk"%>
<html>
  <head>
    <title>循环输出数组中的数值</title>
  </head>
  <body>
  <%
    int[] value={60,75,80};
    for(int i=0;i<value.length;i++){
      out.println(value[i]);
    %>
    <br>
    <%}%>
  </body>
```

代码中<% %>中的代码就是小脚本,其中 out 是 JSP 的内置对象,图的 println()方法就是用于在页面中输出数据的。由于 out 作为数据返回的数据显示,再通过 Servlet 返回静态页面,所以这三个数并没有在页面中换行。如果要使它们换行,可以通过修改下列语句实现。

将 out. println(value[i])改为 out. println(value[i]+"<br>")。

运行的结果见图 2-5。

(a) 修改前不换行显示

(b) 修改后已换行显示

图 2-5　运行结果

由于
是 HTML 静态页面的换行标记,所以通过 out 显示的由带
的内容生成的静态页面在浏览器上显示时就能换行。

在 JSP 页面进行小脚本代码编写时,有一个很容易犯的错误,就是 for 循环缺少一个}号,所以正确的代码应该在小脚本后面再补上"<% } %>",以完善 for 循环语句。

2)什么是表达式

表达式是对数据的表示,系统将其作为一个值进行计算和显示。当需要在页面中获取一个 Java 表达式的值时,使用表达式非常方便。语法就是<%=Java 表达式%>。当 Web 容器遇到表达式时,会先计算嵌入的表达式值(或者变量值),然后将计算结果以字符串的形式返回并插入到相应的页面中。

将上一节的示例代码修改为采用表达式显示的方式,修改后的代码如下:

```jsp
<%@page language="java" import="java.util.*" pageEncoding="gbk"%>
<html>
  <head>
    <title>循环输出数组中的数值</title>
  </head>
    <body>
  <%
    int[] value={60,75,80};
    for(int i=0;i<value.length;i++){
%>
    <%=value[i]%>
<br>
  <%}%>
</body>
```

上述代码采用表达式方式显示数据,其运行结果如图 2-5(b)所示。注意:在 Java 语法规定中,每条语句末尾必须要使用分号结束。而在 JSP 中,使用表达式输出显示数据时,则不能在表达式结尾处添加分号代表语句结束。

在实际编程中小脚本和表达式经常要结合运用。

3)JSP 声明

在编写 JSP 页面程序时,有时需要为 Java 脚本定义变量和方法,这时就需要对所使用的变量或者方法进行声明。

声明的语法如下。

```jsp
<%!声明部分%>
```

需要注意声明小脚本和表达式除了语法格式不同外,还有就是声明一般不会有输出,通常与表达式、小脚本一起综合运用。声明可以是声明变量,声明一个方法或者就是声明一个类。

(1)声明变量。

可以在"<%!"和"%>"标记符之间定义变量,在这种标记符之间定义的变量,通过 JSP 引擎转译为 Java 文件时,成为某个类的成员变量,即全局变量。变量的类型可以是 Java 语言允许的任何数据类型。这些变量在所定义的 JSP 页面内有效,即在本 JSP 页面中,任何 Java 程序片段中都可以使用这些变量。

例如:

```
<%!
    int x, y=120,z;
    String str="我是中国人";
    Date date;
%>
```

在"<%!"和"%>"标记符之间定义了 5 个变量,这 5 个变量都是全局变量。

(2) 方法定义。

在"<%!"和"%>"标记符之间定义方法。这些方法在所定义的 JSP 页面内有效,即在本 JSP 页面内,任何 Java 程序片段都可以调用这些方法。

例如,定义一个方法,求 n!。

```
<%!
    long   jicheng(int n)
    {
        long   zhi=1;
        for (int i=1;i<=n;i++)   zhi=zhi * i;
        return zhi ;
    }
%>
```

(3) 类的定义。

在"<%!"和"%>"标记符之间定义类。这些类在所定义的 JSP 页面内有效,即在本 JSP 页面内,任何 Java 程序片段都可以使用这些类创建对象。

例如,定义一个类,求圆的面积和周长。

```
<%!
    public class Circle
    {
      double r;
      Circle(double r)
       {
          this.r=r;
       }
      double area()
       {
          return Math.PI * r * r;
       }
      double zhou()
       {
          return Math.PI * 2 * r;
       }
```

```
        }
%>
```

下面修改前面显示计算机当前日期的代码,在保持功能不变的情况下,将 JSP 的声明,小脚本,表达式综合在一起,代码如下:

```
<%@page language="java" import="java.util.*,java.text.*"
  pageEncoding="gbk"%>
<%@page import="java.text.SimpleDateFormat"%>
<html>
  <head>
        <title>获取当前日期</title>
  </head>
  <!--这是 HTML 注释(客户端可以看到源代码)-->
  <%--这是 JSP 注释(客户端不可以看到源代码)--%>
  <body>
      <%!  String name="同学们";%>
        你好,<%=name %>,今天是
    <%!class SimTime{String formatDate(Date d){
        SimpleDateFormat formate=new SimpleDateFormat("yyyy年 MM月 dd日");
         Return formate.format(d);
    }} %>
      <%=new SimTime().formatDate(new Date()) %>
  </body>
</html>
```

综上所述,JSP 页面由三类元素组成,它们是 Java 程序片段、JSP 标签和 HTML 标记。其中程序片段中包含小脚本、表达式、声明以及注释 4 部分;JSP 标签包含指令标签和动作标签等;而 HTML 标记就是页面的静态内容。JSP 标签控制 JSP 页面属性;HTML 标记创建用户界面;Java 程序片段实现逻辑计算和逻辑处理。

2.3 数据在不同 JSP 页面中的传递

下面通过一个案例的实现说明不同 JSP 页面之间是如何传递数据的。

【案例 2-3】 编写一个用户调查系统,要求功能如下:用户输入姓名、年龄、自己的爱好,系统在另一个页面显示用户输入的信息,并统计参与调查的人的总数。

该调查的操作如图 2-6(a)~图 2-6(d)所示,其中图 2-6(b)中显示第一次调查的总人数为 1,而图 2-6(d)中显示第二次参与调查的总人数为 2。

案例 2-3 只包括两个 JSP 文件:inquiryinput.jsp 和 inquiryinfo.jsp,分别用于调查数据的输入和结果的显示。

inquiryinput.jsp 即调查信息的输入代码如下:

```
<%@page language="java" contentType="text/html; charset=GBK"%>
```

(a) 第一次输入某个人的调查数据

(b) 显示第一次输入的调查结果

(c) 第二次输入某个人的调查数据

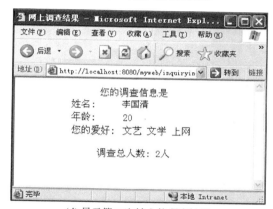

(d) 显示第二次输入的调查结果

图 2-6　案例 2-3 操作演示

```html
<html>
    <head>
        <title>网上调查</title>
    </head>
    <body>
    <div align="center">请输入调查信息
        <form name="form1" method="post" action="inquiryinfo.jsp">
        <table  border="0" align="center">
         <tr>
                <td>您的姓名：</td>
                <td><input type="text" name="name"></td>
         </tr>
         <tr>
            <td height="19">年龄：</td>
            <td height="19"><input type="text" name="age"></td>
         </tr>
         <tr>
```

```
                <td>您的爱好：</td>
                <td>
        <input type="checkbox" name="favor" value="体育">体育
        <input type="checkbox" name="favor" value="文艺">文艺<br>
        <input type="checkbox" name="favor" value="文学">文学
        <input type="checkbox" name="favor" value="上网">上网
                </td>
            </tr>
                <!--以下是提交、取消按钮-->
            <tr>
                <td colspan="2" align="center">
                <input type="submit" name="Submit" value="提交">
                <input type="reset" name="Reset" value="取消">
                </td>
            </tr>
        </table>
    </form>
</div>
</body>
</html>
```

注意上述代码中"爱好"的输入有 4 个类型，为 checkbox 的复选框，它们的名字（name）均相同，表示是一个数组，每个类型表示这个数组的一个元素。

inquiryinfo.jsp 即结果显示的代码如下：

```
<%@page language="java" contentType="text/html; charset=GBK"%>
<%
    request.setCharacterEncoding("GBK"); //传递参数的汉字编码设置
    String name=request.getParameter("name");
    String age=request.getParameter("age");
    String[] favors=request.getParameterValues("favor");
%>
<html>
    <head>
        <title>网上调查结果</title>
    </head>
    <body>
    <div align="center">您的调查信息是
        <table border="0" align="center">
            <tr>
                <td width="80" height="20">姓名:</td>
                <td><%=name%></td>
            </tr>
            <tr>
                <td height="20">年龄:</td>
```

```
        <td><%=age%></td>
    </tr>
    <tr>
        <td height="20">您的爱好:</td>
        <td >
        <%
            if (favors !=null) {
                for (int i=0; i<favors.length; i++) {
                    out.print(favors[i]+" ");
                }
            }
        %>
        </td>
    </tr>
    </table>
</div>
<br>
<div align="center">调查总人数:
<%Integer count=(Integer)application.getAttribute("count");
        if(count==null)
            count=new Integer(1);
        else
        count=count+1;
        application.setAttribute("count",count);
        out.println(count+"人");
    %>
</div>
</body>
</html>
```

上述代码中均通过 request 对象获取用户输入的数据到变量中,再通过<%=表达式 %>显示出来。其中,注意爱好变量 favors 为数组类型,并注意其元素的显示方式。

最后,代码中应用了 JSP 的内置对象 application,它相当于整个系统的全局变量,在整个系统运行中所有的用户都可操作它。即任何一个用户参与了调查,均会累计加 1;只有停止了 Tomcat 服务器再调查,系统才重新计数。这就是 application 内置对象的作用,它的作用范围是整个系统的当前应用(见后面关于 application 内置对象的介绍)。

代码中计数器 count 存放在 application 对象中,第一个调查者由于还没有存放 count 变量,所以取出的是空值,这时设置初值 1,并存放到 application 中;从第二个调查者开始就能从 application 中取出 count 值,加 1 后显示的就是当前的总人数,再把它存到 application 中,则 application 中保留的永远是当前参加调查的最新人数(重启服务器后则重新开始计数)。

2.4　网页间跳转的控制

　　采用 JSP 动态网页技术进行 Web 应用程序的开发时,常常会出现界面之间的跳转。JSP 作为用户操作界面,承担显示数据、调用服务器端业务处理模块,并最终将处理的结果返回客户端,这样程序才完成了用户的一个操作过程。由于 JSP 是动态网页,所以它常在页面之间跳转,并传递数据。关于 JSP 页面通过 request、application 等对象进行处理(在案例 2-3 中已经见识过),这里通过案例介绍 JSP 网页之间跳转的控制与实现。

　　例如,页面间的跳转的实现一般包括三个部分:

　　(1) 输入界面可以是一个 HTML 静态界面;

　　(2) Java 代码段进行业务处理;

　　(3) 处理结束后返回一个页面到客户端。

　　这里可以将这些代码放在一起,也可以将它们分开处理。由于业务复杂性的增加,将它们分不同的程序进行处理更有利于软件的开发与维护。下面通过一个案例说明 Web 应用分层结构的实现。

　　【案例 2-4】　实现一个用户登录界面,用户输入姓名、密码,如果是 admin/admin,则进入欢迎界面,否则重新回到登录界面。

　　实现思路如下。

　　有三个程序文件:inputview. html、control. jsp、successview. html。它们实现了一个用户登录,然后通过 control. jsp 进行检验,并根据检验结果跳转到不同的界面的功能。其中,inputview. html 页面用于输入用户登录名及密码;control. jsp 获取登录名和密码,并进行判断,如果正确则跳转到 successview. html 页面,否则重新回到登录页面 inputview. html;successview. html 显示合法用户的欢迎信息。

　　实现过程如下。

　　(1) 编写用户登录 HTML 页面 inputview. html,并跳转到 control. jsp 中进行判断与转发,其代码如下:

```html
<html>
    <head>
        <title>用户登录</title>
    </head>
    <body>
        <form name="form1" method="post" action="control.jsp">
            用户名:<input type="text" name="username">
            密码:<input type="password" name="pwd">
            <br>
            <input type="submit" value="登录">
        </form>
    </body>
</html>
```

该界面只用于用户输入数据并转到 control.jsp 进行判断与处理。

（2）编写控制界面 control.jsp，它先获取 inputview.html 中传递的信息（用户名和密码），然后进行逻辑判断（预设的合法用户是：admin/admin）。如果成功则跳到成功界面，否则回到登录界面，其代码如下：

```
<%@page language="java" contentType="text/html; charset=GBK"%>
<html>
    <head>
        <title>登录处理页面</title>
    </head>
    <body>
<%
        request.setCharacterEncoding("GBK");
        String name=request.getParameter("username");
        String pwd=request.getParameter("pwd");
        if(name.equals("admin")&& pwd.equals("admin")){
                response.sendRedirect("successview.html");
        }
        else response.sendRedirect("inputview.html");
%>
    </body>
</html>
```

该 JSP 界面其实只包含一个<%Java 代码段%>，用以验证用户并根据验证的不同情况进行页面的重定向。

（3）编写 successview.html，显示欢迎信息，其代码如下：

```
<html>
    <head>
        <title>欢迎</title>
    </head>
    <body>
        您是合法用户，欢迎进入本空间！
    </body>
</html>
```

该界面仅仅显示一个欢迎信息，只是说明已将控制权跳转到该界面，从而完成了整个验证与处理。案例 2-4 的操作如图 2-7 所示，图 2-7（a）显示用户的输入，然后单击"登录"按钮转到 control.jsp 中执行 Java 代码并作用户验证，验证成功后转到欢迎界面，如图 2-7（b）所示。

案例 2-4 尝试了 Web 应用的分层开发，其中 JSP 擅长于表示层界面的实现，而 Java 代码段擅长于处理的实现。这就是今后要学习的模型-视图-控制（Model-View-Controler，MVC)的编程思想。

(a) 输入界面

(b) 验证正确后跳转到欢迎页面

图 2-7　案例 2-4 运行结果

2.5　JSP 内置对象

　　JSP 内置对象是可以不加声明就在 JSP 页面脚本(Java 程序片和 Java 表达式)中使用的成员变量。在前面的例子中已经出现过的 request、out、application 就是常见的 JSP 内置对象。

　　其实,JSP 共有以下 9 种基本内置对象,它们分别是：request，response，out，session，application，config，pagecontext，page，exception。

2.5.1　JSP 内置对象的特点与分类

　　JSP 内置对象有以下一些特点：

　　(1) 由 JSP 规范提供,不用编写者实例化；

　　(2) 通过 Web 容器实现和管理；

　　(3) 所有 JSP 页面均可使用；

　　(4) 只有在脚本元素的表达式或代码段中才可使用(<%＝使用内置对象%>或 <%使用内置对象%>)。

　　上述 9 种常用内置对象可以分为以下几种类型。

　　(1) 输出输入对象：request、response、out 三种对象。

　　(2) 通信控制对象：pageContext、session、application 三种对象。

　　(3) Servlet 对象：page、config 两种对象。

（4）错误处理对象：exception 对象。

下面对这 9 种常用的内置对象进行简单介绍。

2.5.2 内置对象简介

1. request 对象

客户端的请求信息被封装在 request 对象中，通过调用该对象相应的方法就可以获取封装的信息，即使用该对象可以获取用户提交的信息，然后做出响应。它是 HttpServletRequest 类的实例。request 对象在完成客户端的请求之前，该对象一直有效，如表 2-3 所示。前面章节的例子已经介绍了其应用。

表 2-3　request 对象常用方法的说明

序号	方　　法	说　　明
1	object getAttribute(String name)	返回指定属性的属性值
2	Enumeration getAttributeNames()	返回所有可用属性名的枚举
3	String getCharacterEncoding()	返回字符编码方式
4	int getContentLength()	返回请求体的长度（以字节数）
5	String getContentType()	得到请求体的 MIME 类型
6	ServletInputStream getInputStream()	得到请求体中一行的二进制流
7	String getParameter(String name)	返回 name 指定参数的参数值
8	Enumeration getParameterNames()	返回可用参数名的枚举
9	String[]getParameterValues(String name)	返回包含参数 name 的所有值的数组
10	String getProtocol()	返回请求用的协议类型及版本号
11	String getScheme()	返回请求用的计划名，如 http. https 及 ftp 等
12	String getServerName()	返回接收请求的服务器
13	int getServerPort()	返回服务器接收此请求所用的端口号
14	BufferedReader getReader()	返回解码过了的请求体
15	String getRemoteAddr()	返回发送此请求的客户端 IP 地址
16	String getRemoteHost()	返回发送此请求的客户端主机名
17	void setAttribute(String key,Object obj)	设置属性的属性值
18	String getRealPath(String path)	返回一虚拟路径的真实路径
19	String getContextPath()	返回上下文路径

2. response 对象

response 对象包含了响应客户请求的有关信息，用于对客户的请求做出动态响应，并向客户端发送数据。但在 JSP 中很少直接用到它。它是 HttpServletResponse 类的实例。

response 对象具有页面作用域，即访问一个页面时，该页面内的 response 对象只能对这次访问有效，其他页面的 response 对象对当前页面无效，如表 2-4 所示。

表 2-4　response 对象常用方法的说明

序号	方　　法	说　　明
1	String getCharacterEncoding()	返回响应用的是何种字符编码
2	ServletOutputStream getOutputStream()	返回响应的一个二进制输出流
3	PrintWriter getWriter()	返回可以向客户端输出字符的一个对象
4	void setContentLength(int len)	设置响应头长度
5	void setContentType(String type)	设置响应的 MIME 类型
6	sendRedirect(java. lang. String location)	重新定向客户端的请求

3. session 对象

session 对象指的是客户端与服务器的一次会话，从客户端连到服务器的一个 WebApplication 开始，直到客户端与服务器断开连接为止。它是 HttpSession 类的实例，具有会话作用域，常用方法的说明如表 2-5 所示。

表 2-5　session 对象常用方法的说明

序号	方　　法	说　　明
1	long getCreationTime()	返回 session 创建时间
2	public String getId()	返回 session 创建时 JSP 引擎为它设的唯一 ID 号
3	long getLastAccessedTime()	返回此 session 里客户端最近一次请求时间
4	int getMaxInactiveInterval()	返回两次请求间隔多长时间此 session 被取消（单位为 ms）
5	String[] getValueNames()	返回一个包含此 session 中所有可用属性的数组
6	void invalidate()	取消 session，使 session 不可用
7	boolean isNew()	返回服务器创建的一个 session，客户端是否已经加入
8	void removeValue(String name)	删除 session 中指定的属性
9	void setMaxInactiveInterval()	设置两次请求间隔多长时间此 session 被取消（单位为 ms）

session 对象是在第一个 JSP 页面被装载时自动创建的，完成会话期管理。从一个客户打开浏览器并连接到服务器开始，到客户关闭浏览器离开这个服务器结束，被称为一个会话。当一个客户访问一个服务器时，可能会在这个服务器的几个页面之间切换，服务器应当通过某种办法知道这是一个客户，这时就需要 session 对象。

当一个客户首次访问服务器上的一个 JSP 页面时，JSP 引擎产生一个 session 对象，同时分配一个 String 类型的 ID 号，JSP 引擎同时将这个 ID 号发送到客户端，存放在

cookies 中,这样 session 对象和客户之间就建立了一一对应的关系。当客户再访问连接该服务器的其他页面时,不再分配给客户新的 session 对象,直到客户关闭浏览器后,服务器中该客户的 session 对象才取消,并且和客户的会话对应关系也将消失。当客户重新打开浏览器再连接到该服务器时,服务器为该客户再创建一个新的 session 对象。

4. application 对象

服务器启动后就产生了这个 application 对象,当客户在所访问的网站的各个页面之间浏览时,这个 application 对象都是同一个,直到服务器关闭。application 对象实现了用户间的数据共享,可存放全局变量。

application 对象开始于服务器的启动,终止于服务器的关闭,在此期间,此对象将一直存在。这样在用户的前后连接或不同用户之间的连接中,可以对此对象的同一属性进行操作;在任何地方对此对象属性的操作,都将影响到其他用户对此的访问。服务器的启动和关闭决定了 application 对象的生命。它是 ServletContext 类的实例,其常用方法的说明如表 2-6 所示。

但是与 session 不同的是,所有客户的 application 对象都是同一个,即所有客户共享这个内置的 application 对象(2.3 节的例子已经说明了其应用)。

表 2-6　application 对象常用方法的说明

序号	方　　法	说　　明
1	Object getAttribute(String name)	返回给定名的属性值
2	Enumeration getAttributeNames()	返回所有可用属性名的枚举
3	void setAttribute(String name,Object obj)	设定属性的属性值
4	void removeAttribute(String name)	删除一属性及其属性值
5	String getServerInfo()	返回 JSP(Servlet)引擎名及版本号
6	String getRealPath(String path)	返回一虚拟路径的真实路径
7	ServletContext getContext(String uripath)	返回指定 WebApplication 的 application 对象
8	int getMajorVersion()	返回服务器支持的 Servlet API 的最大版本号
9	int getMinorVersion()	返回服务器支持的 Servlet API 的最小版本号
10	String getMimeType(String file)	返回指定文件的 MIME 类型
11	URL getResource(String path)	返回指定资源(文件及目录)的 URL 路径
12	InputStream getResourceAsStream (String path)	返回指定资源的输入流
13	RequestDispatcher getRequestDispatcher (String uripath)	返回指定资源的 RequestDispatcher 对象
14	Servlet getServlet(String name)	返回指定名的 Servlet
15	Enumeration getServlets()	返回所有 Servlet 的枚举
16	Enumeration getServletNames()	返回所有 Servlet 名的枚举

续表

序号	方　　法	说　　明
17	void log(String msg)	把指定消息写入 Servlet 的日志文件
18	void log(Exception exception,String msg)	把指定异常的栈轨迹及错误消息写入 Servlet 的日志文件
19	void log(String msg,Throwable throwable)	把栈轨迹及给出的 Throwable 异常的说明信息写入 Servlet 的日志文件

5. out 对象

out 对象用于各种数据的输出,是用来向客户端输出内容的常用对象。out 对象是 JspWriter 类的实例,其常用方法说明如表 2-7 所示。

表 2-7　out 对象常用方法的说明

序号	方　　法	说　　明
1	void clear()	清除缓冲区的内容
2	void clearBuffer()	清除缓冲区的当前内容
3	void flush()	清空流
4	int getBufferSize()	返回缓冲区以字节数的大小,如不设缓冲区则为 0
5	int getRemaining()	返回缓冲区还剩余多少可用
6	boolean isAutoFlush()	返回缓冲区满时,是自动清空还是抛出异常
7	void close()	关闭输出流

6. page 对象

JSP 网页本身的 page 对象是当前页面转换后的 Servlet 类实例。page 对象是指向当前 JSP 页面本身的,就像类中的 this 指针,它是 java. lang. Object 类的实例。从转换后的 Servlet 类的代码中,可以看到这种关系：Object page＝this；在 JSP 页面中,很少使用 page 对象,其常用方法的说明如表 2-8 所示。

表 2-8　page 对象常用方法的说明

序号	方　　法	说　　明
1	class getClass()	返回此 Object 的类
2	int hashCode()	返回此 Object 的 hash 码
3	boolean equals(Object obj)	判断此 Object 是否与指定的 Object 对象相等
4	void copy(Object obj)	把此 Object 复制到指定的 Object 对象中
5	Object clone()	复制此 Object 对象
6	String toString()	把此 Object 对象转换成 String 类的对象

序号	方　　法	说　　明
7	void notify()	唤醒一个等待的线程
8	void notifyAll()	唤醒所有等待的线程
9	void wait(int timeout)	使一个线程处于等待直到 timeout 结束或被唤醒
10	void wait()	使一个线程处于等待直到被唤醒
11	void enterMonitor()	对 Object 加锁
12	void exitMonitor()	对 Object 开锁

7. config 对象

config 对象是在一个 Servlet 初始化时,JSP 引擎向它传递信息用的,此信息包括 Servlet 初始化时所要用到的参数(通过属性名和属性值构成)以及服务器的有关信息(通过传递一个 ServletContext 对象)。config 对象是 javax. servlet. ServletConfig 的实例, 该实例代表该 JSP 的配置信息,其常用方法的说明如表 2-9 所示。

表 2-9　config 对象常用方法的说明

序号	方　　法	说　　明
1	ServletContext getServletContext()	返回含有服务器相关信息的 ServletContext 对象
2	String getInitParameter(String name)	返回初始化参数的值
3	Enumeration getInitParameterNames()	返回 Servlet 初始化所需所有参数的枚举

事实上,JSP 页面通常无须配置,也就不存在配置信息。因此,该对象更多地在 Servlet 中有效。

8. exception 对象

exception 对象是一个例外对象,当一个页面在运行过程中发生了例外,就产生了这个对象。如果一个 JSP 页面要应用此对象,就必须把 isErrorPage 设为 true,否则无法编译,即在页面指令中设置:<%@page isErrorPage="true"%>。

exception 对象是 java. lang. Throwable 的实例,该实例代表其他页面中的异常和错误,其常用方法的说明如表 2-10 所示。

表 2-10　exception 对象常用方法的说明

序号	方　　法	说　　明
1	String getMessage()	返回描述异常的消息
2	String toString()	返回关于异常的简短描述消息
3	void printStackTrace()	显示异常及其栈轨迹
4	Throwable FillInStackTrace()	重写异常的执行栈轨迹

9. pageContext 对象

pageContext 对象代表该 JSP 页面上下文,它提供了对 JSP 页面内所有对象及名字空间的访问,即使用该对象可以访问页面中的共享数据。如它可以访问本页所在的 session,也可以取本页面所在的 application 的某一属性值,它相当于页面中所有功能的集大成者,它的本类名也叫 pageContext。

pageContext 是 javax. servlet. jsp. PageContext 的实例,其常用方法的说明如表 2-11 所示。

表 2-11 pageContext 对象常用方法的说明

序号	方　　法	说　　明
1	JspWriter getOut()	返回当前客户端响应被使用的 JspWriter 流(out)
2	HttpSession getSession()	返回当前页中的 HttpSession 对象(session)
3	Object getPage()	返回当前页的 Object 对象(page)
4	ServletRequest getRequest()	返回当前页的 ServletRequest 对象(request)
5	ServletResponse getResponse()	返回当前页的 ServletResponse 对象(response)
6	Exception getException()	返回当前页的 Exception 对象(exception)
7	ServletConfig getServletConfig()	返回当前页的 ServletConfig 对象(config)
8	ServletContext getServletContext()	返回当前页的 ServletContext 对象(application)
9	void setAttribute (String name, Object attribute)	设置属性及属性值
10	void setAttribute(String name, Object obj, int scope)	在指定范围内设置属性及属性值
11	public Object getAttribute(String name)	取属性的值
12	Object getAttribute(String name, int scope)	在指定范围内取属性的值
13	public Object findAttribute(String name)	寻找一属性,返回属性值或 NULL
14	void removeAttribute(String name)	删除某属性
15	void removeAttribute (String name, int scope)	在指定范围删除某属性
16	int getAttributeScope(String name)	返回某属性的作用范围
17	Enumeration getAttributeNamesInScope(int scope)	返回指定范围内可用的属性名枚举
18	void release()	释放 pageContext 所占用的资源
19	void forward(String relativeUrlPath)	使当前页面重导到另一页面
20	void include(String relativeUrlPath)	在当前位置包含另一文件

小　结

本章介绍了 JSP 动态网页技术,包括 JSP 网页组成、JSP 页面元素、JSP 运行原理与执行机制,以及它们的应用案例;重点介绍了 JSP 技术如何实现页面之间的跳转、页面之间数据的传递以及实现数据传递需要用到的 request、response 等对象。

本章最后介绍了常见的 JSP 内置对象及其应用。JSP 内置对象是 JSP 技术的重要内容,本章列举了 JSP 的内置对象及其方法,以供读者参考。

习　题

一、填空题

1. JSP 页面中除了如 HTML 元素的静态部分外,还有进行_____部分,如以 <% %>形式编写的 Java 代码段。

2. JSP 网页中基本的动态元素包括_____、_____、_____、_____等。

3. 如果在 JSP 页面中显示一个变量的值,则需要用到_____。

4. JSP 中既然能编写 Java 代码,就说明它具有 Java 程序的各种功能,但这些 Java 代码不是完整的 Java 程序,它们必须用_____的形式书写。

5. JSP 界面之间跳转时,参数在这些页面之间的传递一般用到_____、_____等对象。

6. 可以不加声明就在 JSP 页面中使用的对象称为_____。

7. JSP 共有以下 9 种基本内置对象,它们分别是:_____、_____、_____、_____、_____、_____、_____、_____、_____。

二、简答题

1. JSP 页面元素有哪些? 分别有什么作用?
2. 简述 B/S 的"请求/响应"运行模式以及 JSP 运行机制。
3. JSP 网页之间的跳转有哪几种形式,各有什么特点,请举例说明。
4. 请说说 JSP 内置对象的特点及类型。
5. 分别说说 request 与 response 内置对象的作用与用法。
6. 作用域(scope)有 4 大类型:page scope、request scope、session scope、application scope,它们各有什么区别?

综 合 实 训

实训 1　在 JSP 页面中编写一个 $1+2+\cdots+n(n<100)$ 的 Java 程序段,并用<%=表达式%>的形式显示各求和结果。

实训 2　在 JSP 页面通过 form 表单输入数据，然后跳转到另一个页面进行数据显示，如＜form name＝"form1" method＝post action＝"control. jsp"＞将跳转到 control. jsp 中进行处理。编写一个输入数据的程序，分别用 method＝"get"和"post"看看跳转后的地址栏中地址的不同，并说明原因。

实训 3　用 JSP 技术编写一个春晚满意度调查网站，调查内容分为 5 项，即你认为今年春晚办得：非常好、较好、一般、较差、非常差，统计并显示参与调查的总人数及各项选择的人数及百分比。

在 JSP 中实现数据库操作

本章学习目标

- 熟练掌握对 MySQL 数据库的建库、建表与对数据的操作。
- 了解用 Java 语言对 MySQL 数据库访问的编码实现。
- 熟练掌握在 JSP 网页中编码实现对 MySQL 中数据的访问操作。
- 熟练掌握通用的创建数据连接类的方法及其在 JSP 中的应用。
- 熟练掌握用 JSP 开发数据库应用程序(包括对数据库的增、删、改、查询操作)的方法与过程。

　　应用程序中常常有对数据库的操作,即需要将处理的业务数据存储在数据库中,然后通过程序对其进行操作处理。在 Java 程序设计的课程中一般会介绍采用 JDBC 方式连接数据库,并通过该连接实现对数据库的操作。本章将介绍如何将这种方式应用到 JSP 文件中,并介绍了通用的数据库连接类的创建方法及其使用。

　　当数据库连接建立后,就可以对数据库进行操作了,即调用 SQL 语句新增、修改、删除、查询数据库中的数据。本章介绍了利用不带参数的 SQL 语句以及带参数的 SQL 语句进行数据库操作,并以案例的形式介绍了 JSP 中数据库操作的综合应用。

3.1　Java 访问数据库概述

　　在第 2 章中图 2-1、图 2-2 已经说明了基于数据库服务器、Web 应用服务器的 JSP 运行原理。一般 Web 应用软件需要用数据库系统存储数据,而 Web 应用程序则将信息在客户端、到服务器、再到数据库之间进行数据操作处理。

　　在学习 Java 程序设计时,已经学习了在 Java 中利用 JDBC 方式对数据库的操作,本章将介绍在 JSP 中采用相同的 JDBC 方式,对数据库进行操作并对数据进行处理以及对处理代码的封装。首先回顾一下 Java 中采用 JDBC 方式对数据库的操作。

3.1.1　数据库运行环境介绍

　　对数据库操作首先要有数据库运行环境,即首先安装了数据库,我们选用 MySQL 数据库系统。MySQL 是免费软件,有很多优点,适合小型的应用。为了用 Java 访问 MySQL,本教程采用以下数据库环境:

（1）以 MySQL 数据库管理系统作为数据库服务器；

（2）采用 MySQL-Front.exe 作为 MySQL 数据库客户端软件；

（3）MySQL 驱动程序为 mysql-connector-java-5.1.5-bin.jar。

1. MySQL 数据库简介

MySQL 是一个开放源码的小型关联式数据库管理系统，其开发者为瑞典 MySQL AB 公司。由于企业运作的原因，目前 MySQL 已成为 Oracle 公司的另一个数据库项目。

由于 MySQL 体积小、速度快、总体拥有成本低，尤其是开放源码这一特点，许多中小型网站为了降低网站总体拥有成本而选择了 MySQL 作为网站数据库系统。所以，MySQL 被广泛地应用在 Internet 上的中小型网站中。

与其他大型数据库系统例如 Oracle、DB2、SQL Server 等相比，MySQL 自有它的不足，但对于一般的个人使用者和中小型企业来说，MySQL 提供的功能已经绰绰有余，而且由于 MySQL 是开放源码软件，因此受到用户的广泛欢迎。

MySQL 系统具有以下一些特性：

（1）支持 AIX、FreeBSD、Linux、Mac OS、OS/2 Wrap、Solaris、Windows 等多种操作系统。

（2）为多种编程语言提供了应用程序接口（API），如 C、C++、Python、Java、Perl、PHP 等。

（3）提供多语言支持，常见的编码如中文的 GB 2312、BIG5、日文的 Shift_JIS 等。

（4）提供 TCP/IP、ODBC 和 JDBC 等多种数据库连接途径。

（5）提供用于管理、检查、优化数据库操作的管理工具。

（6）支持大型的数据库。可以处理拥有上千万条记录的大型数据库。

本教程采用 MySQL 作为数据库环境，对于大型数据库如 Oracle、DB2、SQL Server 等，用 Java 进行访问的原理与方法类似。MySQL 的官方网站为：http://dev.mysql.com/，在这里可以直接下载最新版本的 MySQL 数据库软件。

在 MySQL 安装之后，我们可以通过类似于 Oracle 的 SQL-Plus 命令行工具来使用它。可是这样的话，我们就必须熟练掌握大量的命令。对于大多数的用户来说，GUI（图形用户界面）总是比较受欢迎的。MySQL-Front 等 MySQL 客户端管理软件可以解决这个问题。

MySQL-Front 软件操作简单，是一款非常不错的 MySQL 管理软件，它非常容易上手，其他的 MySQL 的 GUI 使用类似。

2. MySQL 客户端管理软件

为了避免记忆大量的命令，简化学习过程，我们可以选择 MySQL 的 GUI 工具（图形用户界面）。MySQL 的 GUI 很多，例如 Navicat、MySQL GUI Tools、MySQL-Front 等，为了介绍方便，本教程选择 MySQL-Front 作为 MySQL 的 GUI。

例如，MySQL-Front 是一个小巧的数据库管理软件。它使用起来很简单，操作也很方便。

MySQL-Front 主要特性包括：多文档界面，语法突出，拖曳方式的数据库和表格；可编辑、增加、删除数据库和表，可编辑、插入、删除数据库记录；可执行的 SQL 脚本，提供与外程序接口，保存数据到 CSV 文件等。

3. 用 JDBC 连接 MySQL 数据库

Java 数据库连接（Java Data Base Connectivity，JDBC）是 Sun 公司（已被 Oracle 公司收购）制定的一个可以用 Java 语言连接数据库的技术。JDBC 是一种用于执行 SQL 语句的 Java API，可以为多种关系数据库提供统一访问，它由一组用 Java 语言编写的类和接口组成。JDBC 为数据库开发人员提供了一个标准的 API，据此可以构建更高级的工具和接口，使数据库开发人员能够用纯 Java API 编写数据库应用程序，并且可跨平台运行，并且不受数据库供应商的限制。

为了实现 Java 对 MySQL 的访问，需要下载 MySQL 支持 JDBC 的驱动程序，其下载的官方网站地址是：http://www.mysql.com/products/connector/。如果手上有则可跳过这一步直接使用。本教程使用的 MySQL 的 JDBC 驱动程序是：mysql-connector-java-5.1.5-bin.jar。

3.1.2 编写 Java 程序访问 MySQL 数据库

如果安装好了 MySQL 数据库及其客户端程序（GUI），准备好了 MySQL 的 JDBC 驱动程序，就可以编写 Java 程序对 MySQL 数据库进行数据访问与操作了。

下面介绍用 Java 编写程序访问 MySQL 数据库中的数据。

【案例 3-1】 编写 Java 程序访问并显示数据库中的用户信息。

1. 建立被访问的数据库环境

用 Java 程序访问数据库，首先要建立被访问的数据库及表，并添加数据。在 MySQL-Front 中建立 MySQL 数据库：mydatabase，编码为 utf-8（支持中文）；再建立一个学生表：user，并在其中添加两个用户信息（如表 3-2 中的李国华、张淑芳所示）。学生表结构见表 3-1，添加的数据如表 3-2 所示。

表 3-1 学生表 user 结构

字段名	类型	是否为空	中文含义	备注
id	int(11)	No	编码	主键、自增
name	varchar(255)	Yes	姓名	
password	varchar(255)	Yes	密码	

表 3-2 在 student 表中添加两个学生信息

id	name	password	id	name	password
1	李国华	admin	3	张淑芳	zsf

完成上述操作后，便建立好数据库及供访问的数据了，可以从 MySQL-Front 中浏览到这些数据，如图 3-1 所示。

id	name	password
1	李国华	admin
3	张淑芳	zsf

图 3-1　创建好数据库后显示的数据

可以将上述操作“导出(Export)”为一个 SQL 脚本文件以便今后用该 SQL 脚本文件方便地重构该数据库(见以下代码)。

```
DROP DATABASE IF EXISTS 'mydatabase';
CREATE DATABASE 'mydatabase' /* !40100 DEFAULT CHARACTER SET gbk */;
USE 'mydatabase';
CREATE TABLE 'user' (
  'Id' int(11) NOT NULL auto_increment,
  'name' varchar(255) default NULL,
  'password' varchar(255) default NULL,
  PRIMARY KEY  ('Id')
) ENGINE=InnoDB AUTO_INCREMENT=4 DEFAULT CHARSET=gbk;
INSERT INTO 'user' VALUES (1,'李国华','admin');
INSERT INTO 'user' VALUES (3,'张淑芳','zsf');
UNLOCK TABLES;
```

2. 编写 Java 程序访问数据库

下面编写 Java 程序显示如图 3-1 所示的数据库中的数据。该数据库为 mydatabase，数据在用户表 user 中。

首先创建一个 Web 项目如 myweb，在其中创建一个 Java 类 researchdb.java，并编写其代码如下：

```
import java.sql.Connection;
import java.sql.DriverManager;
import java.sql.ResultSet;
import java.sql.Statement;
public class researchdb {
    public static void main(String[] args) throws Exception {
        try {
            Class.forName("com.mysql.jdbc.Driver");     //注册 MySQL 驱动
            //获取数据库连接,设置数据库名为 mydatabase,用户名与密码分别为 root、
            //root。需根据自己的数据库环境修改这些参数
            Connection conn=DriverManager.getConnection(
                    "jdbc:mysql://localhost:3306/mydatabase", "root", "root");
            Statement stat=conn.createStatement();
                                        //创建 Statement 对象,准备执行 SQL 语句
            ResultSet rs=stat.executeQuery("select * from user");//执行 SQL
            while (rs.next()) {             //显示结果集对象中的数据
                System.out.print(rs.getString("name")+"  ");
                System.out.println(rs.getString("password"));
```

```
        }
        rs.closs();                    //释放资源
        stat.closs();
        conn.closs();
    } catch (Exception e) {
        e.printStackTrace();
    }
    }
}
```

编写好以上 researchdb.java 程序后,还需要在开发环境中加载 MySQL 数据库的驱动程序 mysql-connector-java-5.1.5-bin.jar,有两种方法:

(1) 直接将驱动程序 mysql-connector-java-5.1.5-bin.jar 复制到项目 myweb 的 WebRoot\Web-INF\lib 文件夹中。

(2) 在 MyEclipse 中鼠标右击 myweb 项目名,依次选择 Bulid Path->Add External Archives,在出现的对话框中寻找到自己存放的驱动程序 mysql-connector-java-5.1.5-bin.jar 并打开。

无论上述哪种方法,均能在 myweb 项目中加载 MySQL 数据库连接驱动程序。然后可以运行(Run As->Java Application) researchdb.java 程序,则在控制台显示数据库中的数据,如图 3-2 所示。

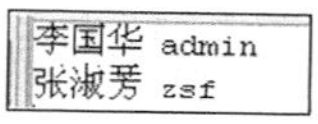

图 3-2　执行 Java 程序
　　　　显示的数据

3. 代码解释

researchdb.java 程序代码需完成以下一些任务。

1) 在 Java 程序中加载驱动程序

在 Java 程序中,可以通过 Class.forName("指定数据库的驱动程序")方式来加载添加到开发环境中的驱动程序,加载 MySQL 的数据驱动程序的代码为:Class.forName(com.mysql.jdbc.Driver)。

2) 创建数据连接对象

通过 DriverManager 类创建数据库连接 Connection 对象。DriverManager 类作用于 Java 程序和 JDBC 驱动程序之间,用于检查所加载的驱动程序是否可以建立连接,然后通过它的 getConnection 方法,根据数据库的 URL、用户名和密码,创建一个 JDBC Connection 对象,如 Connection conn = DriverManager.getConnection("连接数据库的 URL","用户名","密码")。其中,

URL=协议名+IP 地址(域名)+端口+数据库名称

用户名和密码是指登录数据库时所使用的用户名和密码。本案例中创建 MySQL 的数据库连接代码如下:

```
Connection conn=DriverManager.getConnection("jdbc:mysql://localhost:3306/
mydatabase","root","root");
```

3）创建 Statement 对象

Statement 类主要是用于传递静态 SQL 语句（不带参数），并可以调用其执行的 executeQuery()方法执行 SQL 对数据库的操作，返回的结果存放到 ResultSet 对象中。通过 Connection 对象的 createStatement()方法可以创建一个 Statement 对象。本案例中创建 Statement 对象的代码如下：

```
Statement stat=conn.createStatement();
```

4）调用 Statement 对象的相关方法执行相应的 SQL 语句

可通过 execuUpdate()方法来实现数据的更新，包括插入和删除等操作，例如本案例查询 Student 表中的数据的代码为

```
ResultSet rs=stat.executeQuery("select * from user");
```

通过调用 Statement 对象的 executeQuery()方法进行数据的查询，而查询结果会得到 ResultSet 对象，ResultSet 表示执行查询数据库后返回的数据集合，ResultSet 对象具有可以指向当前数据行的指针。通过该对象的 next()方法，使得指针指向下一行，然后将数据以列号或者字段名取出。如果用 next()方法返回 null，则表示下一行中没有数据存在。

同样，如果是插入的 SQL 语句，则可以为

```
stat.excuteUpdate("INSERT INTO user(name, password) VALUES ('王武', ,'ww')");
```

5）关闭数据库连接以释放资源

使用完数据库或者不需要访问数据库时，通过 Connection 的 close() 方法及时关闭数据连接以释放资源，其代码如下：

```
rs.closs();
stat.closs();
conn.closs();
```

在此，介绍了编写 Java 程序访问及显示数据库中的数据。简单介绍了 MySQL 数据库驱动程序的安装，关于如何加载数据库驱动程序、如何进行程序编码是重要的操作技能，需要读者通过实践掌握。

4. 数据库连接简介

在 Java 进行数据库应用程序编码中已经讲过数据库连接了，由于其在 Java、JSP 中进行数据库操作时是必不可少的，所以这里就数据库连接的相关概念进行简单介绍。

其实，连接是编程语言与数据库交互的一种方式，如果没有数据库连接，我们就无法对数据库进行操作。获取数据库连接主要通过下列两条语句：

```
(1) Class.forName("com.mysql.jdbc.Driver");
(2) Connection con
    =DriverManager.getConnection ("jdbc:mysql://localhost:3306/mydatabase",
```

"root", "root");

在此,我们创建了一个 Connection 对象 con,即所谓的"连接"对象,通过它可以对数据库进行各种操作。但是该连接对象在创建时内部执行了什么呢?其实,上述两条语句中,DriverManager 用于检查并注册驱动程序;com. mysql. jdbc. Driver 就是我们注册了的驱动程序(此处为 MySQL 数据库对应的驱动程序)后,它就会在驱动程序类中调用 connect(url…)方法,该方法根据我们请求的连接地址(如"jdbc:mysql://localhost:3306/mydatabase","root","root"),创建一个"Socket 连接",连接到 IP 为 localhost:3306、默认端口为 3306 的数据库。这里 localhost 是指本地机的服务器,否则需要指定远程数据库服务器的 IP 地址。

最后,创建的 Socket 连接将被用来查询我们指定的数据库,并最终让程序返回得到一个结果,这个结果就是今后数据库访问要用到的数据库连接对象。

3.1.3 在 JSP 中编写 Java 代码段访问数据库

【案例 3-2】 在 JSP 中编写 Java 代码显示数据库中的用户信息。

将案例 3-1 中的 Java 代码以<% %>的形式放到 JSP 文件中,则可以在 JSP 中访问并显示数据库中的数据了。

在原案例 3-1 的 myweb 项目中编写 researchdb.jsp 代码如下:

```jsp
<%@page language="java" import="java.util.*,java.sql.*"
pageEncoding="gbk"%>
<!DOCTYPE HTML PUBLIC "-//W3C//DTD HTML 4.01 Transitional//EN">
<html>
  <head>
    <title>数据库查询</title>
  </head>
  <body>
<%                                        //访问数据库的 Java 代码段
  try {
        Class.forName("com.mysql.jdbc.Driver");
        Connection conn=DriverManager.getConnection(
            "jdbc:mysql://localhost:3306/mydatabase", "root", "root");
        Statement stat=conn.createStatement();
        ResultSet rs=stat.executeQuery("select * from user");
        while (rs.next()) {              //循环显示结果集中的数据
            out.print(rs.getString("name")+" ");
            out.print(rs.getString("password")+"<br>");
        }
        rs.close();
        stat.close();
        conn.close();
    } catch (Exception e) {
```

```
                e.printStackTrace();
        }
    %>
  </body>
</html>
```

在 Web 项目中加载 MySQL 驱动程序(如果已经加载了可跳过该步),部署该 Web 项目,启动 Tomcat 服务器,在 IE 地址栏中输入

```
http://localhost:8080/myweb/researchdb.jsp
```

则在页面中显示了所访问的数据库的数据,如图 3-3 所示。

在 Web 方式中 researchdb.jsp 显示数据库的数据,其实只要在案例 3-1 的基础上做简单的修改。

(1) 创建 JSP 文件:researchdb.jsp。

(2) 将案例 3-1 的 Java 代码的 try-catch 中的代码,以 <% %> 的形式放到 JSP 的 <body> </body>标记中。

图 3-3　在 JSP 页面中显示数据库中的数据

(3) 将 java.sql.* 加到 import 语句中,即该语句改为:import="java.util.*,java.sql.*"。

(4) 将 System.out.print 语句改为 out.print 语句。

然后部署该项目,启动服务器后运行,则在 JSP 中显示了数据库中的数据(如图 3-3 所示)。

3.2　编写可重用的类封装数据库处理代码

3.2.1　在 JSP 中连接数据库编码的缺陷

从案例 3-2 中可以看出,JSP 文件实现了数据库的操作。但是上述 JSP 对数据库的操作有以下一些缺陷:

(1) 代码累赘,大量的 Java 代码段在 JSP 中,显得 JSP 文件复杂且不利于修改;

(2) 代码重用性差,因为每个 JSP 都需要进行相同的重复操作,不利于代码复用;

(3) 影响性能,由于通过 JSP 进行数据库连接操作,需要从客户端到服务器进行交互,影响软件的性能;

(4) 安全性差,用户的验证代码在客户端的 JSP 程序中,具有不安全性;

(5) 连接数据库的代码大量冗余,不利于系统维护。

如果采用 Java 类进行封装,在 JSP 需要的时候进行调用,就可以改进上述存在的问题。

3.2.2 通过 Java 类封装数据库处理代码

案例 3-2 的 JSP 程序 researchdb.jsp 中访问数据库的 Java 代码可以分为以下几个部分：

(1) 加载数据库驱动并获取数据库连接；

(2) 定义 SQL 语句并执行、处理数据；

(3) 关闭连接等以释放资源。

上述第(1)、第(3)两部分对于相同的数据库(如 MySQL 数据库)均相同，所以可以定义一个 Java 类，将它们封装起来以重复使用。

第(2)部分包括定义一个 statement 对象、SQL 语句并执行，以及执行完后对获取的结果集数据的处理。这部分往往与具体的业务处理有关，所以可以将这些处理的代码放到另一个处理类中进行封装。

另外，对处理的数据需要用一个实体类进行封装以便进行各个阶段的处理。

最后，通过主程序调用这些代码以完成数据处理的功能。下面通过一个案例说明如何进行数据库处理 Java 代码的封装。

【案例 3-3】 编写 Java 类封装数据库处理代码，以供 JSP 等程序复用。

根据上述分析，将处理数据库中数据的 JSP 程序分为以下 4 个部分：

(1) 封装数据库连接的共享 Java 类(共享工具类)；

(2) 封装数据的 Java 类(实体类)；

(3) 封装业务处理的 Java 类(模型类)；

(4) JSP 主程序(主控程序)。

本案例的程序结构的设计见表 3-3。

表 3-3 案例 3-3 程序结构设计

序号	名称	包/文件夹	程序	说　　明
1	共享工具类	src/dbutil	Dbconn.java	包含获取连接、关闭连接两个方法
2	实体类	src/entity	User.java	三个属性及它们的 setter/getter 方法
3	业务处理模型类	src/model	Model.java	包含业务处理的 SQL 语句的定义与执行，返回执行的结果
4	主控程序(JSP 程序)	根文件夹	listUsers.jsp	将上述三个程序结合到一起完成整个功能

下面分别介绍表 3-3 中 4 个部分的实现。

1. 封装获取数据库类的编写

由于每个数据库操作都需要获取数据库连接、关闭数据库连接操作，这些代码可以抽象出来共享，这样可以大大减少代码的冗余，提高开发效率。

用 dbutil.Dbconn.java 类封装获取数据库连接及关闭数据库连接的代码，其代码如下：

```java
package dbutil;
import java.sql.Connection;
import java.sql.DriverManager;
import java.sql.ResultSet;
import java.sql.SQLException;
import java.sql.Statement;
//数据库连接处理类的定义,包括获取连接、关闭连接两个处理方法的定义
public class Dbconn {
    //获取连接方法的代码
    private Connection conn;
    public  Connection getConnection() throws SQLException{
        try {
            Class.forName("com.mysql.jdbc.Driver");
            conn=DriverManager.getConnection("jdbc:mysql://localhost:3306/
            mydatabase","root","");
        } catch (ClassNotFoundException e) {
            System.out.println("找不到服务!!");
            e.printStackTrace();
        }
        return conn;
    }
    //关闭连接方法的代码
    public void closeAll(Connection conn,Statement stat,ResultSet rs){
        if(rs!=null){
            try {
                rs.close();
            } catch (SQLException e) {
                e.printStackTrace();
            }finally{
                if(stat!=null){
                    try {
                        stat.close();
                    } catch (SQLException e) {
                        e.printStackTrace();
                    }finally{
                        if(conn!=null){
                            try {
                                conn.close();
                            } catch (SQLException e) {
                                e.printStackTrace();
                            }
                        }
                    }
                }
            }
```

```
            }
        }
    }
}
```

在上述代码中,定义 getConnection()方法获取数据库连接并返回 Connection 类型的连接;定义 closeAll(Connection conn,Statement stat,ResultSet rs)方法关闭连接、Statement 对象和 ResultSet 对象,以释放资源。程序中对数据库操作时,均可以共享该代码。

2. 编写封装数据的实体类

通过实体类封装需要处理的数据库中的数据。本案例中数据库表 user 有三个字段:id,name,password 分别表示用户的编号、姓名、密码。在实体类中,也定义对应的三个属性,见实体类 entity. User.java 中的代码。

```
package entity;
//封装数据的实体类,定义的三个属性与数据库表的三个字段对应
public class User {
    private int id;
    private String name;
    private String password;
    public int getId() {
        return id;
    }
    public void setId(int id) {
        this.id=id;
    }
    public String getName() {
        return name;
    }
    public void setName(String name) {
        this.name=name;
    }
    public String getPassword() {
        return password;
    }
    public void setPassword(String password) {
        this.password=password;
    }
}
```

实体类中还要创建三个属性的 setter/getter 方法(setter/getter 方法的创建可以在 MyEclipse 中自动完成)。

其实,该实体类被称为是一种 JavaBean,即是一种用于封装数据并满足某种标准的

Java 类。封装数据的 JavaBean 应满足的标准包括类是公共的、有无参构造器,要求属性是 private 且需通过 setter/getter 方法取值等。

3. 编写封装业务处理的类

对业务的处理跟业务本身有关,它对应软件中的一个业务逻辑处理模型。而一个软件模块代码有界面、业务处理、数据库处理等部分。数据库处理已经抽取出来,但业务逻辑处理代码如果放到界面中,就会加大界面程序的负担,可以将它抽象到模型中,本案例将其放到 model. Model. java 类中。model. Model. java 类充当了模块处理的逻辑模型,其代码如下:

```java
package model;
import java.sql.Connection;
import java.sql.ResultSet;
import java.sql.SQLException;
import java.sql.Statement;
import java.util.ArrayList;
import java.util.List;

import dbutil.Dbconn;                          //引入数据库连接类
import entity.User;                            //引入实体类

//业务处理过程封装到一个模型中(业务处理类),通过定义的 userSelect()方法实现
public class Model {
    private Statement stat;
    private ResultSet rs;
    Dbconn s=new Dbconn();
    //定义返回查询处理后获取的对象集合并返回
    public List<User>userSelect(){
        List users=new ArrayList();
        try {
            Connection conn=s.getConnection();
            String sql="select * from user";
            stat=conn.createStatement();
            rs=stat.executeQuery(sql);
            User user;
            while(rs.next()){
                user=new User();
                user.setId(rs.getInt("id"));
                user.setName(rs.getString("name"));
                user.setPassword(rs.getString("password"));
                users.add(user);
            }
            s.closeAll(conn,stat,rs);
```

```
        } catch (SQLException e) {
            e.printStackTrace();
        }
        return users;
    }
}
```

上述类程序中定义了 SQL 语句及对其进行了执行,同时对执行的结果数据进行了处理(保存到 User 类型的对象集合中)。该类封装了业务处理,它对实体 JavaBean 进行了操作,也是一种 JavaBean,只是封装处理的 JavaBean。这些 JavaBean 往往充当程序中的处理模型,构成了模型层。

模型本身只有通过调用才能执行,才具有实际意义。在主程序中,包括对模型的调用、返回结果的处理等。

4. 主程序的编写

上述三个程序不能单独运行,只有在主程序中才能形成一个完整的处理过程。本案例的主程序 listUsers.jsp 包括调用模型(Model.java)并将获取的结果在页面中进行显示。listUsers.jsp 代码如下:

```
<%@page language="java" import="java.util.*,dbutil.*,entity.*,model.*"
pageEncoding="utf-8"%>
<!DOCTYPE HTML PUBLIC "-//W3C//DTD HTML 4.01 Transitional//EN">
<html>
  <head>
    <title>显示数据页面</title>
  </head>
  <body>
    <%
    Model model=new Model();                //调用模型
    List<User>list=model.userSelect();   //执行模型中的查询方法,并返回结果
        %>
            //数据库中的所有用户
            <table border="1">
        <%for(int i=0;i<list.size();i++){%>//循环显示获得的结果 (用户信息)
                <tr>     //从集合中取出对象的属性进行显示
                <td><%=list.get(i).getId()%></td>
                <td><%=list.get(i).getName() %></td>
                <td><%=list.get(i).getPassword() %></td>
                </tr>
        <%
        }
    %>
    </table>
```

```
</body>
</html>
```

在上述代码中,先实例化模型,然后调用其 userSelect()方法并将返回的结果存放到 list 中(list 类型的集合)。然后通过 Java 的 for 循环显示 list 中各个对象的属性(显示的结果见图 3-4)。注意:在 JSP 中要引入 dbutil. * ,entity. * ,model. * 等类。

主程序集成其他程序形成一个完整的处理过程,其程序结构如表 3-3 所示。

图 3-4　在 JSP 页面中调用 Java 类显示数据

通过上述步骤 1~4 的程序代码,介绍了案例 3-3 要求的用 Java 类封装数据库处理代码,供 JSP 程序调用以完成数据库处理功能。

3.2.3　JavaBean 是可重用的封装数据或处理的类

通过案例 3-3,可将封装数据的实体类,以及封装数据库处理的类抽象出来,这些类可以被复用,即可以不仅仅提供一次使用,如果程序的其他地方需要用到该处理程序也可以调用它,这就是所谓的 JavaBean 的一种类型(封装数据的 JavaBean)。

JavaBean 其实也是一种类,但它是可以重用的 Java 类(或称为软件部件),为了满足应用的要求,对 JavaBean 类有一些要求与约定。比如 JavaBean 类要求是公共的、并提供无参的公有的构造方法;要求属性私有;具有公共的访问属性的 setter/getter 方法。

Java 之父 James Gosling 在设计 Java 语言,为 Java 组件中封装数据的 Java 类进行命名时,看见桌子上的咖啡豆,于是灵机一动就把它命名为 JavaBean。Bean 在中文中表示"豆子"的含义。

JavaBean 是 Java 语言中开发的可跨平台的可复用组件,它在 Web 应用的服务器应用中具有强大的生命力,在 JSP 程序中一般用来封装业务逻辑、封装数据库操作等。所以,一般将 JavaBean 技术作为模型层技术。JavaBean 包括封装数据和封装业务处理两类。本书后面所说的"模型",就是一种封装业务的 JavaBean,而实体类则是封装数据的 JavaBean。

综上所述,JavaBean 实质上是一个 Java 类,但是它有自己独有的特点。这些特点主要表现在以下几个方面。

(1) JavaBean 需定义为公共的类。

(2) JavaBean 构造函数没有输入参数。

(3) 属性必须声明为 private,而方法必须是 public 类型。

(4) 用一组 setter 方法设置内部属性,而用一组 getter 方法获取内部属性。

(5) JavaBean 中是没有主方法(main())的类,一般的 Java 类默认继承 Object 类,而 JavaBean 则不需要此继承。

3.3 数据库操作交互模型的实现

3.3.1 预编译 SQL 语句的使用

1. PreparedStatement 对象

在前面的案例 3-1～案例 3-3 中,访问数据库是通过 Statement 对象实现的,其代码如下。

```
Statement stat=conn.createStatement();
ResultSet rs=stat.executeQuery("select * from user");
```

在此,操作数据库的 SQL 语句是固定的,即如果不改变程序,则该 SQL 语句执行同一操作。如果要查询满足某个用户的记录,则需加一个 where<条件>,如果换一个用户则需要修改 where 中的条件,即需要修改程序。如果要求不修改程序就能满足查询不同的用户,则需要在该 SQL 语句中设置参数,再在执行 SQL 语句前根据情况设置不同的值,从而达到查询不同用户的目的。

这种 SQL 语句称为动态 SQL 语句,它会根据用户的不同操作动态生成不同的 SQL 语句从而查询不同的结果;而案例 3-1～案例 3-3 中的 SQL 语句均是不变的,所以称其为静态 SQL 语句。

静态 SQL 语句由 Statement 对象定义并执行。

动态 SQL 语句则由 PreparedStatement 对象定义与执行,它使用预编译 SQL 语句,该 SQL 语句中允许有一个或多个输入参数(用"?"表示)。在执行带参数的 SQL 语句前,必须对"?"进行赋值。为了对"?"赋值,PreparedStatement 对象中有大量的 setXXX 方法完成对输入参数的赋值。

PreparedStatement 对象的使用与 Statement 对象类似,例如以下代码:

```
PreparedStatement psm=conn.prepareStatement("select * from user where name
=?");
psm.setString(1,"Tom"); //1 为参数号,即这里为第 1 个参数,Tom 为要查询的姓名
ResultSet rs=psm.executeQuery();
```

然后对结果集对象 rs 进行操作,其操作同案例 3-3。

下面通过一个案例说明 PreparedStatement 对象的使用。

2. PreparedStatement 对象的应用案例

【案例 3-4】 查询 3 号操作员的信息。

实现该案例可以用 Statement 对象的 SQL 语句:select * from user where id=3;也可以用 PreparedStatement 对象的 SQL 语句:select * from user where name=?,然后再通过 setXXX 方法对"?"进行赋值。

在案例 3-3 的程序代码基础上修改完成。

修改 Model. java 代码,在其中加入一个 load()方法,其代码如下:

```java
public User load(Integer id) {
        User user=null;
        String sql="select * from user where id=?";
        try {
            Connection conn=s.getConnection();
            ps=conn.prepareStatement(sql);
            ps.setInt(1, id.intValue());
              rs=ps.executeQuery();
              if(rs.next()){
                user=new User();
                user.setId(rs.getInt("Id"));
                user.setName(rs.getString("name"));
                user.setPassword(rs.getString("password"));
            }
            s.closeAll(conn,stat,rs);
        } catch (Exception e) {
            e.printStackTrace();
        }
    return user;
}
```

在上述代码中要用到 PreparedStatement 对象,即需要加下列引入包语句。

```java
import java.sql.PreparedStatement;
```

下一步修改 JSP 文件,使其显示一个编号为 3 的学生姓名。JSP 程序文件为 showUser. jsp,其代码如下。

```jsp
<%@page language="java" import="java.util.*,dbutil.*,entity.*,model.*"
pageEncoding="utf-8"%>
<!DOCTYPE HTML PUBLIC "-//W3C//DTD HTML 4.01 Transitional//EN">
<html>
  <head>
    <title>显示数据页面</title>
  </head>
  <body>
    <%
    Model model=new Model();
      User user=model.load(3);      //参数为 3,即查询 id 为 3 号的用户
    %>
    3 号用户姓名是:<br>
    <%=user.getName()%>
  </body>
</html>
```

本案例的其余代码复用案例 3-3 中的相应代码,即不需要修改直接使用。它们包括实体类 User.java、数据库连接工具类 Dbconn.java。部署运行 showUser.jsp 的结果显示如图 3-5 所示。

除了 setInt 外,preparedStatement 还提供了 setLong、setString、setBoolen、setShort、setByte 对不同类型的数据进行赋值,还提供了几个特殊的 setXXX 方法以处理特殊数据,如空值 null 等。

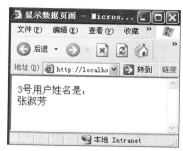

图 3-5 在 JSP 页面中显示
3 号用户的姓名

3.3.2 数据库操作交互模型的实现

一个应用软件系统应提供与用户的交互功能,即用户输入数据由系统进行处理,然后通过界面将结果返回给用户。

【案例 3-5】 用户输入一个用户 id,查询该 id 的用户信息并显示出来。

案例实现思路是:根据案例 3-4 中的代码,加一个输入界面,用于输入用户的 id,然后调用一个查询显示该用户信息的界面,调用 model 中的 load(id)方法,返回查询到的 user(用户信息),并显示它们(运行效果见图 3-6(a)、图 3-6(b))。程序结构设计如表 3-4 所示。

表 3-4 案例 3-5 程序结构设计

序号	名称	包/文件夹	程序	说　　明
1	共享工具类	src/dbutil	Dbconn.java	同案例 3-3
2	实体类	src/entity	User.java	同案例 3-3
3	业务处理模型类	src/model	Model.java	同案例 3-3 的 Model.java 类,但其中需定义 load(id)方法并返回 user 对象
4	JSP 程序	根文件夹	input.jsp	输入 id 界面
			research.jsp	调用模型中 load(id),并显示结果

下面重点介绍需新增的代码,主要是:输入 id 的界面 input.jsp、Model.java 中的 load(id)方法,以及查询数据并显示结果的界面 research.jsp。

1. 输入 id 的界面

输入 id 的界面为 input.jsp,其代码如下:

```
<%@page language="java" import="java.util.*" pageEncoding="gbk"%>
<!DOCTYPE HTML PUBLIC "-//W3C//DTD HTML 4.01 Transitional//EN">
<html>
  <head>
    <title>查询用户</title>
  </head>
<body>
    <form action="research.jsp" method="post">
```

请输入你要查询的 id 号：<input type="text" name="id">
  <input type="submit" value="提交">
  </form>
 </body>
</html>

  输入 id 界面主要是输入 id，并转到 research.jsp 中进行处理。而 research.jsp 将获取该 id，调用 Model 中的 load(id)方法，获取 user 对象，并显示其中的数据。

2. 模型中 load(id)方法的定义与实现

  在 model.Model.java 中定义 load(id)方法，实现数据库查询并返回 user 类型的对象。关于 Model 中对数据库处理的方法在前面的案例中已经介绍过，在这里封装了动态 SQL 语句的定义与执行，返回结果为 user 类型的对象。

  Model.java 中定义 load()方法在案例 3-4 中已经介绍，此处略。

3. 调用方法 load()并显示查询结果

  在 research.jsp 中调用方法 load()并显示查询结果。research.jsp 的代码如下：

```
<%@page language="java"
import="java.util.*,dbutil.*,entity.*,model.*" pageEncoding="utf-8"%>
<!DOCTYPE HTML PUBLIC "-//W3C//DTD HTML 4.01 Transitional//EN">
<html>
  <head>
    <title>显示数据页面</title>
  </head>
  <body>
  你查询的数据是：
    <%
    Model model=new Model();
    int id=Integer.parseInt(request.getParameter("id"));
     User user=model.load(id);
out.print(user.getId()+" "+user.getName()+" "+user.getPassword());
    %>
  </body>
</html>
```

  在 research.jsp 中，获取 input.jsp 中输入的 id，调用模型中的 load(id)方法，获取用户对象 user，再将结果显示出来。

  注意：如果 load()中的参数为 int 类型，则需要通过以下语句进行转换：

```
int id=Integer.parseInt(request.getParameter("id"));
```

然后才能进行调用。

```
User user=model.load(id);
```

案例 3-5 运行的结果如图 3-6 所示。

(a) 输入用户 id

(b) 根据 id 查询出的信息

图 3-6 动态输入用户 id 显示用户信息

3.4 综合案例：用户管理综合功能的实现

通过上面介绍的教学内容与案例，已经可以通过 JSP、Java 代码对 MySQL 数据库进行查询操作了，其操作过程为常见的分层模式。

而对于数据库的操作，除了查询显示外，还有增加、删除、修改等，只有这些功能齐全，才能满足用户的操作要求。

下面通过案例介绍对用户信息进行增加、删除、修改操作。

【案例 3-6】 综合运用前面学习的实现技术，编写程序实现对用户信息的增加、删除、修改、信息显示操作。

3.4.1 实现思路

实现思路是：分别编写程序实现对用户在数据库中的信息的增加、删除、修改操作。这些操作分为不同的功能，由不同的功能代码完成。

在编写这些对数据库操作中，前面案例的代码有些可以复用，它们是：

（1）实体类，entity. User. java。

（2）数据库连接工具，dbutil. Dbconn. java。

另外，每个功能需要增加一个逻辑处理模型及其处理方法，并且还要分别编写这些方法的调用程序，如表 3-5 所示。

表 3-5 对用户信息进行操作对应的程序

功　能	处理模型程序	处　理　方　法	方法调用程序
增新记录	model. Model. java	insert(Integer id, String name, String password)	insert. jsp insertShow. jsp
修改记录	model. Model. java	update(Integer id, String name, String password)	update. jsp updateShow. jsp
删除记录	model. Model. java	delete(Integer id)	dele. jsp deleShow. jsp
显示全部	model. Model. java	ArrayList userSelect()	showUser. jsp

3.4.2　实现代码提示

在对数据库中的记录进行增加、修改、查询时,分别需要用 insert、update、delete 对数据库进行操作。由于操作时需要动态地传递新增数据、修改数据、删除的记录,所以需使用 PreparedStatement 对象对数据库进行操作,具体代码见下面的提示。

新增操作代码片段如下(在 model. Model insert(Integer id, String name, String password)方法中)。

```
            ⋮
String sql="insert user values(?,?,?)";          //定义新增 SQL 语句
ps=conn.prepareStatement(sql);
ps.setInt(1, id);
ps.setString(2, name);
ps.setString(3, password);
a=ps.executeUpdate();                            //执行 SQL 语句
            ⋮
```

修改操作代码片段如下(在 model. Model update(Integer id, String name, String password)方法中)。

```
            ⋮
String sql="update user set name=?,password=? where id=?";
ps=conn.prepareStatement(sql);
ps.setInt(3, id);
ps.setString(1, name);
ps.setString(2, password);
a=ps.executeUpdate();
            ⋮
```

删除操作代码片段如下(在 model. Model delete(Integer id)方法中)。

```
            ⋮
String sql="delete from user where id=?";          //定义删除 SQL 语句
ps=conn.prepareStatement(sql);
ps.setInt(1, id);
a=ps.executeUpdate();                              //执行 SQL 语句
            ⋮
```

在上述对数据库进行增加、修改、删除操作的代码中,分别用到了 SQL 预处理对象 PreparedStatement 定义 SQL 语句,并传递方法中的参数到 SQL 语句中,调用 executeUpdate()方法执行 SQL 语句实现对数据库的操作。

将这些处理代码与 JSP 界面代码结合起来,便可以完整地实现用户对数据库的增、删、改的操作请求。

小 结

本章回顾了 Java 访问数据库的相关知识及操作案例,将这些代码移植到 JSP 中则可以实现在 JSP 中操作数据库。本章以 MySQL 为数据库平台,介绍了如何用 JDBC 方式连接数据库、操作数据库及封装出通用的数据库连接工具类。

在对数据库的操作中,有新增、修改、删除以及查询操作,本章分别介绍了不带参数的 SQL 及带参数的 SQL 语句的操作,并通过一个综合案例介绍了如何用 JSP 开发数据库应用程序。

为了提高用 JSP 编写操作数据库程序的效率,本章还介绍了如何抽象出通用的数据库连接的创建代码,并封装到一个模型层的类中供 JSP 页面调用。另外,对一个具体用户业务的操作,如根据用户 id 号查询某个用户的信息等,也可以封装到模型的一个方法中。最后,本章通过一个案例介绍了 JSP 中数据库开发技术的综合应用。

习 题

一、填空题

1. 在 Java 程序中进行数据库操作,需要加载数据库的_____才能获取数据库连接,从而实现对数据库的操作。

2. 在数据库操作时,Class. forName(" com. mysql. jdbc. Driver ")语句的作用是:_____。

3. 在 Java 程序中编写对数据库的操作程序,如果程序语法等均没有错误,但可能是数据库本身存在问题,则操作也不会成功。所以,在进行数据库操作时,一般需要用_____语句将这些操作语句括起来。

4. Java 程序中对数据库操作需要用_____语句导入一些 Java 对数据库操作的SQL 类,如 java. sql. Statement。

5. 对数据库操作需要创建如 Connection 对象、Statement 对象等,在操作完成后需要将其_____,以释放资源。

6. 每执行一次 SQL 语句对数据库操作,都要写创建数据库连接等代码,这些代码几乎相同,我们可以用一个 Java 类存放这些代码以便_____。

二、简答题

1. 说说在 Web 项目中加载 MySQL 数据库驱动程序的两种方法。

2. JDBC 是什么? 如何在 Java 程序或 JSP 程序中使用 JDBC 进行数据库操作?

3. 在对数据库进行操作的 Java 程序中,常常出现如"import java. sql. ResultSet;"的语句,请问这些语句有什么作用?

4. 在 JSP 文件中执行数据库连接与操作的代码,与在 Java 程序中的代码相比需要做哪些改动？

5. 请问，在对数据库操作时常用到的传递 SQL 语句的对象 Statement 和 PreparedStatement，它们有什么区别？

6. 为什么常用一个 Java 类封装创建数据库连接等代码？这样做有什么好处？

综 合 实 训

实训 1　某仓库有一批货物，用货物清单表进行登记。该表登记的项目有：编号、货物名称、产地、规格、单位、数量、价格。创建一个 MySQL 数据库表存放这些数据，并在 JSP 页面中编写一段 Java 访问这些数据并列表显示出来。

实训 2　将实训 1 中对创建数据库连接等代码用一个 Java 类封装起来，在 JSP 页面中进行调用，实现与实训 1 相同的功能。

实训 3　在实训 2 的基础上，用 JSP 实现对这批货物清单的新增、删除、修改、查询功能。

简化 JSP 页面编码

本章学习目标

- 了解 JSP 动态网页的优化方法与技术。
- 了解与掌握 JSP 标准动作的概念及应用。
- 熟练掌握 EL 表达式的应用。
- 熟练掌握 JSTL 标准标签库的使用方法,熟练掌握各种 JSTL 标准标签的使用方法。
- 熟练掌握用 JSP 标准动作、EL 表达式、JSTL 标准标签技术简化 JSP 应用程序。
- 了解 JavaBean 的概念、熟练掌握实体类的创建及使用。

　　JSP 如果仅限于用 Java 语句实现其动态部分会有很多问题及局限性,如运行效率低下,不利于代码的编写、阅读与修改等。JSP 提供了许多高级元素以提高 JSP 页面编写的简洁性。

　　本章介绍了 JSP 标准动作、EL 表达式、JSTL 标准标签等技术改进 JSP 程序的编码,并通过将前面章节案例的代码用上述技术进行改造,从而达到简化 JSP 程序代码的目的。

4.1　JSP 程序的优点与不足

4.1.1　JSP 程序的不足

　　前面学习了 JSP 动态网页技术,它相对于静态 HTML 网页有许多优点,可以实现与用户的交互操作,这些动态部分许多是通过<％Java 代码段％>来实现的。其实,这样也会带来一些缺点。在 HTML 文档中如果嵌入过多的 Java 代码,会导致开发出来的应用程序非常复杂、难以阅读、不容易复用,而且会对以后的维护和修改造成困难。归纳起来,在 JSP 开发中嵌套大量 Java 代码存在下列问题:

　　(1) Web 应用执行效率低下。

　　(2) JSP 页面中包含大量 Java 代码,不安全。

　　(3) JSP 页面逻辑混乱,程序的可读性差。

（4）美工只懂 HTML 代码，而页面上大量的 Java 代码，给开发人员的分工带来了很大的困难。

（5）程序的可扩展性、可维护性差。

如果能保持 JSP 动态性的优点，将其中的＜％Java 代码％＞用某种形式代替，以一种类似 HTML 标记的形式实现 Java 的各种功能，就可以解决以上问题。

4.1.2　改进 JSP 编码的策略

归纳 JSP 程序中包含的 Java 代码常常要实现的内容，主要包括以下几个方面：

（1）访问内存中对象的数据。

（2）执行一些动态行为，如实例化一个对象操作、给一个对象赋值、跳转到另一个界面等。

（3）通过类似 HTML 标记的某种特殊形式显示数据或替代某个具体功能实现的代码等。

其实，JSP 就是通过 EL 表达式、JSP 标准动作、JSTL 标签代替 Java 编码实现上述编程，从而达到简化 JSP 编码的目的。下面就分别介绍 JSP 的 EL 表达式、JSP 标准动作、JSTL 标签及其应用。

先通过一个案例了解 EL 表达式、JSP 标准动作的形式与应用。

【案例 4-1】　在 JSP 中不用编写＜％Java 代码％＞实现对对象的操作。

案例实现：创建一个实体类（JavaBean），在其中先存放一个数据，该实体类 User.java 代码如下。

```java
package entity;
public class User {
    private int id=1;
    private String name="张淑芳";
    private String password="zsf";
    public int getId() {
        return id;
    }
    public void setId(int id) {
        this.id=id;
    }
    public String getName() {
        return name;
    }
    public void setName(String name) {
        this.name=name;
    }
    public String getPassword() {
        return password;
    }
}
```

```
    public void setPassword(String password) {
        this.password=password;
    }
}
```

可以看到该实体类中存放了用户"张淑芳"的信息,下面编写一个 JSP 页面显示实体类中该用户的姓名。

显示用户姓名的文件为:showUser.jsp,其代码如下。

```
<%@page language="java" import="java.util.* " pageEncoding="utf-8"%>
<!DOCTYPE HTML PUBLIC "-//W3C//DTD HTML 4.01 Transitional//EN">
<html>
  <head>
    <title>显示数据页面</title>
    <jsp:useBean id="user" class="entity.User" scope="request"/>
  </head>
  <body>
    用户姓名是:<br><br>
    ${user.name}
  </body>
</html>
```

可以看到 showUser.jsp 代码非常简洁,其中均是类似 HTML 标记的语句。部署项目启动 Tomcat 服务器后,运行该 JSP 页面,则出现了如图 4-1 所示的结果。

从图 4-1 中可以看出,showUser.jsp 中没有<%Java 代码%>,但同样能访问 Java 类与对象中的数据。

图 4-1　案例 4-1 运行的结果

案例代码分析如下:

在前面章节里介绍过,如果在 JSP 中要实例化一个对象,并访问该对象属性中的数据,代码应该如下。

```
<%
  User user=new User();
  String name=user.getName();
%>
  类中用户姓名是:<br><br>
<%=name%>
```

上面的代码,前面部分是创建对象,后面部分是显示对象中的数据。但是在 showUser.jsp 中没有类似的代码,只有以下代码(但功能一样)。

```
<jsp:useBean id="user" class="entity.User" scope="request"/>
      ⋮
```

```
${user.name}
```

上述代码中的两个部分与前一段代码的两部分功能对应,即第一句是实例化一个对象,最后一句是显示该对象中的数据。但这些语句中没有类似的<%Java 代码%>,即功能不变但简化了 JSP 的编码。

上面的第一句即所谓的 JSP 标准动作,最后一句即 EL 表达式。JSP 页面中通过 JSP 标准动作、EL 表达式等简化了其编程。JSP 用类似于 HTML 标记的语句代替了大量的 Java 代码。上句中<jsp:useBean …/>为一个"动作",它代表一段 Java 程序而完成的行为,该语句根据一个类创建一个对象。对象名用 id="user"指定,类用 class="entity. User"指定,而该对象的存在范围用 scope="request"指定。<jsp:useBean …/>为 JSP 的一个标准动作,用该种方式可以大大简化 JSP 动态网页的编码。

4.2　JSP 标准动作

4.2.1　了解 JSP 标准动作

JSP 中会用 Java 代码执行一些操作,这些操作可以用 JSP 动作代替,即 JSP 动作是 JSP 执行的具体功能。而 JSP 标准动作则是指 JSP 执行的那些基础性的功能,如创建对象、给对象属性赋值、获取对象中的属性值等。

JSP 标准动作是 JSP 动态网页自身具有的功能元素,即不需要进行任何 JSP 服务器(如 Tomcat)配置就可以执行。例如 JSP 标准动作可在转换页面时执行动作指令,而在处理客户端 HTTP 请求时它会执行动作元素。JSP 动作可以操作对象,并能影响每次响应。

在案例 4-1 中,通过 useBean 动作实例化一个对象,其语句为

```
<jsp:useBean id="user" class="entity.User" scope="request"/>
```

其中,jsp:useBean 是动作名称,id="user"是实例化的对象,而 class="entity. User"是类,scope="request"是指定对象存在的范围。通过该语句代替了相关的 Java 代码。

下面通过案例了解 JSP 标准动作。

【案例 4-2】　在 JSP 中使用 JSP 标准动作实现对对象的操作以及页面的跳转。

实现思路是:利用在案例 4-1 的实体类 User. java,在 JSP 页面中用 JSP 标准动作<jsp:userBean>、<jsp:getProperty>、<jsp:setProperty>、<jsp:forward>实现该案例。

案例实现:编写 showUser1.jsp 实现对 User.jsp 的访问与操作。showUser1.jsp 的代码如下。

```
<%@page language="java" import="java.util.*" pageEncoding="gbk"%>
<!DOCTYPE HTML PUBLIC "-//W3C//DTD HTML 4.01 Transitional//EN">
<html>
  <head>
```

```
    <title>显示数据页面</title>
    <jsp:useBean id="user" class="entity.User" scope="request"/>
    <jsp:getProperty property="name" name="user"  /><br>
    <jsp:setProperty property="name" name="user" value="李国华"/>
    </head>
  <body>
    ${user.name}<br>
    <jsp:getProperty property="name" name="user"  />
    <jsp:getProperty property="password" name="user"/>
  </body>
</html>
```

在 showUser1.jsp 中，分别用了标准动作<jsp:userBean>创建对象、标准动作
<jsp:getProperty>获取对象中的值、<jsp:setProperty>
给对象的属性赋值。showUser1.jsp 代码对象操作显
示的结果如图 4-2 所示。

请分析图 4-2 显示的数据分别对应的代码，从中
体会 user 对象属性值的变化。

如果在 showUser1.jsp 中加入以下代码，则显示
的结果为 showOther.jsp 的操作结果。

```
<jsp:forward page="showOther.jsp?name=tom">
</jsp:forward>
```

图 4-2　showUser1.jsp 显示的结果

该代码为<jsp:forward>标准动作，它将 JSP 控制转到 showOther.jsp 中去执行，
并且显示其执行的结果。showOther.jsp 的代码如下：

```
<%@page language="java" import="java.util.* " pageEncoding="gbk"%>
<!DOCTYPE HTML PUBLIC "-//W3C//DTD HTML 4.01 Transitional//EN">
<html>
  <head>
    <title>MyJsp.jsp</title>
    <jsp:useBean id="user" class="entity.User" scope="request" />
  </head>
  <body>
    <jsp:getProperty property="name" name="user" /><br>
    <jsp:setProperty property="name" name="user" value="${param.name}" />
    <jsp:getProperty property="name" name="user" />
  </body>
</html>
```

showUser2.jsp 运行显示的结果如图 4-3 所示。

从图 4-3 中可以看出，通过<jsp:forward>标准动作 showUser2.jsp 转到
showOther.jsp 中运行，并显示其运行结果。

在 showOther.jsp 中用到了 param 隐式对象传递了＜jsp:forward＞中定义的变量及其中的值。

图 4-3 中显示的是"李国华"而不是"张淑芳",说明＜jsp:userBean＞动作不是创建了一个新的对象,而是引用前面已经创建的对象。所以,＜jsp:userBean＞动作在创建对象时,如果没有就新建一个,如果有则引用原有的对象。

图 4-3 showUser2.jsp 显示的结果

4.2.2 JSP 标准动作简述

前面已经简单地介绍了 JSP 动作,而 JSP 标准动作是指 JSP 执行的那些基础性的功能,如创建对象、给对象属性赋值、获取对象中的属性值等 JSP 动作。例如在转换页面时的操作可以认为是执行一个动作,可以用一个动作指令,即在处理客户端 HTTP 请求时它会执行动作元素。JSP 动作也可以操作对象,同时能影响每次的响应。

其实,在 JSP 页面被执行时会翻译成 Servlet,在翻译成 Servlet 源代码的过程中,当容器遇到标准动作元素时,就调用与之相对应的 Servlet 类方法来代替它。所有标准动作元素的前面都有一个 JSP 前缀作为标记,一般形式为:＜jsp:标记名… 属性参数表…/＞。有些标准动作中间还包含一个体,即一个标准动作元素中又包含了其他标准动作元素或者其他内容。

通过 JSP 标准动作能使 JSP 页面干净没有 Java 脚本,并与 HTML 标签分割保持一致。

1. JSP 标准动作类型

JSP 标准动作是 JSP 程序中执行的一些具体操作。JSP 标准动作的使用格式为"＜jsp:标记名＞",它是严格采用 XML 的标签语法格式进行表示的。这些 JSP 标准动作元素是在用户请求阶段执行的,它是内置在 JSP 文件中的,所以可以直接使用,即不需要进行任何引用定义就可以执行。

JSP 常用的标准动作有以下 6 种。

- jsp:include:在页面被请求的时候引入一个文件。
- jsp:useBean:寻找或者实例化一个 JavaBean。
- jsp:setProperty:设置 JavaBean 的属性值。
- jsp:getProperty:输出某个 JavaBean 的属性值。
- jsp:forward:把请求转到一个新的页面执行。
- jsp:plugin:根据浏览器类型为 Java 插件(在客户端的页面嵌入 Java 对象,例如 applet,是运行在客户端的 Java 小程序)生成 Object 或 Embed 标记。

JSP 标准动作使用起来非常方便,它给 JSP 编码带来了很多有趣特征,如果没有这些动作,JSP 编码功能就逊色很多。

2. JSP 标准动作语法及使用

JSP 标准动作通常采用下面的格式：

```
<jsp:动作标记名 动作参数表/>
```

动作参数表是由一个或多个"属性名＝"属性值""键值对组成的序列。另一方面，动作还可以像下面的例子那样包含元素体（body）。

```
<jsp:标记名 参数表>
    <jsp:子标记名 参数表/>
</jsp:标记名>
```

JSP 常见的标准动作有：element、forward、getProperty、include、plugin、setProperty、text和 useBean，另外还有 5 个只能出现在别的动作元素体内的子动作：attribute、body、fallback、param 和 params。本章只介绍其中的几个。要了解所有动作的信息，请参见其他参考文献。

1）标准动作 forward

在 JSP 页面中将到达的请求转发给另外一个 JSP 页面，以便进一步操作时可用＜jsp:forward＞标准动作。＜jsp:forward＞标准动作将终止当前页面的运行并将处理转发到另一个 JSP 页面，如下面的代码所示：

```
<jsp:forward page="mypage.jsp">
    <jsp:param name="varName" value="varValue"/>
</jsp:forward>
```

在上述＜jsp:forward＞标准动作代码体中间指定了参数标准动作＜jsp:param＞，它将一个参数及其值传递到被转发的 JSP 页面（mypage.jsp）。在使用＜jsp:include＞或＜jsp:forward＞将请求传递到另外一个 JSP 页面时，均可添加一个传递参数值的标准动作＜jsp:param＞。

2）标准动作 include

在 JSP 中包含其他 JSP 文件或者 Web 资源时，可以用＜jsp:include＞标准动作。＜jsp:include＞标准动作是在页面被请求的时候引入一个文件，注意与 include 指令的不同。如使用下列代码可以执行另一个页面，并将其输出添加到当前页面。

```
<jsp:include page="mypage.jsp">
```

在前面关于＜jsp:forward＞的例子中，我们定义了一个新的参数，其跳转的目的页面可以使用 request.getParameter("varName")方法（像访问其他请求参数那样）访问它。

Tomcat 会在执行 forward 动作时清空输出缓冲区。所以，在执行 forward 动作之后跳转页面生成的 HTML 代码会丢失。相反地，Tomcat 在执行 include 动作时不会清空输出缓冲区。

对于 forward 和 include，要求目的页面都必须是格式正确的、完整的 JSP 页面。例如,某个应用程序的顶栏是在一个名叫 TopMenu.jsp 的页面中生成的,那么就可以使用下面的代码将其包含在顶栏的 JSP 页面当中。

```
<jsp:include page="TopMenu.jsp" flush="true"/>
```

flush 属性用来确保,当前页面在执行被引入页面之前,将迄今已生成的 HTML 发送到客户端。

3）标准动作 useBean、setProperty、getProperty

<jsp:useBean>寻找或者实例化一个 JavaBean 类。它声明一个新的 JSP 脚本变量,并将其与某个 Java 对象关联起来。JSP 使用这个变量来访问数据,而不用关心数据的具体位置和操作的实现方式。动作 useBean 的 scope 属性可选值有 page、request、session 和 application,其中 page 为默认值。动作 useBean 实际上可以实例化新的对象,也可以声明和访问已定义的对象。

当 useBean 实例化类之后,动作 setProperty 可以用来设置属性的值。其实,Bean 的属性(property)其实就是 Bean 类中带有 setter/getter 设置和获取属性值的标准方法。否则这个属性不会被认为是 Bean 的属性,它就无法正常工作。

在<jsp:useBean>标准动作的语句中,它定义使用一个 JaveBean 实例,其中 id 属性定义了实例名称。然后,<jsp:getProperty>标准动作可从该实例中获取一个属性值,并将其添加到响应中;<jsp:setProperty>设置一个 JavaBean 中的属性值。

4.3　EL 表达式

在案例 4-1 中已经出现过 EL 表达式,如 ${user. name},它直接访问并显示 user 对象中的属性值。

EL 即 Expression Language(表达式语言),它是 JSP 2.0 动态网页提供的另一种(相对于 JSP 基本元素<%=表达式 %>)表达式功能的元素。EL 表达式可以用于标准动作和自定义动作中以接收运行时表达式(Runtime Expressions)的属性。它通常用于对象操作以及执行那些影响生成内容的计算。

EL 使用简单,能替代 JSP 页面中的复杂代码,是简洁 JSP 编程的一个有效手段。

4.3.1　EL 表达式语法

EL 表达式语法以"${"作为开始,以"}"作为结束,直接使用变量名获取表达式的值,如 ${name}。在运行 JSP 页面时如果碰到 EL 表达式,则将在它所指定的范围内寻找相应的变量,并在该位置计算与显示该表达式的值。

EL 表达式中的变量或对象一般属于某个范围,如 page、request、session、application。EL 进行访问时可以通过指定其隐式对象名实现在某个范围内访问。EL 表达式访问范围的类型及对应的隐式对象如表 4-1 所示。

表 4-1　EL 表达式访问范围的类型

范围类型	EL 隐式对象名	EL 表达式使用及说明
page	pageScope	${pageScope. name}，表示在 page 范围内查找 name 变量，找不到则返回 null
request	requstScope	${requestScope. name}，表示在 request 范围内查找 name 变量，找不到则返回 null
session	sessionScope	${sessionScope. name}，表示在 session 范围内查找 name 变量，找不到则返回 null
application	applicationScope	${applicationScope. name}，表示在 application 范围内查找 name 变量，找不到则返回 null

　　EL 对于类型的限制更加宽松，它可将得到的数据进行自动类型转换，这样能方便程序员编写 JSP 程序。

1. EL 表达式运算符

　　EL 表达式 ${表达式} 中的"表达式"包括字面值、运算符以及对象和方法的引用。例如：${6>3} 的值是逻辑值 true。而 6>3 属于逻辑运算符，它属于字面值。但是，常常用 EL 获取对象的属性值。获取对象属性值的运算符有两种：点运算符(.)和索引运算符([ ])。例如：${user. name}、${user["name"]} 均用于获取对象 user 的 name 属性值，它们的功能相等。当然，对象 user 需要定义 setter/getter 方法，否则其值获取不到。

　　EL 运算符.(点)和[](索引)比 Java 中对应的运算符更强大，而且要求不那么苛刻。

2. EL 的隐式对象

　　和 JSP 类似，EL 也包含隐式对象，即那些不需要声明而 EL 表达式可以直接访问的对象。EL 的隐式对象如表 4-2 所示。

表 4-2　EL 的隐式对象

类　型	对　象	描　述
JSP 页面隐式对象	pageContext	JSP 页面上下文，提供对用户请求和页面信息的访问。其中，pageContext. session 等价于 JSP 中的 session，同理其他的如 pageContext. request 等价于 JSP 中的 request
参数访问对象	Param	返回客户端的请求参数的字符串值
	paramValues	返回映射至客户端请求参数的一组值
作用域访问对象	pageScope	把页面范围的变量名映射到它的值上
	requestScope	把请求范围的变量名映射到它的值上
	sessionScope	把会话范围的变量名映射到它的值上
	applicationScope	把应用范围的变量名映射到它的值上

　　EL 隐式对象的使用基本相同，只是其访问的范围不同。

4.3.2　EL 表达式使用案例

EL 表达式中不但包括字面值、运算符以及对象和方法的引用,而且可以访问 Map 类型的数据。下面通过案例介绍 EL 表达式访问 Map 类型的数据。

【案例 4-3】　通过 EL 访问 Map 中的值。

EL 表达式可以用来访问 Map。比如,下列两个 EL 表达式分别用点运算符和索引运算符通过访问 Map 的键得到其值。

```
${MapName.Key}
${MapName["Key"]}
```

下面编写一个 JSP 程序 MapEL.jsp,它定义一个 Map 类型的变量 users 存放两个用户名,然后通过访问 users 的键显示其中的用户名。

```
<%@page language="java" import="java.util. * " pageEncoding="gbk"%>
<!DOCTYPE HTML PUBLIC "-//W3C//DTD HTML 4.01 Transitional//EN">
<html>
  <head>
    <title>显示 Map 中数据</title>
  </head>
  <body>
<%
    Map users=new HashMap();
    users.put("a","张淑芳");
    users.put("b","李国华");
    request.setAttribute("users",users);
%>
        姓名 a：${users["a"] }<br/>
        姓名 b：${users.b}
  </body>
</html>
```

运行 MapEL.jsp,显示的结果如图 4-4 所示,它成功显示了 Map 中所设置的两个用户名"张淑芳"和"李国华"。

图 4-4　运行 MapEL.jsp 显示的结果

EL 表达式的点运算与索引运算之间还是有一点区别的,即如果键名中包含能混淆 EL 的字符,就不能使用点运算符。例如使用 $\{expr["user-age"]\}$ 是正确的,但 $\{expr.user-age\}$ 就会出错,因为第二个表达式中 user 和 age 之间的破折号会被解析为减号。如果 Map 键名中含有点号,就可能会遇到更严重的问题。例如,$\{param["user.id"]\}$ 可以正常地使用,而 $\{param.user.id\}$ 可能会得到 null。这将是严重的问题,因为 null 是一个可能出现的有效结果,所以应使用方括号的形式进行区分。

4.4 JSTL 标准标签库

使用 EL 表达式可以简化 JSP 页面代码,但如果需要进行逻辑判断,那么该如何简化呢? 显然 EL 表达式无法解决,因而需要使用 JSTL 标签。JSTL 标签可以实现 JSP 页面中的许多处理,这些功能包括迭代和条件判断、数据管理格式化、XML 操作以及数据库访问等。

JSTL 全名是 JavaServerPages Standard Tag Library,即 JSP 标准标签库,它提供一组标准标签,用于编写各种动态 JSP 页面。JSTL 通常会与 EL 表达式合作实现 JSP 页面的编码。

4.4.1 使用 JSTL 的步骤

与 JSP 动作、EL 表达式不同,JSTL 标签需要 jar 工具包的支持,即在 Web 项目中添加 JSTL 的 jar 工具包文件,然后在 JSP 页面中添加 taglib 指令,才能在 JSP 中使用 JSTL 标签。

下面通过案例介绍 JSTL 标准标签的使用步骤。

1. 创建 Web 项目添加 JSTL 的支持

可以在创建 JSP 的 Web 工程项目时添加 JSTL 的支持。对于不同的 J2EE 版本,创建方式不同。对于 Java EE5,其中已经带了 JSTL 的支持包,所以不需做任何操作,创建 Web 项目后就可以使用。但如果是 J2EE 1.4 版,就需要进行选择。如在 MyEclipse 中创建 Web 项目时选择的是 J2EE 1.4 版,则需勾选 Add JSTL libraries to WEB-INF/lib folder? (如图 4-5 所示)。

添加了 JSTL 支持包后,创建的 Web 项目中就有一个类似 jstl.jar 包的文件,这时就可以在项目中使用 JSTL 标签了。

创建好的 Web 项目,就已经获取了 JSTL 标准标签库的支持(如图 4-6 所示)。

Web 项目获取了 JSTL 之后,就可以在该项目的 JSP 文件中使用 JSTL 标签了。

2. 在 JSP 页面添加 taglib 指令

在 JSP 中使用 JSTL 标准标签,需要在其中添加 taglib 指令。taglib 指令格式如下:

```
<%@taglib uri="http://java.sun.com/jsp/jstl/core" prefix="c"%>
```

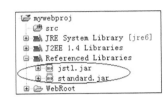

图 4-5　添加 JSTL 支持　　　　　　　　图 4-6　项目中添加 jstl.jar 支持包

这里,通过 prefix＝"c"指出了标签的前缀为 c,就可以通过该前缀使用 JSTL 标准标签了。

3. 使用 JSTL 标签

在项目中创建一个 JSP 文件,编写以下代码:

```
<%@page language="java" import="java.util. * " pageEncoding="gbk"%>
<%@taglib uri="http://java.sun.com/jsp/jstl/core" prefix="c"%>
<!DOCTYPE HTML PUBLIC "-//W3C//DTD HTML 4.01 Transitional//EN">
<html>
  <head>
    <title>设置变量</title>
  </head>
  <body>
    <c:set var="examplevar" value="${98+5}" scope="application"  />
    <c:out value="${examplevar}"/>
  </body>
</html>
```

部署项目,运行该界面,则在界面中显示表达式的计算结果 103。这里,先添加 taglib 指令,然后使用<c:set>标签定义变量并赋值 98＋5,然后通过<c:out>标签显示该变量的值。

上面的例子说明了 JSTL 标准标签的使用步骤。

4.4.2　JSTL 标准标签的类型与应用

JSP 标准标签库(Java Servlet Pages Standerd Tag Library,JSTL)包含了一组编写 JSP 页面的标签,可用于在 JSP 文件中编写代码而不需要用到 Java 脚本,如进行循环处理的代码编写、条件语句的编写与 SQL 数据库操作。JSTL 标准标签库内常用的标签有:通用标签、条件标签、迭代标签。通用标签有 set、out、remove,分别是设定变量值、计算与现实表达式的值、删除变量;条件标签 if,用于条件判断语句的编写;迭代标签 forEach 用于对集合中的对象进行遍历。

下面分别对这三种标签及其使用进行说明。

1. 通用标签的使用

通用 JSTL 标签有:set、out、remove,其中,
- set:设置指定范围内的变量值;
- out:计算表达式并将结果输出显示;
- remove:删除指定范围内的变量。

例如分别有以下操作语句。

给变量 msgvar 设值:

```
<c:set var="msgvar" value="Hi,TOM!" scope="request"></c:set>
```

显示变量 msgvar 的值:

```
<c:out value="${msgvar}"></c:out>
```

把 msgvar 变量从 request 范围内移除:

```
<c:remove var="msgvar" scope=" request "/>
```

此时 msg 的值应该显示 null,这时<c:out value="${msgvar}"></c:out>显示的结果为空。

又例如,一个 JSP 页面中有以下两行代码,它们分别是在 application 范围内定义一个变量 examlevar 并给它赋值、显示该变量的值。

```
<c:set var="examplevar" value="${98+5}" scope="application"  />
<c:out value="${examplevar}"/>
```

其中,var= "examplevar"是定义一个变量 examplevar,而 value=" ${98+5}"是给其赋值,scope= "application"是指定其范围为应用范围(application)。

由于变量的范围是 application,所以如果上面的语句运行了,另外一个 JSP 页面就会有一个显示变量的语句

```
<c:out value="${examplevar}"/>
```

同样能显示 examplevar 的值。如果在前面的 JSP 中还有下面的语句:

```
<c:remove var="examplevar" scope="application"/>
```

该语句用于删除变量 examplevar,第二个 JSP 页面就显示不了该变量的值了。

2. 条件标签的使用

条件标签即 if 标签,用于判断条件是否成立,与 Java 语言中的 if 语句作用相同。
条件标签用<c:if> </c:if>表示,其语法为:

```
<%@taglib uri="http://java.sun.com/jsp/jstl/core" prefix="c"%>
    ⋮
<c:if test="coditionexpr" var="name" scope="appArea" >
    <条件体>
</c:if>
```

在条件标签中,test=""指定的是判断条件,var=""保存 test 的布尔值到指定的变量中,scope=""指定该变量的应用范围。

【案例 4-4】 通过条件标签完成用户是否已登录的判断,如果判断未登录则显示登录界面,否则显示登录成功界面。

实现思路是:通过 if 条件标签实现。先设定一个布尔类型的变量 logged,在条件标签中测试这个变量是否为空,如果为空则运行条件体中的登录界面。否则,再判断 logged 的相反值 not logged,如果为真,则显示"登录成功"。编写 JSP 页面 login_jstl_if.jsp,其代码如下:

```
<%@page language="java" import="java.util. * " pageEncoding="UTF-8"%>
<%@taglib uri="http://java.sun.com/jsp/jstl/core" prefix="c"%>
<!DOCTYPE HTML PUBLIC "-//W3C//DTD HTML 4.01 Transitional//EN">
<html>
    <head>
        <title>登录页面</title>
    </head>
    <body>
        <c:set var="uid" value="${6}" scope="session"  />
        <c:set var="logged" value="${not empty sessionScope.uid}"/>
        <c:if test="${not logged}">
        <form id="" method="post" action="">
        用户名:<input id="username" name="username" type="text">
        密码:<input id="password" name="password" type="password"><br>
            <input type="submit" value="登录">
        </form>
        </c:if>
        <c:if test="${logged}">
                登录成功!
        </c:if>
    </body>
```

```
</html>
```

该 JSP 页面的运行结果如图 4-7 所示。由于在测试时，已经给变量 uid 赋值了，所以执行后一个判断的内容。

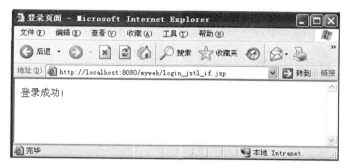

图 4-7　变量 uid 不为空时的运行结果

但是如果删除以下语句：

```
<c:set var="uid" value="${6}" scope="session"  />
```

删除后，再重新运行上述 JSP 页面，由于没有给 uid 赋值，故只要第一个条件标签测试为真，就运行其中的登录界面（如图 4-8 所示）。

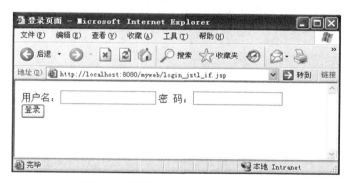

图 4-8　变量 uid 为空时的运行结果

3. 迭代标签

迭代标签用于实现对集合中对象的遍历。JSTL 所支持的迭代标签有两个，分别是 ＜c:forEach＞ 和 ＜c:forTokens＞。在这里介绍 ＜c:forEach＞ 标签。＜c:forEach＞ 标签的作用就是迭代输出集合内部的内容。它既可以进行固定次数的迭代输出，也可以依据集合中对象的个数来决定迭代的次数。＜c:forEach＞ 类似于 Java 语言中的 for 语句，其完整的语法为：

```
<c:forEach items="collection" var="name"  varStatus="stu" begin="start" end=
"end" step="count">
      循环体
```

```
</c:forEach>
```

其中,

- var:定义迭代参数的变量名称,它用来表示每一个迭代的变量,类型为 String。
- items:要进行迭代的集合。
- varStatus:迭代变量的名称,用来表示迭代的状态,用它可以访问迭代自身的信息。
- begin:如果指定了 items,那么迭代就从集合的 items[begin]开始进行;如果没有指定 items,就从 begin 开始迭代。它的类型为整数。
- end:如果指定了 items,那么就在集合的 items[end]结束迭代;如果没有指定 items,就在 end 结束迭代。它的类型也为整数。
- step:是迭代的步长。

下面通过一个例子了解迭代标签＜c:forEach＞的使用。

【案例 4-5】 通过迭代标签,显示一个对象集合中所有的商品数据。

在系统中有一个存放一组商品信息的集合,商品信息包括商品名称、产地、单价等,在 JSP 中通过迭代标签列表显示这些数据。

案例实现:在 JSP 中通过 Java 代码获取这组商品信息,存放到 List 类型的集合中,取名为 products。然后通过迭代标签＜c:forEach＞在表格中显示其中的数据。关于存放数据的 Java 类省略,这里列出实现迭代的 JSP 文件,其代码如下:

```
<%@page language="java" import="java.util.*" pageEncoding="UTF-8"%>
<%@taglib uri="http://java.sun.com/jsp/jstl/core" prefix="c"%>
<%@page import="productDao.productDao" %>
<%
    List products=productDao.getProducts();
    request.setAttribute("products", products);
%>
<!DOCTYPE HTML PUBLIC "-//W3C//DTD HTML 4.01 Transitional//EN">
<html>
  <head>
    <title>所有商品显示列表</title>
  </head>
    <body>
 <div style="width:600px;">
    <table border="1" width="80%">
        <tr>
            <th>商品名称</th>
            <th>商品产地</th>
            <th>商品价格</th>
        </tr>
        <!--循环显示-->
    <c:forEach var="product" items="${requestScope.products}">
```

```
<tr >
    <td >
        ${product.name }
    </td>
    <td align="center">
        ${product.area }
    </td>
    <td align="center">
        ${product.price }
    </td>
</tr>
</c:forEach>
    </table>
</div>
</body>
</html>
```

上述代码的运行结果如图 4-9 所示。

图 4-9 案例 4-5 迭代运行的结果

其实,<c:forEach>标签的 items 属性支持 Java 平台所提供的所有标准集合类型,包括迭代数组(包括基本类型数组)中的元素。它所支持的集合类型以及迭代的元素如下所示。

- java. util. Collection:调用 iterator()来获得的元素。
- java. util. Map:通过 java. util. Map. Entry 所获得的实例。
- java. util. Iterator:迭代器元素。
- java. util. Enumeration:枚举元素。
- Object 实例数组:数组元素。
- 基本类型值数组:经过包装的数组元素。
- 用逗号定界的 String:分割后的子字符串。
- javax. servlet. jsp. jstl. sql. Result:SQL 查询所获得的行。

4.4.3 JSTL 标签库简介

1. JSP 标签库

JSP 标签库是生成 JSP 脚本的一种机制,是一种可重用的代码结构。前面介绍的 JSTL 是最基本的 JSP 标签。JSTL 标准标签库提供了一系列的 JSP 标签,它们可以实现 JSP 页面最基本的功能,如集合的遍历、数据的输出、字符串的处理和数据的格式化等。

除了 JSTL 标准标签库,市面上还有其他的标签库,例如 Struts 标签库,Spring 标签库,JFreeChart 标签库等。读者也可以根据需要实现自己的标签库。

自定义标签库是个 Java 类,它封装了一些标签代码,形成了一个具有某个功能的新标签。其实,封装为 Java 类有两个好处,一是增加了可扩展性,不同标签之间可以建立起一个继承关系,这样构建新的自定义标签时,就可以对已存的标签进行某种程度的升级或改进,而不需要重新开始创建,提高了开发效率;二是增加了可复用性,可以将自定义标签打包成一个 Java 档案文件,这样可以在不同应用之间自由移植。

相对于 JavaBean 对业务逻辑代码进行封装,JSP 中的标签库是对展示代码进行了封装。这样对于 JSP 而言,将会更加便于维护和升级。例如,当需要修改某个页面的效果显示时,只要在 JSP 页面修改调用的标签库的相关代码即可,而不需要修改 JSP 页面的逻辑代码和展示代码。

另外,标签库是经过多次使用、测试后提炼的结晶。这能大大提高 JSP 的稳定性。如果使用传统的 JSP 模式,那么实现新的页面效果时,就需要重新写底层实现代码。这样费时费力,而且新写出的代码没有经过大量的测试,它需要付出很多的维护调试成本。

所以,如果遵循一些良好的设计原则,如把表示和内容相分离,就能创造出高质量的、可以复用的、易于维护和修改的应用程序。

2. JSTL 家族

JSTL 标准标签库是一个实现 Web 应用程序中常见的通用功能的定制标签库集,JSTL 由 5 个标签库组成,如表 4-3 所示。

表 4-3 JSTL 标准标签库

类　型	包含功能
Core(核心标签库)	变量支持、流程控制、URL 管理和其他杂项
i18n(国际化库)	本地化、格式化消息以及数字和日期格式化
Functions	集合长度和字符串处理
Database	数据库的 SQL 操作
XML	XML 核心、流程控制及转换

JSTL 的每个标签库中都有若干个 JSTL 标签。

本书前面已经学习了几个 JSTL 的核心标签,JSTL 核心标签库标签共有 13 个,功能上分为 4 类。

(1) 表达式控制标签：out、set、remove、catch。

(2) 流程控制标签：if、choose、when、otherwise。

(3) 循环标签：forEach、forTokens。

(4) URL 操作标签：import、url、redirect。

要想在 JSP 页面中使用 JSTL 库，必须用以下方式在 taglib 指令中声明它们。

- ＜％@taglib prefix＝"c" uri＝"http://java.sun.com/jsp/jstl/core"％＞。
- ＜％@taglib prefix＝"fmt" uri＝"http://java.sun.com/jsp/jstl/fmt"％＞。
- ＜％@taglib prefix＝"fn" uri＝"http://java.sun.com/jsp/jstl/functions"％＞。
- ＜％@taglib prefix＝"sql" uri＝"http://java.sun.com/jsp/jstl/sql"％＞。
- ＜％@taglib prefix＝"xml" uri＝"http://java.sun.com/jsp/jstl/xml"％＞。

3. 其他 JSTL 标签简介

1) Catch 标签

＜c:catch＞用来处理 JSP 页面中产生的异常，并存储异常信息，其格式为

```
<c:catch var="name">
    容易产生异常的代码
</c:catch>
```

如果抛出异常，则异常信息保存在变量 name 中。

2) Redirect 标签

＜c:redirect＞标签用来实现请求的重定向。例如，对用户输入的用户名和密码进行验证，不成功则重定向到登录页面。或者实现 Web 应用不同模块之间的衔接。

语法为

```
<c:redirect url="url" [context="context"]/>
```

或

```
<c:redirect url="url" [context="context"]>
    <c:param name="name1" value="value1">
</c:redirect>
```

3) URL 标签

＜c:url＞用于动态生成一个 String 类型的 URL，可以同上一个标签一起使用，也可以使用 HTML 的＜a＞标签实现超链接。

语法为

```
<c:url value="value" [var="name"] [scope="..."] [context="context"]>
<c:param name="name1" value="value1">
</c:url>
```

或

```
<c:url value="value" [var="name"] [scope="..."] [context="context"]/>
```

4）SQL 标签库

JSTL 提供了与数据库相关操作的标签,可以直接从页面上实现数据库操作的功能,在开发小型网站时可以很方便地实现数据的读取和操作。

SQL 标签库从功能上可以划分为两类:设置数据源标签、SQL 指令标签。

在使用 SQL 标签前要引入 SQL 标签库,其指令代码为

```
<%@taglib prefix="sql" uri="http://java.sun.com/jsp/jstl/sql" %>
```

设置数据源的 SQL 标签代码为

```
<sql:setDataSource dataSource="dataSource" [var="name"] [scope="page|
request|session|application"]/>
```

或使用 JDBC 方式建立数据库连接。

```
<sql:setDataSource driver="driverClass" url="jdbcURL" user="username"
password="pwd" [var="name"] [scope="page|request|session|application"]/>
```

SQL 操作的 JSTL 标签包括＜sql:query＞、＜sql:update＞、＜sql:param＞、＜sql:dateParam＞和＜sql:transaction＞5 个,通过它们可以使用 SQL 语言操作数据库,进行增加、删除、修改等操作。

4. JSTL 和 EL 结合使用

EL 提供了一种简洁有效的方式来访问和操作对象。而 JSTL 则通过 EL 操作数据并按要求在表示层展现,然而脱离了 EL 表达式,JSTL 就没有多大作用了。

4.5 JavaBean 作为封装数据的实体类

本章出现了许多在 JSP 界面中与系统进行交互时对数据对象的处理。如＜jsp:useBean＞标准动作、EL 表达式、JSTL 标签等,都对这个数据对象进行操作。但是这个数据对象不是普通的实体类,即它要求满足一定的规范要求,否则这些工具(EL 表达式、useBean 动作等)就会出错。这个要求其实就是要求这个实体类是一个封装数据的JavaBean。前面已经介绍过,这个封装数据的 JavaBean(实体类)要求类是公共的、并提供无参的公有的构造方法、要求属性私有,并具有公共的访问属性的 setter/getter 方法。

在创建封装数据的 JavaBean 时,首先创建一个普通 Class(类),然后添加满足上述要求的代码即可。

Eclipse/MyEclipse 开发工具提供了实体类(封装数据的 JavaBean)的创建。下面通过对案例 4-1 中 User.java 实体类的创建,介绍如何借助 MyEclipse 创建实体类。首先创建一个普通类,并定义其私有的属性(如图 4-10 所示)。

其次,鼠标右击如图 4-10 所示的编辑界面,在出现的快捷菜单中选择 Source,然后选择 Generate Getters and Setters(如图 4-11 所示),就出现如图 4-12 所示的界面。

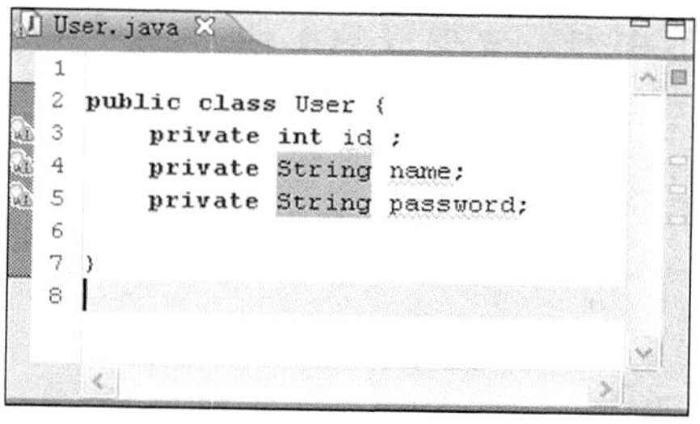

图 4-10 创建一个普通类及其私有的属性

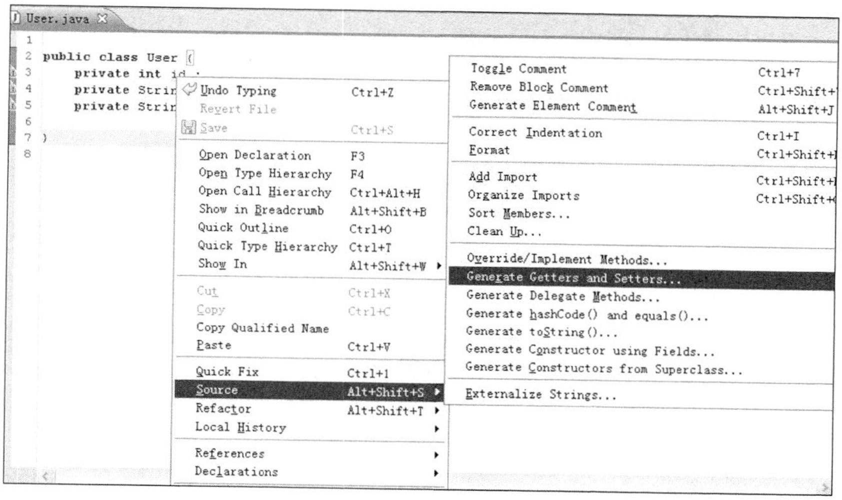

图 4-11 选择 Generate Getters and Setters

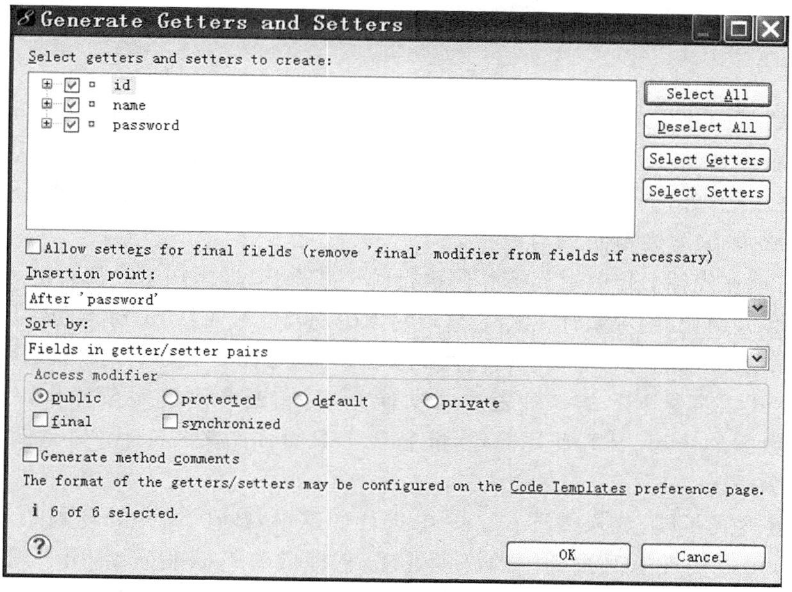

图 4-12 Generate Getters and Setters 对话框

在如图 4-12 所示的界面中勾选要生成的属性,并设置方法为 public(公有的),单击 OK 按钮,则自动生成了实体类 User 各属性的 setter/getter 方法(如图 4-13 所示)。

```
User.java
1
2  public class User {
3      private int id ;
4      private String name;
5      private String password;
6      public int getId() {
7          return id;
8      }
9      public void setId(int id) {
10         this.id = id;
11     }
12     public String getName() {
13         return name;
14     }
15     public void setName(String name) {
16         this.name = name;
17     }
18     public String getPassword() {
19         return password;
20     }
21     public void setPassword(String password) {
22         this.password = password;
23     }
24 }
25
```

图 4-13　创建的实体类代码

图 4-13 显示了借助 MyEclipse 开发环境创建的实体类,该实体类封装了用户的数据,并满足 JavaBean 的要求。也只有满足这些要求的实体类,对 JSP 动作、EL、JSTL 标签才是合法的数据类,否则操作就不会成功。

小　结

本章介绍了简化 JSP 的策略,以及通过 JSP 标准动作、EL 表达式、JSTL 标准标签、JavaBean 等技术改进 JSP 程序的编码,提高 JSP 程序的可读性及简洁度,从而提高了代码的可维护性。另外,介绍了用 JSP 标准动作、EL 表达式、JSTL 标准标签处理数据对象时的 JavaBean 的编写规范及编写过程。

JSP 标准动作代替 JSP 中用 Java 代码执行的一些操作,即承担 JSP 执行的一些具体的基础性功能,如创建对象、给对象属性赋值、获取对象中的属性值等。JSP 标准动作是 JSP 动态网页自身具有的功能元素,即不需要进行任何配置 JSP 服务器(如 Tomcat)就可以执行。

EL 表达式语言是 JSP 的一种表达式功能元素,它通常用于对象操作以简化 JSP 中对对象中的数据的访问。EL 使用简单,能替代 JSP 页面中的复杂代码,是简洁 JSP 编程的一个有效手段。

与 EL 表达式不同,如果需要在 JSP 中进行如逻辑判断的简化处理则需要使用 JSTL 标签。JSTL 可以实现 JSP 页面中的许多处理,它提供一组标准标签,用于编写各种动态 JSP 页面以及数据表示样式。JSTL 通常会与 EL 表达式合作实现 JSP 页面的编码。

正是由于 JSP 页面有 JSP 动作、EL 表达式语言、JSTL 标准标签等技术,才使得 JSP

适合为表示层技术进行大型软件的开发。

另外,通过对前面章节案例的程序代码进行改造,使读者更容易掌握这些技术的要点及应用。在后续章节的程序编写中可以看到,这些技术已大量应用,并且确实能起到简化与加快 JSP 编码的目的。当然,这些技术的优点只是相对于 JSP 基本元素而言的,如果需要进一步简化表示层的开发,则有许多表示层框架可供选择。如 Struts 框架提供的 Struts 标签提供了更为丰富的数据表示样式与功能。

习　　题

一、填空题

1. JSP 页面中不需要使用 Java 代码就能访问数据对象中的数据,但需要用_____实现。

2. _____是指 JSP 执行的那些基础性功能的动作指令,如创建对象、给对象属性赋值、获取对象中的属性值等。

3. JSP 标准动作、EL 表达式不需要任何定义就可以直接在 JSP 文件中使用,而使用 JSTL 标准标签需要添加_____并要定义 JSTL 标签的前缀。

4. 将一个数据类实例化为一个对象,需要用_____,访问该对象中的数据可以用_____,而循环调用该对象中的数据则需要用到_____;上述面向对象的操作在 JSP 文件中完全可以不用_____来实现。

二、简答题

1. JSP 程序有什么优点与不足?
2. JSP 采取哪些措施简化界面代码的编写?
3. JSP 标准动作与 EL 表达式有什么作用? 它们各有什么优势?
4. <jsp:useBean>标准动作对访问的数据对象有什么要求?
5. JSTL 是什么含义? 请分别介绍 JSTL 标准标签的作用及用法。
6. 封装数据的 JavaBean 与普通封装数据的 Java 类相比有什么特点?

综 合 实 训

实训 1　通过 JSP 条件标签及标准动作,实现用户信息的验证,如果用户输入用户名与密码均正确,则显示欢迎界面,否则显示非法用户信息。

实训 2　在数据库中查询学生信息,通过 JSTL 标准标签列表显示所有学生的信息。

实训 3　在第 3 章案例 3-6 中已经实现了对用户信息的增加、删除、修改、信息显示操作,现在在该案例代码的基础上,用 JSP 标准动作、EL 表达式、JSTL 标准标签对该案例的 JSP 界面进行实现。

实训 4　对第 3 章实训 3 中实现的代码,用 JSP 标准动作、EL 表达式、JSTL 标准标签对其进行改造,实现对货物清单数据的增加、删除、修改、查询功能。

Servlet 原理与应用

本章学习目标

- 了解 Servlet 的概念及特点。
- 熟练掌握 Servlet 的创建过程与在 Web.xml 中的配置。
- 了解 Servlet 的工作原理与应用特点。
- 熟练掌握 Servlet 作为控制器在 Web 程序中的编码实现。
- 了解 Servlet 的工作模式及与 JSP 的关系。

Servlet 是 JSP 作为 Web 开发技术的基础，即 JSP 是基于 Servlet 技术发展起来的。但是，用户可以对 Servlet 进行编码，利用其既有 Java 类的优点，又能在服务器上运行并与客户端进行交互的特点，可以将其作为 Web 程序的流程部分，从而开发 Web 应用程序的控制器。

本章介绍了 Servlet 的概念、特点、原理、运行机制；并介绍了 Servlet 的创建、配置与运行、Servlet 作为控制器的作用与实现。本章的案例是将前面出现过的程序控制部分用 Servlet 代替，从而将控制层从程序代码中分离出来，使得 Web 应用程序中的 MVC 结构更加清晰。

5.1 什么是 Servlet

Servlet 被定义为是在服务器上运行的 Java 小程序。

前面我们已经接触过 Servlet。其实，我们编写 JSP 程序使其在服务器端运行，就需要 Servlet 技术的支持。那时，Web 服务器将 JSP 程序转换成一个在服务器上运行的 Java 类，它具有该"JSP 网页"相同的功能，相当于该网页。另外，它又是一个 Java 类，该类能通过网络在服务器上运行，并以"响应"的形式将运行结果在客户端浏览器上显示出来。

- Servlet 是一个动态网页，在 Web 服务器上运行，它有自己的 URL；
- Servlet 是一个 Java 类，它负责在服务器中进行处理操作并进行与客户端的交互；
- Servlet 负责接收客户的请求，在服务器上运行，并将运行的结果返回客户端浏览器，可以通过 out.print("HTML 格式或内容")的形式在浏览器上展示出来。

5.1.1　见识一个 Servlet 代码

1. 创建一个最简单的 Servlet 程序

通过 MyEclipse 创建一个 Servlet,生成一个 Servlet 类文件 MyServlet. java。代码是由 MyEclipse 自动生成的,具体创建过程后面将介绍。MyServlet. java 代码如下(为了简洁起见,只保留 Servlet 核心部分):

```java
package myServlet;
import java.io.IOException;
import java.io.PrintWriter;
import javax.servlet.ServletException;              //Servlet 支持包
import javax.servlet.http.HttpServlet;
import javax.servlet.http.HttpServletRequest;
import javax.servlet.http.HttpServletResponse;
public class MyServlet extends HttpServlet {         //是一个 Java 类
    public MyServlet() {
        super();
    }
    public void doGet(HttpServletRequest request, HttpServletResponse response)
                                                     //处理逻辑的方法
            throws ServletException, IOException {
        response.setContentType("text/html");
        PrintWriter out=response.getWriter();
        out.println("<!DOCTYPE HTML PUBLIC \"-//W3C//DTD HTML 4.01
        Transitional//EN\">");
        out.println("<HTML>");                       //定义 HTML 显示的格式与内容
        out.println("<HEAD><TITLE>A Servlet</TITLE></HEAD>");
        out.println("<BODY>");
        out.print("This is ");                       //显示字符串
        out.print(this.getClass());
        out.println(", using the GET method");
        out.println("</BODY>");
        out.println("</HTML>");
        out.flush();
        out.close();
    }
}
```

该 Servlet 的创建过程见下面案例 5-1 中的介绍,这里只见识一下 Servlet 的代码。从上述 MyServlet. java 代码中我们可以看到:

一个 Servlet 是一个 Java 类,它通过 doGet()方法处理业务逻辑,并将需要给用户响应的结果通过 out. println()在客户端显示出来,其功能是在浏览器中显示以下字符串:

"This is class myServlet. MyServlet,using the Get method"。

2. 运行该 Servlet 程序

前面说过,一个 Servlet 类似于一个动态网页,它有一个 URL 地址能在浏览器上访问。那么上述 MyServlet.java 的 URL 在哪里定义呢?

其实,用 MyEclipse 进行 Servlet 创建时,有一系列选项与参数需填写,其中一个是对"Servlet/JSP Mapping URL:"的填写,在其中定义该 Servlet 的 URL 便可。上述 MyServlet.java 的 URL 定义为"/MyServlet"。该定义将保存在该项目的配置文件 Web.xml 中。

该项目的 Web.xml 内容如下:

```xml
<?xml version="1.0" encoding="UTF-8"?>
<web-app version="2.5"
    xmlns="http://java.sun.com/xml/ns/javaee"
    xmlns:xsi="http://www.w3.org/2001/XMLSchema-instance"
    xsi:schemaLocation="http://java.sun.com/xml/ns/javaee
    http://java.sun.com/xml/ns/javaee/web-app_2_5.xsd">
  <servlet>                                        //Servlet 的定义与配置
    <servlet-name>MyServlet</servlet-name>          //Servlet 名定义
    <servlet-class>myServlet.MyServlet</servlet-class>  //对应的类
  </servlet>
  <servlet-mapping>
    <servlet-name>MyServlet</servlet-name>          //Servlet 名,与上面一致
    <url-pattern>/MyServlet</url-pattern>           //URL 的定义
  </servlet-mapping>
</web-app>
```

上述 Servlet 配置也是 MyEclipse 自动完成的,开发者只需对其中的参数框中的数据进行定义就可以了,以上定义的 Servlet 便可以运行。

我们部署该项目,然后启动 Tomcat 服务器,在浏览器中输入 URL:

```
http://localhost:8080/MyServletProject/MyServlet
```

则运行的结果如图 5-1 所示。

5.1.2 Servlet 特点简介

由于 Servlet 是一个在网络服务器上运行的 Java 类,因此具有 Java 的所有特点;并且可以生成动态 Web 网页。与传统的 CGI 相比,Java Servlet 具有效率高、容易使用、功能强大、可移植性好、节省投资等特点。在未来的技术发展过程中,Java Servlet 将可能成为 CGI 发展的主流。

1) 高效率

在传统的 CGI 中,每个请求都要启动一个新的进程,如果 CGI 程序本身的执行时间较短,启动进程所需的开销很可能会超过实际执行时间。在 Servlet 一旦被载入往往就

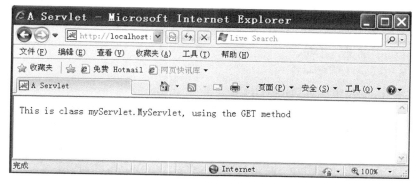

图 5-1　MyServlet.java 的运行结果

会驻留内存,因而具有更高的效率。

2) 容易使用

Servlet 提供了大量的实用工具例程,例如自动解析和解码 HTML 表单数据、读取和设置 HTTP 头、处理 cookies、跟踪会话状态等。

3) 功能强大

在 Servlet 中,许多使用传统 CGI 程序很难完成的任务都可以轻松地完成。例如,Servlet 能够直接和 Web 服务器交互,而普通的 CGI 程序则不能。Servlet 还能够在各个程序之间共享数据,使得数据库连接池之类的功能很容易实现。

4) 可移植性好

Servlet 用 Java 编写,具有 Java 的可移植性的特点。ServletAPI 具有完善的标准。因此,编写的 Servlet 无须任何实质上的改动即可移植到 Apache、Microsoft IIS 或者 WebStar 等其他服务器上。几乎所有的主流服务器都直接或通过插件支持 Servlet。

5) 节省投资

不仅有许多廉价甚至免费的 Web 服务器可供个人或小规模网站使用,而且对于现有的服务器,如果它不支持 Servlet 的话,要加上这部分功能也往往是免费的(或只需要极少的投资)。

Servlet 作为一个服务器端的 Java 类,一般没有自己的界面,适用于逻辑处理及各层之间的控制。

5.1.3　开发自己的第一个 Servlet

【案例 5-1】　开发一个简单的 Servlet 程序,以了解 Servlet 的创建过程、代码特点及 Servlet 的运行。

1. 开发 Servlet 步骤简介

本章 5.1.1 节已经见过 Servlet 的代码及创建,现在通过案例完整地展现该 Servlet 在 MyEclipse 中的创建过程。虽然当时介绍的 Servlet 类中有很多代码,但这些都不需要自己输入,都是自动生成的,只需要做简单的配置便可。一个具体的 Servlet 开发步骤包括以下几步：

 （1）创建一个 Web 项目。

 （2）在 src 中定义一个包。

 （3）在 myServlet 创建一个 Servlet 类。

 （4）在 Web. xml 中配置该 Servlet 类。

2. 开发 Servlet 过程描述

下面以上节 MyServlet. java 的创建为例，介绍 Servlet 的创建与配置过程。

 （1）用 MyEclipse 创建一个 Web 项目，项目名为：MyServletProject。

 （2）在项目的 src 中定义一个存放 Servlet 的包，包名为：myServlet。

 （3）在 myServlet 创建一个 Servlet 类，取名为：MyServlet（见图 5-2 在 Name 中填写的内容）。

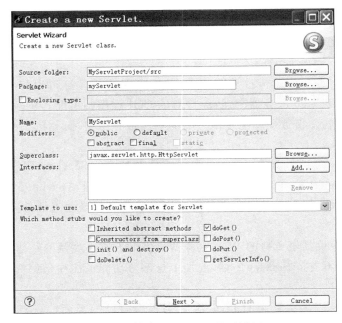

图 5-2　创建 MyServlet 的对话框

就会在项目的 src. myServlet 包中自动生成一个 Servlet 类源程序 MyServlet. java。MyServlet. java 的代码见 5.1.2 节中的代码清单。单击 Next 按钮进入 Web. xml 配置 Servlet 的对话框（见图 5-3）。

 （4）在 Web. xml 中配置该 Servlet 类。

图 5-3 是 Servlet 配置的对话框。这里我们完全可以用其默认值。为了简明起见，我们将它的 Mapping URL 改为/MyServlet。

单击 Finish 按钮，我们便完成了 Servlet 的创建与配置。如果我们需要它进行逻辑处理，就要在 MyServlet. java 文件中编写 doget()方法的代码。这里就用它自动生成的代码及配置（见 5.1.2 节的 MyServlet. java 与 Web. xml 代码清单，为了简明起见，删除

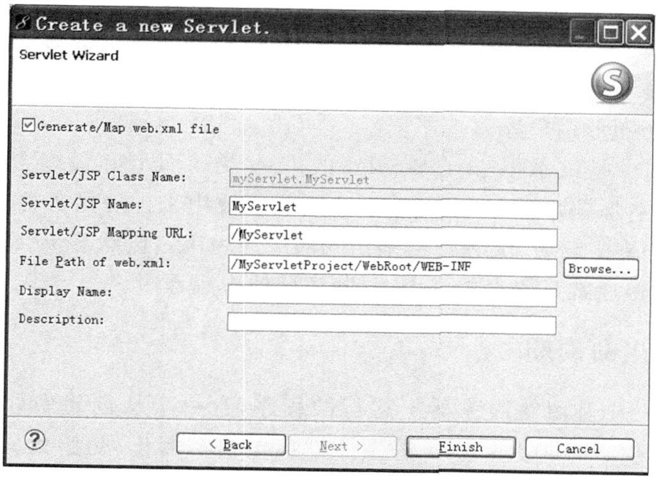

图 5-3　配置 Servlet 的对话框

了一些不必要的代码与注释）。

在 5.1.2 节的 Web. xml 的 Servlet 配置中，＜servlet＞ ＜/servlet＞ 和 ＜servlet-mapping＞ ＜/servlet-mapping＞标记中分别定义 Servlet 名及其对应的 URL，且两处的 ＜servlet-name＞要一致，并在＜servlet-class＞指明其对应的 Java 类。而＜url-pattern＞中就是我们在图 5-3 中设置的 URL：/MyServlet。

最后，部署该项目、启动服务，在浏览器中输入 URL 地址：

```
http://localhost:8080/MyServletProject/MyServlet
```

该 Servlet 运行的结果见图 5-1 所示。

在此，该 URL 地址包括三个部分，http://localhost：8080/＋ MyServletProject ＋/MyServlet，分别对应"服务器与端口"＋"项目名"＋"Servlet 配置时的 Mapping URL"。

5.2　Servlet 工作原理与应用

在前面两节中，已经初步见识过 Servlet，也能开发自己的 Servlet 了。但 Servlet 是如何工作，以及我们如何应用它呢？

5.2.1　Servlet 工作原理

其实，Servlet 的主要功能在于交互式地浏览和修改数据，生成动态 Web 内容。这个过程为：

（1）客户端发送请求至服务器。

（2）服务器启动并调用 Servlet，并将上述请求信息发送至该 Servlet。

（3）Servlet 根据客户端请求生成响应内容并将其传给服务器。响应内容动态生成，其内容通常取决于客户端的请求。

（4）服务器将响应返回客户端。

一个 Servlet 就是 Java 编程语言中的一个类,但它导入特定的属于 Java Servlet API 的支持包。由于是对象字节码,所以可以动态地从网络加载。Servlet 运行于 Server 中,它们并不需要一个图形用户界面。

实际上,Servlet 是继承了 HttpServlet 的 Java 类。而 JSP 最终会被翻译成 Servlet 并编译运行,JSP 主要是方便表示层;Servlet 则往往被用来扩展服务器的性能,服务器上驻留着可以通过"请求-响应"编程模型来访问的应用程序。虽然 Servlet 可以对任何类型的请求产生响应,但通常只用来扩展 Web 服务器的应用程序。

5.2.2 Servlet 生命周期

Servlet 作为一个驻留在服务器上运行的程序,有一个从创建到处理直到销毁的过程,以此构成了其生命周期。Servlet 的生命周期包括实例化、初始化、服务、销毁 4 个阶段,如表 5-1 及图 5-4 所示。

表 5-1　Servlet 生命周期的 4 个阶段

阶　　段	工　作　内　容
实例化	Servlet 容器创建 Servlet 实例
初始化	该容器调用 init() 方法
服务	如果请求 Servlet,则容器调用 service() 方法
销毁	销毁 Servlet 实例,调用 destroy() 方法

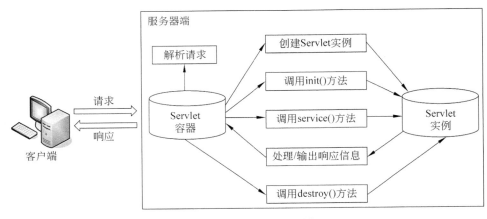

图 5-4　Servlet 的生命周期

1. 实例化

Servlet 容器负责加载和实例化 Servlet。当客户端发送一个请求时,Servlet 会进行分析,看该 Servlet 实例是否存在,如果不存在则创建一个 Servlet 实例。否则,直接从内容中取出该实例来响应请求。

所谓 Servlet 容器其实就是 Servlet 引擎,它是 Web 服务器的一部分。用于在发送的请求和响应之间提供网络服务。这里可以把 Servlet 容器理解为 Tomcat 的一个部分。

2. 初始化

Servlet 容器加载好 Servlet 后,会对它进行初始化;同时创建一个"请求"对象和一个"响应"对象,分别处理客户端请求和响应客户端请求。初始化 Servlet 时,可以设置如数据库连接参数、建立 JDBC 连接,或是建立对其他资源的引用。在初始化时,Server 调用 Servlet 的 init()方法。

3. 服务

Servlet 被初始化以后,就处于能响应用户请求的"就绪"状态。每一个对 Servlet 的请求对应一个 Servlet request 对象,对用户的响应对应一个 Servlet response 对象。当客户端有一个请求时,Servlet 容器将 Servlet request 和 Servlet response 对象都转发给 Servlet,这两个对象以参数的形式传给 service()方法。在 service()内,对客户端的请求方法进行判断,如果是 GET 方法提交,就调用 doGet()方法处理请求。如果是 POST 方法提交,则调用 doPost()方法处理请求。

service()方法还可以激活其他方法以处理请求,不仅仅是 doGet()或 doPost(),还可以是程序员自己开发的新方法。

对于更多的客户端请求,Servlet 容器将创建新的请求和响应对象,仍然激活此 Servlet 的 service()方法,将这两个对象作为参数传递给它。如此重复以上的循环,但无须再次调用 init()方法。

4. 销毁

Servlet 的实例是由 Servlet 容器创建的,所以该实例的销毁也是由 Servlet 容器来完成的。当 Servlet 容器不再需要该 Servlet 时(一般当服务器关闭或回收资源时),Servlet 容器调用 Servlet 的 destroy()方法以销毁该 Servlet 实例,释放其所占用的任何资源。destroy()方法指明哪些资源可以被系统回收,而不是由 destroy()方法直接回收。

【案例 5-2】　编写一个 Servlet,在运行时在 init()、doGet()、destroy()方法运行时显示一串信息以表示该方法已执行。

创建一个 Servlet,其代码如下:

```java
public class myservlet extends HttpServlet {
    public void destroy() {
        System.out.println("释放资源,destroy()方法被调用!");
    }
    public void doGet(HttpServletRequest request, HttpServletResponse response)
    throws ServletException, IOException {
        System.out.println("处理请求,doGet()方法被调用!");
        String initParam=getInitParameter("iParam");
        System.out.println("调用 Web.xml 中定义的参数:"+initParam);
```

```
    }
    public void init() throws ServletException {
        System.out.println("初始化,init()方法被调用!");
    }
}
```

该 Servlet 文件名为 myservlet.java,为了简单起见删除了一些代码,只显示 init()、doGet()、destroy()三个方法的定义,分别显示该方法被调用的字符串。doGet()方法在"服务"时调用,它调用了 Web.xml 文件中定义的参数并显示。

在 Web.xml 中对该 Servlet 进行配置,并定义一个初始化参数 iParam,其代码如下:

```
<servlet>
  <servlet-name>myservlet</servlet-name>
  <servlet-class>myservlet.myservlet</servlet-class>
      <init-param>
      <param-name>iParam</param-name>
      <param-value>Hello World!</param-value>
      </init-param>
</servlet>
<servlet-mapping>
  <servlet-name>myservlet</servlet-name>
  <url-pattern>/servlet/myservlet</url-pattern>
</servlet-mapping>
```

上述代码配置了 Servlet:myservlet.myservlet.java,并在其中定义了参数:iParam,其值为"Hello World!";URL 为:/servlet/myservlet。部署项目、启动 Tomcat 服务器,在浏览器的地址栏中输入 URL 地址:http://localhost:8080/,项目名:/servlet/myservlet,则在控制台显示如下图 5-5 所示的内容。

图 5-5 显示了 Servlet 启动时运行的生命周期的次序,首先 Servlet 进行实例化后,便调用 init()方法进行初始化;由于该 Servlet 的执行所以调用 doGet()方法,并在该方法中调用 Web.xml 中定义的参数(显示了其值"Hello World!")。图 5-5 中的三行顺序说明 Servlet 生命周期中方法执行的次序。

如果 Servlet 销毁(例如重新部署项目等操作触发其销毁),则执行 destroy()方法,在控制台的显示如图 5-6 所示。

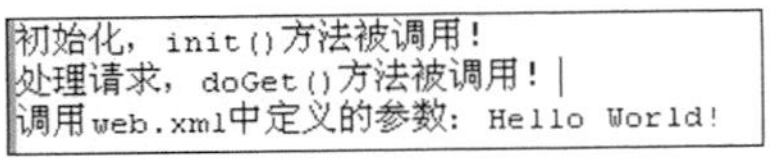

```
初始化, init()方法被调用!
处理请求, doGet()方法被调用!
调用web.xml中定义的参数: Hello World!
```

图 5-5　Servlet 运行时显示的生命周期

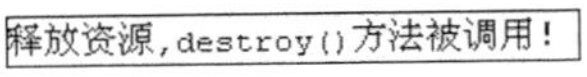

```
释放资源,destroy()方法被调用!
```

图 5-6　Servlet 销毁时的显示

图 5-6 的显示结果说明 destroy()方法已运行,即 destroy()方法是 Servlet 销毁时被触发运行的。案例 5-2 的运行结果说明了 Servlet 的生命周期的过程。

5.2.3　Servlet 应用

上面已经介绍过 Servlet 的特点,它既通过 Web 服务器处理与客户端的"请求-响应",又是一个 Java 类,可以灵活编写 Java 程序代码;又由于它在服务器上运行,没有自己的操作界面。那么,Servlet 机制适合软件开发哪方面的应用呢?

我们知道,编写软件的一个"模块"代码,可以将所有代码放到一个程序文件中,也可以将它们分成具有耦合关系的几个部分,通过它们的协同工作来完成该模块的功能。一般一个模块可分为:操作界面部分、逻辑处理部分,以及使这两个部分成为一个整体的控制处理部分。

Java 进行 Web 软件开发,界面部分可以由 JSP 开发,逻辑处理可以由 Java 类完成,协调这两个部分的工作,以及通过网络进行客户端与服务器的交互,这些任务就是所谓的"控制"部分。"控制"部分接收界面的请求、数据,然后传递到服务器的逻辑处理部分进行处理,并获取处理结果,再传到界面。这个过程的处理称为"控制逻辑",可封装到一个部件来完成,这个部件就称为"控制器"。

Servlet 的特点适合作为 Java Web 开发的"控制器"。其控制逻辑代码可放到其服务(service()方法)的 doGet()或 doPost()方法中。

Servlet 作为控制器,可以完成以下操作:

(1) 从 request 对象中获取界面中传递的参数;

(2) 调用逻辑处理部件,并获取操作结果;

(3) 通过 response 对象返回结果到界面,或跳转到某界面。

Servlet 作为 Java 语言进行 Web 开发的桥梁,一般 Servlet 控制器主要包括上述内容的处理代码。

5.3 Servlet 作为控制器的编码实现

5.3.1 简单控制器编码实现

【案例 5-3】 用 Servlet 作为控制器实现登录程序的控制。

1. 任务介绍

在第 2 章,我们通过 JSP 实现了一个"用户登录"功能模型块,其中的程序代码组成包括以下几点。

- 登录界面:inputview. jsp。
- 登录成功显示:successview. jsp。
- 用户判断并控制界面跳转:control. jsp。

这个案例体现了软件的分层开发思想。作为界面的"视图"部分是 inputview. jsp,它提供登录操作及数据输入接口。用户密码验证是一个逻辑处理,由于这个例子非常简单,所以将其代码放在 control. jsp 中。如果验证过程非常复杂,就需要一个专门的类来处理,我们称该类为"模型"。而获取"视图"数据,调用"模型"进行处理,并根据处理的结果进行界面跳转等,则是"控制器"的作用。

在该例子中,control. jsp 充当了"控制器"的角色。它验证用户名与密码,然后根据验证结果合法与非法的不同分别跳到不同的操作界面。其用户验证代码＜％ java 代码段％＞如下：

```
<%  request.setCharacterEncoding("GBK");
    String name=request.getParameter("username");
    String pwd=request.getParameter("pwd");
    if(name.equals("admin")&& pwd.equals("admin")){
        response.sendRedirect("successview.jsp"); }
    else response.sendRedirect("inputview.jsp");
%>
```

该代码的控制逻辑为：验证用户名与密码，如果都正确，则转到欢迎界面（successview.jsp），否则转到登录界面（inputview.jsp）重新输入。下面修改该案例，使其用 Servlet 作为控制器实现用户验证与界面跳转。

2. Servlet 控制器的实现思路

修改上述程序使其以一个 Servlet 作为控制器。修改思路为：保留整个项目结构，以及 inputview.jsp、successview.jsp 两个界面文件；创建一个 Servlet,配置其 URL,并将上述＜％ ％＞中的用户验证代码放到 doPost()方法中。再修改登录界面 inputview.jsp 的＜form＞表单中的 action,即将

```
<form name="form1" method="post" action="control.jsp">
```

改为

```
<form name="form1" method="post" action="Servlet 控制器的 url">
```

修改成功,部署运行即可。

3. 控制器实现过程

复用第 2 章项目的部分代码,创建 Servlet 作为其控制器,实现登录功能,其步骤为：

（1）创建一个 Web 项目。

（2）复用 inputview.jsp、successview.jsp 代码,直接将其复制到项目的 WebRoot 中。

（3）在 src 中创建一个存放 Servlet 的包,取名为 servletpack。

（4）在包 servletpack 中创建一个 Servlet,其创建过程同本章 5.2.2 节描述。只是由于原 inputview.jsp 的"＜form name＝"form1" method＝post action＝"control.jsp"＞"中 method＝post,所以图 5.2 中我们选择 doPost()方法。另外,在图 5.3 的配置中,我们填写

- Servlet 名：Servletcontrol。
- Servlet 对应的 URL：/Servletcontrol。

则创建了一个 Servlet 类,是一个 Java 文件：servletpack.Servletcontrol.java,并且在 Web.xml 中自动进行了配置,其代码清单为：

Servletcontrol.java 代码清单：

```
package servletpack;
import java.io.IOException;
import java.io.PrintWriter;
import javax.servlet.ServletException;
import javax.servlet.http.HttpServlet;
import javax.servlet.http.HttpServletRequest;
import javax.servlet.http.HttpServletResponse;
public class Servletcontrol extends HttpServlet {
    public Servletcontrol() {
        super();
    }
    public void doPost(HttpServletRequest request, HttpServletResponse response)
            throws ServletException, IOException {
        request.setCharacterEncoding("GBK");
        String name=request.getParameter("username");
        String pwd=request.getParameter("pwd");
        if(name.equals("admin")&& pwd.equals("admin")){
            response.sendRedirect("successview.jsp");   }
        else response.sendRedirect("inputview.jsp");
    }
}
```

为了简洁起见,删除了一些不必要的注释。该代码是自动生成的,我们只需要将黑体部分的代码复制至 doPost()方法内就可以了。

注意在 Servlet 中汉字信息乱码问题的解决。上述 Servlet 程序代码中的语句

```
request.setCharacterEncoding("GBK");
```

就是为了解决汉字乱码问题添加的,也可以通过添加下列语句进行解决。

```
name=new String(name.getBytes("ISO-8859-1"),"GB2312");
```

Web. xml 代码清单为:

```
<?xml version="1.0" encoding="UTF-8"?>
<web-app version="2.5"
    xmlns="http://java.sun.com/xml/ns/javaee"
    xmlns:xsi="http://www.w3.org/2001/XMLSchema-instance"
    xsi:schemaLocation="http://java.sun.com/xml/ns/javaee
    http://java.sun.com/xml/ns/javaee/web-app_2_5.xsd">
  <servlet>
    <servlet-name>Servletcontrol</servlet-name>
    <servlet-class>servletpack.Servletcontrol</servlet-class>
  </servlet>
  <servlet-mapping>
    <servlet-name>Servletcontrol</servlet-name>
```

```
    <url-pattern>/Servletcontrol</url-pattern>
   </servlet-mapping>
  </web-app>
```

该 Web. xml 中的代码也是自动生成的,其指明对应的 Servlet 类为 servletpack.
Servletcontrol。黑体部分(Servletcontrol)是我们前面设置的
URL,用它代替 inputview. jsp 中的 action=" ",即 inputview. jsp
的相应代码改为

```
<form name="form1" method="post" action=
"Servletcontrol">
```

图 5-7 项目结构

至此,Servlet 便创建成功了,可以运行了,其项目结构如
图 5-7 所示。

(5) 部署运行。

部署项目、启动服务后,在浏览器中输入:

```
http://localhost:8080/MyServlet/inputview.jsp
```

便能正确运行,如图 5-8 所示。

(a) 输入信息界面

(b) 验证正确的显示界面

图 5-8 项目运行结果

从项目的开发与运行结果可以看出,Servlet 代替了原来项目的控制部分。这里,用
一个 Servlet 的处理,代替项目中某个功能模块的控制,如接收用户请求信息、进行逻辑处

理、并返回相应的界面进行显示。这就是"控制器"的作用。

5.3.2　数据库应用中 Servlet 控制器的实现

【案例 5-4】　在第 3 章案例 3-2 中，通过 Servlet 实现了显示用户信息程序的控制。

1. 问题描述

回顾第 3 章对数据库的应用：用户信息列表显示的实现（见图 3.3），其项目的组成如下。

- entity 包中存放用户实体类：user.java。
- dbutil 包中存放数据库处理类：Dbconn.java。
- model 包中存放获取用户信息的模型类：Model.java。
- WebRoot 中存放列表显示用户信息的 JSP 文件：listUsers.jsp。

其中，在 listUsers.jsp 中，不但有数据显示的代码，还有模型（Model）实例化与访问等 Java 代码段。显示用户信息的 Java 代码段如下所示。

```
<body>
<%
    Model model=new Model();
    List<User>list=model.userSelect();
%>
    显示数据库中所有用户：
    <table border="1">
        <%   for(int i=0;i<list.size();i++){     %>
            <tr>
                <td><%=list.get(i).getId()%></td>
                <td><%=list.get(i).getName() %></td>
                <td><%=list.get(i).getPassword() %></td>
            </tr>
        <%
            }
        %>
    </table>
</body>
```

上述代码中有以下一些问题，不利于今后代码的扩展与维护以及团队开发。

- 大量的＜% java 代码段 %＞；
- ＜table＞＜/table＞、＜% %＞、{ }等语句的嵌套编码；
- 界面之间的跳转与控制不灵活。

这样的代码，不仅不利于今后的编码与扩展，也不利于美工人员的界面布局等。如何解决上述问题呢？关于 JSP 中数据的显示与标准操作，可由第 4 章介绍的 EL 表示式、JSP 标准动作、JSTL 标签等来完成。而实例化模型、接收客户端请求、处理请求、调用模型、跳转到某个页面返回客户端等操作的 Java 代码，可交给基于 Servlet 的控制器去完成。

下面就介绍解决上述问题的方法。首先用 EL 表示式、JSTL 标签等简化 listUsers. jsp,并使其中调用模型的操作等放到一个 Servlet 中,保留 user. java 、Dbconn. java、Model. java 程序代码。

2. listUsers.jsp 页面修改

修改 5.3.1 节"1. 问题描述"中的 listUsers. jsp 代码,先删掉关于业务处理操作的 Java 代码;然后用 JSTL 迭代标签和 EL 表达式修改循环列表及显示数据的代码,见下面的代码清单。

listUsers. jsp 主要修改的内容:

```
<%@taglib prefix="c" uri="http://java.sun.com/jsp/jstl/core"%>
    ⋮
<body>
        数据库中所有用户
        <table border="1">
            <c:forEach items="${sessionScope.list}" var="user" varStatus="num">
                <tr>
                    <td>${user.id}</td>
                    <td>${user.name}</td>
                    <td>${user.password}</td>
                </tr>
            </c:forEach>
        </table>
</body>
```

修改后的 listUsers. jsp 非常简洁,也没有<%java 代码%>。注意,该 JSP 界面不能直接运行,因为这时 list、user 等对象中还没有数据,需要一段代码执行赋值才能显示。这段代码就是 Servlet 控制器中的处理。Servlet 控制器调用模型从数据库中取出数据,再赋给 list 并保存到 request 对象中。最后,跳转到该 listUsers. jsp,这时它就能显示 list 中的数据了(见图 5-7 的结果)。

3. Servlet 的实现

为了实现上述的控制功能,即访问模型(Model. java)中的查询方法,获取数据存放到 request 对象中,然后跳转到 JSP 页面,并将这些功能放到 Servlet 中。

下面就创建该 Servlet,取名为:userListServlet. java,存放到 control 包中。其代码的主要部分见下列程序清单。

控制器 control. userListServlet. java 主要代码如下:

```
public void doGet(HttpServletRequest request, HttpServletResponse response)
throws ServletException, IOException
  {
```

```
Model model=new Model();
 List<User>list=model.userSelect();              //访问模型的方法
request.getSession().setAttribute("list", list);//保存数据
response.sendRedirect("listUsers.jsp");          //页面跳转
}
```

上述代码完成了"显示数据库中用户信息"的控制部分,所以称为程序的"控制器"(Controller)。

Servlet 控制还需要在 Web. xml 中进行配置,其配置代码如下:

```
<servlet>
  <servlet-name>userListServlet</servlet-name>
  <servlet-class>control.userListServlet</servlet-class>
</servlet>
<servlet-mapping>
  <servlet-name>userListServlet</servlet-name>
  <url-pattern>/userListServlet.do</url-pattern>
</servlet-mapping>
```

注意:我们配置其 URL 为:userListServlet. do,为了记忆方便,将其功能用后缀表示,如. do、. to 等。部署启动服务器后,在浏览器直接输入该 Servlet 对应的 URL(不是 JSP 文件)如下。

```
http://localhost:8080/MyServletProject/
userListServlet.do
```

显示结果如图 5-9 所示。

通过上述案例可知,Servlet 单独作为程序的控制部分,将 JSP 的控制功能进一步分解,有利于模块耦合的进一步降低。这也是控制层出现的原型。

综上所述,我们介绍了 Servlet 的概念及运行原理、Servlet 的创建过程以及 Servlet 作为控制器在程序中的应用。详细程序代码见本书提供的程序;关于 Servlet 更详细的内容及应用,请参考相应的参考资料。

图 5-9 显示数据库中用户信息的
运行结果

5.4 Servlet 技术介绍

Servlet(Server Applet),全称 Java Servlet,未有相应的中文译名,是用 Java 编写的服务器程序,其主要功能在于交互式地浏览和修改数据,生成动态 Web 内容。狭义的 Servlet 是指 Java 语言实现的一个接口,广义的 Servlet 是指任何实现了这个 Servlet 接口的类,一般情况下,人们将 Servlet 理解为后者。

Servlet 运行于支持 Java 的应用服务器中。从实现上讲,Servlet 可以响应任何类型的请求,但绝大多数情况下 Servlet 只用来扩展基于 HTTP 协议的 Web 服务器。

5.4.1　Servlet 与 JSP 的关系

其实,Sun 首先设计的 Servlet 其功能比较强劲,体系设计也很先进,只是,它作为 Web 程序输出 HTML 语句还是采用了老的 CGI 方式,是一句一句输出的,所以,编写和修改 HTML 非常不方便。

后来 Sun 推出了 JSP,把 JSP 标记嵌套到 HTML 语句中,这样,就大大简化和方便了网页的设计和修改。JSP 是一种实现普通静态 HTML 和动态 HTML 混合编码的技术, JSP 并没有增加任何本质上不能用 Servlet 实现的功能。

JSP 是 HttpServlet 的扩展。由于 HttpServlet 大多是用来响应 HTTP 请求,并返回 Web 页面(例如 HTML、XML)的,所以不可避免地在编写 Servlet 时会涉及大量的 HTML 内容,这给 Servlet 的书写效率和可读性带来了很大的障碍,JSP 便是在这个基础上产生的。其功能是使用 HTML 的书写格式,在适当的地方加入 Java 代码片断,将程序员从复杂的 HTML 中解放出来,更专注于 Servlet 本身的内容。

在 JSP 中编写静态 HTML 更加方便,不必再用 println 语句来输出每一行 HTML 代码。更重要的是,借助内容和外观的分离,页面制作中不同性质的任务可以方便地分开。比如,由页面设计者进行 HTML 设计,同时留出供 Java Servlet 程序员插入动态内容的位置。

其实,JSP 的实质仍然是 Servlet。JSP 在首次被访问的时候被应用服务器转换为 Servlet,在以后的运行中,容器直接调用这个 Servlet,而不再访问 JSP 页面。

5.4.2　Servlet 工作模式简介

当 Servlet 被部署在应用服务器中(应用服务器中用于管理 Java 组件的部分被称为 Servlet 容器)以后,再由容器控制 Servlet 的生命周期。Servlet 在服务器中的运行过程为:加载→初始化→调用→销毁。

Servlet 的生命周期在"初始化"后开始其生命周期,在"销毁"后结束其生命周期。

Servlet 只会在第一次请求时被加载和实例化。不论是第一次加载还是已经加载后的 Servlet,其工作模式都按以下步骤执行:

(1) 客户端发送请求至服务器。

(2) 服务器启动并调用 Servlet,Servlet 根据客户端请求生成响应内容并将其传给服务器。

(3) 服务器将响应返回客户端。

Servlet 一旦被加载,一般不会从容器中删除,直至应用服务器关闭或重新启动。但当容器做内存回收操作时,Servlet 有可能被删除。也正是因为这个原因,第一次访问 Servlet 所用的时间要大大多于以后访问所用的时间。

一般地,通用 Servlet 由 javax. servlet. GenericServlet 实现 Servlet 接口。程序设计人员可以通过使用或继承这个类来实现通用 Servlet 应用。

javax. servlet. http. HttpServlet 实现了专门用于响应 HTTP 请求的 Servlet,提供了响应请求的 doGet()和 doPost()方法。其实,在 HTML/JSP 中 form 表单中提交数据有

两种方法：GET、POST，所以 doGet()和 doPost()方法对应的是这两种提交方式。在安全性要求比较高时，一般采取 POST 方式，因为通过 POST 方式提交的数据在地址栏不可见而对 GET 方式可见。

5.4.3　Servlet 的应用优势

从网络三层结构的角度来看，一个网络项目最少分三层：数据层、业务层、表示层。基于 Java 的 Servlet 用来编写业务层（Business Layer）非常强大，但如果用于表示层（Presentation Layer）的编码就很不方便。而 JSP 主要是为了方便表示层而设计的。虽然 JSP 也可以编写业务处理层，对于小一点的程序，人们常常把表示层和业务处理层混在一起编码。

但对于大型系统，为了实现松散耦合，将它们分开编码，而将业务处理放在组件中，修改时只要改组件就可以了。另外，由于单纯的 JSP 语言执行效率非常低，如果出现大量用户点击，很容易到达其功能上限，而通过 Java 组件技术就能大幅度提高其功能上限，加快执行速度。

其实，Sun 设计 JSP 主要是用来编写 Web 应用的表示层的，也就是说，只放输出 HTML 网页的部分。而所有的数据计算、数据分析、数据库连接处理，统统是属于业务处理层的，应该放在 Java 的 Bean 中。通过 JSP 调用 Beans，实现两层的整合。

Servlet 编写业务处理层很好，而编写表示层则不方便。由于 Servlet 具有 Bean 的特点，又具有 CGI 的特征，通过它作为控制将 JSP 编写的表示层、用 Bean 编写的业务层结合成一个整体，就实现了 Web 应用的 MVC 编程。

Servlet 作为基于 Java 的网络开发技术，继承了 Java 的优秀特征。由于 Java 跨平台、稳定性好，具有远大的应用前景。而随着现在机器速度越来越快，Java 的速度劣势很快就被克服了。

Servlet 是目前流行的 Java EE 规范体系的重要组成部分，也是 Java 开发人员必须具备的基础技能。Servlet 3.0 是 Servlet 规范的最新版本，它引入了若干重要新特性，包括异步处理、新增的注解支持、可插性支持等，Servlet 3.0 作为 Java EE 6 规范体系中的一员，随着 Java EE 6 规范一起发布。

小　　结

本章介绍了 Servlet 的概念、特点、原理、运行机制，以及 Servlet 的创建、配置步骤及其运行。由于 Servlet 易于控制应用程序从客户端到服务器之间的交互，所以 Servlet 可以作为控制器将程序的控制部分分离出来，使程序得到进一步的解耦、结构更加清晰。这种将 Servlet 作为控制器从 JSP 中分离出来的架构称为 Model 2，它相对于只有 JSP＋JavaBean 实现的 JSP 应用架构 Model 1 采用了较佳的 MVC 模式，但增加了程序编写复杂度。

本章通过案例的形式，将前面出现过的程序控制部分用 Servlet 代替，从而将控制层从程序代码中分离出来，使读者容易理解控制层、控制器的概念，以及分层结构的特征。

对全面了解与掌握 MVC 设计模式的编程有一定的帮助。最后,作为一种核心技术,本章全面介绍了 Servlet 技术以及与 JSP 的关系等,让读者进一步了解与掌握 Servlet 相关技术。

习　题

一、填空题

1. Servlet 被定义为是在_____上运行的 Java 小程序。Servlet 负责接收客户的请求,在服务器上运行,并将运行的结果返回客户端_____。

2. Servlet 的 URL 地址需要在_____文件中进行配置。

3. Servlet 生命周期的 4 个阶段分别为:_____、_____、_____、_____。

4. Servlet 适合在 MVC 分层结构的程序中充当_____。

5. Servlet 编写业务处理层很好,而编写_____不方便。

二、简答题

1. 请说说 Servlet 作为一种 Java 程序有什么特点。

2. 根据 Servlet 的特点与优势说明 Servlet 的用途。

3. 请介绍一下 Servlet 的工作原理与运行过程。

4. 请介绍一个 Servlet 的创建与执行步骤。

5. 请说说 Servlet 与 JSP 的关系。

综 合 实 训

实训 1　将第 4 章实训 3 完成的用户管理软件中,对各个功能:增加、删除、修改、查询的控制部分用 Servlet 代替,并保持各功能不变。

实训 2　将第 3 章"案例 3-6"中实现的学生信息管理的增加、修改、删除、查询操作的程序,修改为用 Servlet 作为控制器,并保持各功能不变。

实训 3　将第 4 章实训 4 的代码,用 Servlet 作为控制器进行修改并保持各功能不变。

一个软件功能"模块"的 MVC 实现

本章学习目标

- 了解与掌握软件是由模块组成的观点。
- 了解将一个软件分解成不同模块的方法。
- 了解 MVC 的概念及其优缺点。
- 熟练掌握基于 MVC 模式用 JSP、Servlet、JavaBean 技术实现一个软件业务处理模块(包括对业务数据的增加、删除、修改、查询子模块)。

前面 5 章介绍了用 JSP、Servlet、JavaBean 等技术进行 Web 程序开发。这些技术各有特点,分别适合表示层、控制层、模型层的程序开发。同时,从第 3 章起介绍了基于 MySQL 数据库的应用程序的开发,并提炼出供数据库操作时使用的数据库连接类,构成了通用的数据处理层。

但是,如果仅仅知道这些技术并不能很好地开发一个 Web 应用软件,因为软件的开发比较复杂,而将软件分解为多层结构的开发更加大了复杂度。所以,从本章起介绍基于 MVC 的软件开发过程,并在第 10 章通过一个综合案例介绍如何进行基于 MVC 的 Web 软件开发,以及如何用文档进行表示与说明。

抛开复杂的软件开发过程,就软件本身来说,软件是由一个一个"模块"组成的,模块之间的复杂交互形成了软件的复杂性。而软件的各个模块又是被"合理"地组装在一起工作的。软件是否有用,要看用户的使用要求是否被满足。所以,从本章起从一个模块的开发开始,逐步介绍一个完整的软件开发技术与过程。

但是,软件是否开发成功,需要通过基于用户需求的测试用例进行测试。否则,需继续上述过程的迭代。

6.1 软件项目由模块组成

6.1.1 软件由其模块组成

在软件开发中,最终需要生产出"软件"产品。但开发出的"软件"是由什么组成的呢?

有的人会说软件是由语句代码组成的,也有人会说软件是由程序组成的,也有人说软件是由程序加文档组成的等。这些都没错!其实从设计的角度,可以说软件是由功能"模块"组成的。

因为,软件是由一条一条语句组成的,或者是一个一个程序文件组成的,软件内部对我们来说一团漆黑,这不利于我们开发。了解软件包括哪些功能"模块",在一定程度上有助于我们知道软件的结构。

根据定义,所谓的软件"模块(module)"是在程序设计中,为完成某一相对独立的功能所需的一段程序或子程序;也可以指某大型软件系统的一部分。

例如,前面我们编写的"用户管理"软件,我们编写了用户信息的"列表查询"功能,"列表查询"就是用户管理软件的一个功能模块。如果要对"用户"信息进行管理,就还要有:"新增用户信息"、"修改用户信息"、"删除用户信息"操作。这里的"新增用户信息"、"修改用户信息"、"删除用户信息"均是"用户管理"的模块,也称功能模块。可以用软件功能模块结构图表示它们的关系。例如,"用户信息管理"的模块组成由图 6-1 表示,该图不但表示了其功能模块的组成,而且表示了其模块结构的设计。

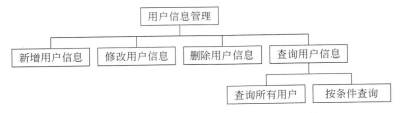

图 6-1　用户信息管理的功能"模块"组成结构

6.1.2　软件项目开发以模块为单位进行

我们在软件开发时,或者在编码时,不是无序地进行的,往往是以模块为单位进行的。

例如:用户信息管理包括新增用户信息、修改用户信息、删除用户信息、查询用户信息等模块。我们在程序编码时,分别对它们进行实现。在第 5 章 5.4.2 节中已经介绍了"用户信息列表显示"功能模块的实现。

【案例 6-1】　完整实现"用户信息管理"模块中新增、修改、删除、查询功能,并使它们在一个统一界面中操作。

我们完善第 5 章 5.3.2 节的"用户信息管理",包括新增、修改、删除、查询功能,并使它们可以在一个统一的操作界面中操作(即不需要每个功能均输入地址),其操作界面如图 6-2 所示。

图 6-2 分别展示了"用户信息管理"中的新增用户信息、修改用户信息、删除用户信息、查询用户信息的操作(主页中实现了列表显示,还有通过用户 id 进行查询的功能),说明这些功能已经实现。

这些模块是一个一个实现的,每一个模块都有自己的操作界面、自己的访问数据库操作方法、还有自己的控制器,将它们通过主界面集成起来,就完成了该软件功能的开发。

在主界面上,需要对各个模块的操作链接进行布局,用户操作后再返回该主界面。每个模块分为界面、逻辑处理、控制器组成,分别由 JSP、Javabean、Servlet 实现。

(a) 管理操作主界面

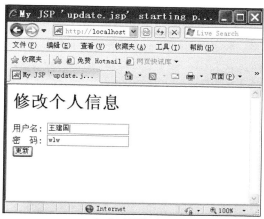

(b) 修改操作界面

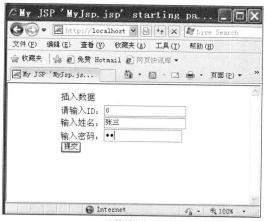

(c) 新增操作界面

(d) 操作后的界面

(e) 删除6号用户

(f) 查询2号用户

图 6-2 "用户信息管理"功能模块的实现

6.1.3 "用户信息管理"程序结构简介

图 6-2 给出了"用户信息管理"实现的功能展示,但是这些功能的程序实现又具有怎样的特点呢? 它与我们以往的"程序"的概念有什么区别呢?

不可否认,上述"用户信息管理"是由"程序"组成的,但它不只是一个"程序文件"。我们在开发软件时,要克服"以程序为单位"的编程思想,而要"以模块为单位"进行开发;即先划分模块,再将每个模块分解成不同的程序文件。

例如:用户信息管理包括新增用户信息、修改用户信息、删除用户信息、查询用户信息等模块,则程序文件以这些模块分为不同的类型。

通过本书所附案例(案例 6-1 的项目 usermanager)的程序文件,其结构见表 6-1。

表 6-1 案例 6-1 的软件的程序文件

入口地址	http://localhost:8080/usermanager/userList		
模块	界面(JSP)	Java 类(JavaBean)	Servlet
列表显示用户信息(主界面)	main.jsp	model.Mode.java 中 userSelect()方法	servlet.userList.java
新增用户信息	insert.jsp	model.Mode.java 中 insert()方法	servlet.insertservlet.java
修改用户信息	update.jsp	model.Mode.java 中 load()和 update()方法	修改前:servlet.updateservlet.java 修改:servlet.doupdateservlet.java
删除用户信息	删除前后:main.jsp	model.Mode.java 中 delete(Integer)方法	servlet.deleteservlet.java
查询用户信息	showUser.jsp	model.Mode.java 中 load(Integer)方法	servlet.selectservlet.java
通用工具	无	• 实体类:entity.User.java • 数据库连接类:dbutil.Dbconn.java • 配置文件:Web.xml	无

从表 6-1 中可以看出,一个软件是由"功能模块"组成的,模块又是由多个程序文件组成的,每个功能模块又是由界面、逻辑处理的 Java 类、Servlet 组成的。这三个部分分别表示视图、模型、控制。视图表示用户看到的界面;模型表示业务数据和业务规则;控制表示接收用户的输入并调用模型和视图去完成用户的需求。

现在,将一个软件"模块",分解为:视图、模型、控制器来分别编码,是一种广泛流行与应用的设计模式,即 MVC(Model-View-Controller,Model 即模型,View 即视图,Controller 即控制器)设计模式。

6.2 基于 MVC 设计模式的软件开发概述

6.2.1 MVC 设计模式概述

所谓的设计模式是一套被反复使用、成功的设计总结与提炼。而 MVC 设计模式则是将软件的代码分为 M、V、C 三层来实现的一种设计方案。

MVC 是 Model-View-Controller 的缩写,分别表示:模型(Model,M)—视图(View,V)—控制器(Controller,C),是一种软件设计典范。它采用业务逻辑和数据显示代码分离的方法,并将业务逻辑处理放到一个部件里面,而将界面、以及用户围绕数据展开的操作单独分离出来。MVC 类似于传统软件开发中模块的输入、处理和输出功能,集成在一个图形化用户界面的结构中。

MVC 是一种常用的设计模式,它强制性地使模块中的输入、处理和输出分开,它们各自处理自己的任务。MVC 减弱了业务逻辑接口和数据接口之间的耦合,以及让视图层更富有变化。

最典型的 MVC 设计模式是基于 JSP ＋ JavaBean ＋Servlet 技术实现的。

1. 视图

视图(View)是用户看到并与之交互的界面。对老式的 Web 应用程序来说,视图就是由 HTML 元素组成的界面,在新式的 Web 应用程序中,HTML 依旧在视图中扮演着重要的角色,但一些新的技术已层出不穷,它们包括 Adobe Flash 和像 XHTML、XML、WML 等一些标识语言。JSP 作为动态网页常常充当 Web 应用的视图。

MVC 的好处是它能为应用程序处理很多不同的视图。在视图中其实没有真正的处理发生,不管这些数据联机存储在哪里,作为视图来讲,它只是一种输出数据并允许用户操作的方式。

2. 模型

模型(Model)表示业务数据和业务规则。在 MVC 的三个部件中,模型拥有最多的处理任务。例如它可以封装数据库连接、业务数据库处理这样的构件,这样一个模型就能为多个视图提供数据。由于应用于模型的代码只需写一次就可以被多个视图重用,所以能提高代码的重用性。模型一般用 JavaBean 技术实现。

JavaBean 是一种 Java 语言写成的可重用组件。为写成 JavaBean,类必须按照一定的编写规范,它通过提供符合一致性设计模式的公共方法暴露内部成员属性。换句话说,JavaBean 就是一个 Java 的类,只不过这个类要按一些规则来写,如必须类是公共的、有无参构造器,要求属性是 private 且需通过 setter/getter 方法取值等;按这些规则写了之后,这个 Java 类就是一个 JavaBean,它可以在程序里被方便地复用,从而提高开发效率。

MVC 的模型层,就是由这些 JavaBean 构成的模型组成的,它们在服务器中承担了软件大部分的复杂计算,其结果的使用需要由控制器控制并在视图中展现。

3. 控制器

控制器(Controller)接收用户的输入并调用模型和视图去完成用户的需求,所以当单击 Web 页面中的超链接和发送 HTML 表单时,控制器本身不输出任何内容和做任何处理。它只是接收请求并决定调用哪个模型构件去处理请求,然后再确定用哪个视图来显示返回的数据。

比较好的 MVC 还有 Struts、Webwork、Spring MVC、Tapestry、JSF、Dinamica、VRaptor 等，这些框架都提供了较好的层次分隔能力，它们在实现良好的 MVC 分隔的基础上，通过提供一些现成的辅助类库，可促进生产效率的提高。

6.2.2　MVC 设计模式的优缺点

作为一种设计模式，MVC 既有很多好处，也有一些缺点。

1. MVC 的优点

MVC 的优点表现在：耦合性低、重用性高、可维护性高、有利软件工程化管理等。

1）耦合性低

视图层和业务层分离，这样就允许更改视图层代码而不用重新编译模型和控制器代码，同样，一个应用的业务流程或者业务规则的改变只需要改动 MVC 的模型层即可。

模型与控制器和视图相分离，所以很容易改变应用程序的数据层和业务规则。例如把数据库从 MySQL 移植到 Oracle 只需改变模型即可。由于运用 MVC 的应用程序的三个部件是相互独立的，改变其中一个不会影响其他两个，所以依据这种设计构造的软件具有良好的松散耦合性。

2）重用性高

MVC 模式允许使用各种不同样式的视图来访问同一个服务器的代码，因为多个视图能共享一个模型，包括 Web 浏览器或无线浏览器。例如，用户可以通过计算机、也可以通过手机来订购某件产品。虽然订购的方式不一样，但处理订购商品的方式是一样的，所以对应的模型可以是一样的。

由于模型返回的数据没有进行格式化，所以同样的构件能被不同的界面使用。这些视图只需要改变视图层的实现方式，而控制层和模型层无需做任何改变，所以可以最大化地重用代码。

3）利于分工开发

使用 MVC 模式有利于团队协作开发，从而可使开发时间得到相当大的缩减。它使程序员（Java 开发人员）集中精力于业务逻辑，界面程序员（HTML 和 JSP 开发人员、界面美工人员）集中精力于表现形式。

4）可维护性高

由于 MVC 模式的软件开发具有松散耦合性，它分离视图层和业务逻辑层，从而使得应用程序更易于维护和修改。

5）有利于软件工程化管理

由于不同的层各司其职，每一层的不同应用具有某些相同的特征，有利于通过工程化、工具化管理程序代码。控制器也提供了一个好处，就是可以使用控制器来连接不同的模型和视图去完成用户的需求，这样控制器就可以为构造应用程序提供强有力的手段。给定一些可重用的模型和视图，控制器可以根据用户的需求选择模型进行处理，然后选择视图将处理结果显示给用户。

2. MVC 的缺点

由于 MVC 内部原理比较复杂,理解起来并不很容易。所以,在使用 MVC 时需要精心地计划、需花费一定时间去思考。

所以,MVC 有调试较困难、不利于中小型软件的开发、增加系统结构和实现的复杂性等缺点。

1) 调试较困难

由于模型和视图分离,这样就给调试应用程序带来了一定的困难,所以每个构件在使用之前都需要经过彻底的测试。

2) 不利于中小型软件开发

由于花费大量时间将 MVC 应用到规模并不很大的应用程序中,在工作量、成本、时间等方面常常得不偿失,所以如果是中小型软件的开发,可不选择 MVC 模式。

3) 增加系统结构和实现的复杂性

对于简单的界面,严格遵循 MVC,使模型、视图与控制器分离,会增加结构的复杂性,并可能产生过多的更新操作,降低运行效率。

4) 视图与控制器间过于紧密的连接

视图与控制器是相互分离却联系紧密的部件,视图没有控制器的存在,其应用是很有限的,反之亦然,这样就妨碍了它们的独立重用。

5) 视图对模型数据的低效率访问

依据模型操作接口的不同,视图可能需要多次调用才能获得足够的显示数据。对未变化数据不必要的频繁访问,也将损害操作性能。

设计模式能为某一类问题提供解决方案,同时又能优化代码,从而使代码更容易被人理解,提高了代码的复用性,并保证了代码的可靠性。

6.3　软件项目功能模块分解与设计

本章 6.1 节已经介绍过,软件是由其模块组成的。先将软件分为不同的功能模块,再分别进行开发。所以,确定一个软件由哪些功能模块组成,即对软件的功能模块进行分解是很重要的。

由于软件的功能模块的分解是个复杂的工作,一般需要具备软件开发经验、业务领域知识。但是,不管如何分解与设计,一个分解好的"模块"进行 MVC 实现技术还是很清晰的。

下面以一个学生管理系统软件的开发为例,介绍软件功能模块的分解及实现。

6.3.1　学生管理系统软件项目的开发

某高校需要通过"学生管理软件系统"对学生的相关信息进行计算机管理。本章以该项目为引导案例,介绍软件的一个模块的 MVC 模式开发。

围绕学生的信息有许多,包括学生基本信息、学生学习信息等。学生的学习信息又与教师信息、课程信息相关联。为了简单起见,我们暂时以上述信息的管理为主,介绍其功能的分解与实现。

我们简单地将该软件分解为以下几个模块:

- 学生信息管理。
- 教师信息管理。
- 课程信息管理。
- 学生成绩管理。

为了说明用 JSP＋Servlet＋JavaBean 技术实现 MVC 方式的开发,我们以"学生信息管理"模块的实现为案例进行 MVC 实现介绍。

6.3.2　功能模块分解

为了将技术说明清楚,本项目实现的功能非常简单。将本软件分解为 4 大模块,分别对教师信息、学生信息、课程信息、成绩进行管理。而学生信息只包括编号、姓名、性别、班级、年龄、成绩 6 个。

图 6-3 给出了该软件的模块结构的分解与设计。

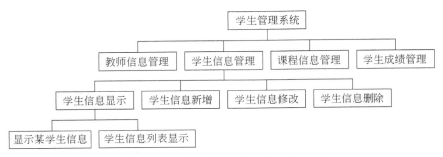

图 6-3　学生管理软件模块设计结构图

模块:教师信息管理、学生信息管理、课程信息管理的实现技术基本相同,下面只以一个模块"学生信息管理"为例,介绍该模块基于 MVC 的实现。

【案例 6-2】　对"学生信息管理"模块进行 MVC 设计模式的程序编码与功能实现,并对该功能的软件设计内容进行表示。

实现思路是:本案例技术上的要求同案例 6-1,但是学生信息比较多,包括学号、姓名、性别、班级、成绩等。其功能子模块可从图 6-3 中看出,即"学生信息管理"模块包括以下子模块:

(1)学生信息显示,包括单个学生信息显示、学生信息列表显示两种。

(2)学生信息新增。

(3)学生信息修改。

(4)学生信息删除。

6.3.3　数据库设计

由于本章只介绍对"学生信息管理"一个模块进行编码实现,而与它相关的数据是学生信息。对于每个学生信息,我们只考虑编号、姓名、性别、班级、年龄、成绩 6 个数据。表 6-2 是根据这些数据设计的数据库表(student)的结构。

表 6-2 数据库表(student)的结构

序号	字段名称	字段说明	类 型	位 数	是否可空
1	id	编号	int		否
2	name	学生姓名	varchar	20	
3	sex	性别	varchar	2	
4	age	年龄	int		
5	grade	班级	varchar	20	
6	score	成绩	Float		

6.4 "学生信息管理"模块的 MVC 实现

6.4.1 任务描述

根据本章 6.3 节的介绍,下面就围绕项目中"学生信息管理"模块的实现进行介绍。"学生信息管理"模块的 5 个子模块为:

(1)学生信息列表显示;

(2)单个学生信息显示;

(3)学生信息新增;

(4)学生信息修改;

(5)学生信息删除。

这些功能围绕一个数据库表(student)进行操作。

本节任务是采用 JSP、JavaBean、Servlet 技术,基于 MVC 编码方式,实现上述 5 个子模块,对数据库表 student 进行操作。并将这 5 个子模块组装成一个完整的"学生信息管理"模块。

6.4.2 "学生信息管理"模块运行效果演示

本书附的电子案例 6-2(项目 studentmanager),其实现的"学生信息管理"功能模块部署运行后的效果见图 6-4。

项目 studentmanager 部署成功后,启动 Tomcat 服务器,在浏览器输入以下入口地址:

```
http://localhost:8080/studentmanager/ListStudentServlet.do
```

便出现图 6-4(a)的主界面,它显示数据库中所有的学生,并可以对其进行新增、修改、删除操作。具体操作如图 6-4(a)～图 6-4(g)所示。

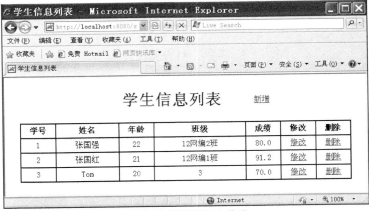

(a) 显示当前所有学生(主界面)

(b) 新增一个学生信息

(c) 新增学生信息后的结果显示

图 6-4 "学生信息管理"模块功能演示

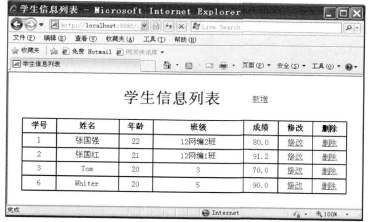

(d) 修改学生信息

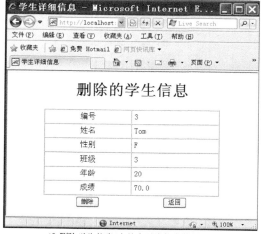

(e) 修改后的结果显示

学号	姓名	年龄	班级	成绩	修改	删除
1	张国强	22	12网编2班	80.0	修改	删除
2	张国红	21	12网编1班	91.2	修改	删除
3	Tom	20	3	70.0	修改	删除
6	Whiter	20	5	90.0	修改	删除

(f) 删除学生信息(含单个学生信息的显示)

图 6-4 (续)

(g) 删除后的结果显示

图 6-4（续）

从图 6-4 的演示中可以看出，案例 6-2（项目 studentmanager）完成了围绕数据库表
(student)的"学生信息管理"模块（包含 5 个子模块：学生信息列表显示、单个学生信息显
示，以及学生信息新增、修改、删除）的功能实现。

6.4.3　软件项目结构介绍

案例 6-2（项目 studentmanager）是基于 MVC 采用 JSP、JavaBean、Servlet 技术进行
编码与实现的，其软件的项目结构如图 6-5 所示。

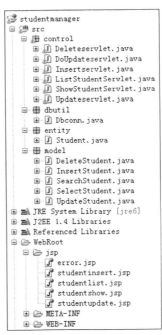

图 6-5　案例 6-2 项目 studentmanager 结构

从该项目结构可以看出,案例 6-2"学生信息管理"的程序代码是根据 M、V、C 不同层进行存放的。其中 JSP 文件夹存放的是视图层(V)的程序,就是一些 JSP 文件;包 model 存放模型层(M)的 Java 程序,是一些 JavaBean 处理的一定的逻辑任务;包 control 存放控制器(C),是一些 Servlet。另外,实体类、通用工具类均是 JavaBean,它们在多个程序中被调用。

案例 6-2 各子模块的各 MVC 层对应的程序文件的说明见表 6-3。

表 6-3　案例 6-2"学生信息管理"模块的程序文件说明

模块入口 URL 地址	http://localhost:8080/studentmanager/ListStudentServlet.do		
子模块	V 视图层 (JSP 文件夹中)	M 模型层 (model 包中)	C 控制器 (control 包中)
列表显示学生信息(主界面)	studentlist.jsp	SearchStudent.java	ListStudentServlet.java
新增学生信息	studentinsert.jsp	InsertStudent.java	Insertservlet.java
修改学生信息	studentupdate.jsp	UpdateStudent.java	修改前:Updateservlet.java 修改:DoUpdateservlet.java
删除学生信息	studentshow.jsp	DeleteStudent.java	Deleteservlet.java
查询学生信息	studentshow.jsp	SelectStudent.java	ShowStudentServlet.java
通用工具	无	• 实体类:entity.Student.java • 数据库连接类: 　dbutil.Dbconn.java • 配置文件:Web.xml	无

6.4.4　软件的 MVC 实现步骤

下面以案例 6-2"学生信息管理"模块的实现为例,介绍基于 MVC 的 JSP+JavaBean+servlet 技术实现一个软件模块的步骤。

根据 JSP+JavaBean+Servlet 技术进行 MVC 方式开发"学生信息管理"模块的程序结构如图 6-6 所示。下面介绍项目 studentmanager 的开发步骤。

1. 创建数据库及 student 表

首先在 MySQL 中创建存放学生信息的数据库。
- 数据库名:students。
- 学生信息表:student。

根据表 6-2 数据库表(student)的设计,创建学生数据库的 SQL 脚本如下:

```
#创建数据库 students
DROP DATABASE IF EXISTS 'students';
CREATE DATABASE 'students' /* DEFAULT CHARACTER SET gbk */;
USE 'students';
```

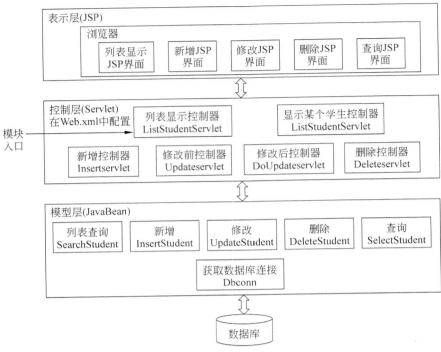

图 6-6　学生信息管理模块 MVC 程序组织结构（设计）

```
#创建表 student
CREATE TABLE 'student' (
  'id' int(11) NOT NULL auto_increment,
  'name' varchar(20) default NULL,
  'sex' varchar(2) default NULL,
  'age' int(11) default NULL,
  'grade' varchar(20) default NULL,
  'score' float default NULL,
  PRIMARY KEY  ('id')
) ENGINE=InnoDB AUTO_INCREMENT=9 DEFAULT CHARSET=gbk;
```

```
#插入期初数据
INSERT INTO 'student' VALUES (1,'张国强','男',22,'12网编2班',80);
INSERT INTO 'student' VALUES (2,'张国红','女',21,'12网编1班',91.2);
INSERT INTO 'student' VALUES (3,'Tom','F',20,'3',70);
/*!40000 ALTER TABLE 'student' ENABLE KEYS */;
UNLOCK TABLES;
```

2. 创建 Web 项目

在 MyEclipse 中，创建 Web 项目，取名为：studentmanager。

在 MyEclipse 中按以下步骤操作：单击 File→New→Web Project，然后出现如图 6-7

所示的窗口。填 Project Name(项目名)为：studentmanager,单击 Finish 按钮,就完成了
创建项目的操作。

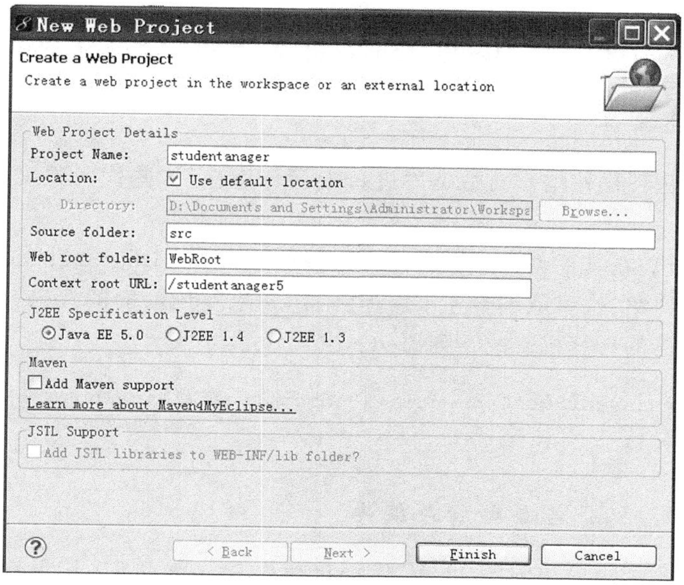

图 6-7　创建 Web 项目 studentmanager

为了分开存放 MVC 不同层的程序,在项目的 src 中创建包：model、control,分别存
放"模型"和"控制器"。在 WebRoot 下创建 JSP 文件夹,用以存放 JSP 页面文件。

3. 添加 MySQL 数据库驱动包

为了实现数据库操作,需要添加 MySQL 数据库驱动包：mysql-connector-java-
3.1.13-bin.jar。其操作方法第 3 章已经介绍,这里就不再赘述。

4. 创建实体类

实体类与数据库表 student 进行映射,即创建一个实体类 Student.java,其属性与数
据库表 student 的字段对应。程序需要获取数据库 student 中的数据,然后存放到该实体
类的实例中(即对象中)。

创建 entity 包存放实体类。创建 student 表对应的实体类 Student.java,其代码如下。

```java
//实体类:Student.java
package entity;
public class Student {
    public int id;
    public String name;
    public String sex;
    public String grade;
    public int age;
```

```
public float score;
        //setter/getter 方法
}
```

注意：实体类的属性个数与类型，与表 student 的字段个数与类型对应。

5. 数据库连接类

学生信息管理各操作均需对数据库进行连接与操作，这些代码独立出来作为一个共享的类。

创建 dbutil 包，在其下创建获取数据库连接的工具类：Dbconn.java。该类的创建与编码第 3 章已经介绍，这里就不赘述了。但注意，如果复用前面的代码，则数据库密码与参数需要根据自己的计算机修改下列语句：

```
conn=DriverManager.getConnection("jdbc:mysql://localhost:3306/students",
"root","密码");
```

6. 分别实现 MVC 各层的程序编码

下面分别对各个子模块的各 M、V、C 层进行编程。在表 6-2 中已经给过"学生信息管理"模块的程序组织说明。下面就深入到这些程序内部了解其关键代码的编写。表 6-4 给出了这些子模块及对应的各层的程序。

表 6-4　案例 6-2"学生信息管理"模块 MVC 各程序

子模块	视图层 JSP 页面	模型层 JavaBean	控制层 Servlet
学生信息列表	studentlist.jsp	SearchStudent.java	ListStudentServlet.java
新增学生信息	studentinsert.jsp	InsertStudent.java	Insertservlet.java
修改学生信息	studentupdate.jsp	SelectStudent.java UpdateStudent.java	修改前：Updateservlet.java 修改：DoUpdateservlet.java
删除学生信息	studentshow.jsp	SelectStudent.java DeleteStudent.java	删除前：ShowStudentSerlvet.java 删除：Deleteservlet.java

为了使读者能理解这些代码的工作流程，下面通过图 6-8～图 6-11 分别展示各子模块中程序的工作流程。

主界面的处理流程是：由入口地址（ListStudentServlet.java 对应的 URL）进行处理，通过模型查询获取所有的学生信息，在 studentlist.jsp 页面上进行列表显示，同时提供用户新增、修改、删除学生的链接地址。

新增学生信息子模块的程序处理流程是：用户在主界面中选择"新增"则进入新增学生信息输入界面 studentinsert.jsp。用户输入新增的学生信息后单击"提交"按钮，则由控制器调用新增模型（InsertStudent.java）将数据新增到数据库中，再通过模块入口列表显示学生信息，这时可以看到已经新增了新的学生信息。

修改学生信息子模块的程序处理流程是：用户在主界面中选择某个学生的"修改"操

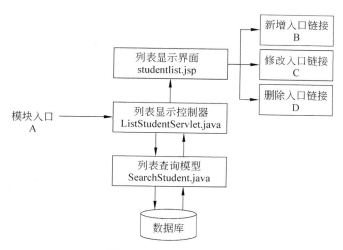

图 6-8　主界面程序流程

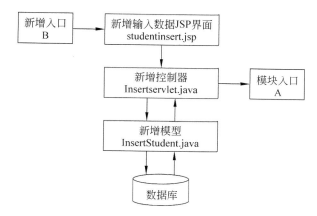

图 6-9　新增操作程序流程

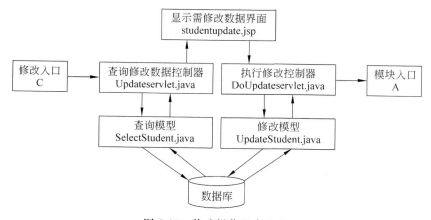

图 6-10　修改操作程序流程

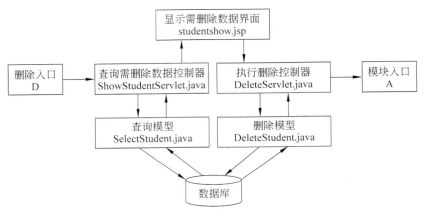

图 6-11　删除操作程序流程

作后,通过一个 Servlet(Updateservlet. java)将需要修改的学生信息显示到修改界面(studentupdate. jsp),操作员才能进行数据修改。修改完成后,单击"修改"按钮,则控制提交到另一个 Servlet(DoUpdateservlet. java)调用修改模型(UpdateStudent. java)对数据在数据库中进行修改,并调用主界面入口地址进行列表显示。这时可以看到数据已经被修改。

　　删除学生信息子模块的程序处理流程是:用户在主界面中选择某个学生的"删除"操作后,通过一个 Servlet(ShowStudentservlet. java)将需要删除的学生信息显示到删除界面(studentshow. jsp),操作员确认后才能进行删除操作。用户单击"删除"按钮,则控制提交到另一个 Servlet(Deleteservlet. java)调用删除模型(DeleteStudent. java)到数据库中进行删除,最后调用主界面入口地址进行列表显示。这时可以看到数据已经被删除。

7. 部署运行

　　通过上述 6 个步骤,开发的程序就可以运行了。先将项目进行部署,然后启动 Tomcat 服务器,在浏览器中输入模块的入口地址,则出现图 6-4(a)的主界面。用户就可以对学生信息进行增、删、改操作了。

6.4.5　各程序的关键代码讲解

　　由于是基于 MVC 的开发,"学生信息管理"模块的软件的各个程序之间关系比较复杂。下面就该模块中的程序(表 6-3)的关键代码及它们的衔接关系进行介绍。

1. Servlet 的配置

　　模块中有 6 个 Servlet 控制器,分别承担了学生信息的增、删、改等操作。其中修改、删除需要先将信息显示出来,然后再进行操作,所以各有两个 Servlet 控制器。另外,主界面需要用一个 Servlet 控制器获取整个数据集合以便列表显示。

　　这 6 个 Servlet 需要在 Web. xml 中进行配置,其配置代码如下:

```
<servlet>查询某个学生 Servlet 定义
    <display-name>showStudent</display-name>
    <servlet-name>showStudentServlet</servlet-name>
    <servlet-class>control.ShowStudentServlet</servlet-class>
  </servlet>
  <servlet>列表显示学生 Servlet 定义
    <servlet-name>ListStudentServlet</servlet-name>
    <servlet-class>control.ListStudentServlet</servlet-class>
  </servlet>
  <servlet>新增学生 Servlet 定义
    <servlet-name>insertStudentservlet</servlet-name>
    <servlet-class>control.Insertservlet</servlet-class>
  </servlet>
  <servlet>删除学生 Servlet 定义
    <servlet-name>deleteStudentservlet</servlet-name>
    <servlet-class>control.Deleteservlet</servlet-class>
  </servlet>
  <servlet>修改前 Servlet 定义
    <servlet-name>updateStudentservlet</servlet-name>
    <servlet-class>control.Updateservlet</servlet-class>
  </servlet>
  <servlet>修改 Servlet 定义
    <servlet-name>doupdateStudentservlet</servlet-name>
    <servlet-class>control.DoUpdateservlet</servlet-class>
  </servlet>


  <servlet-mapping>查询某个学生的 Servlet 对应的 URL 定义
    <servlet-name>showStudentServlet</servlet-name>
    <url-pattern>/showStudent.do</url-pattern>
  </servlet-mapping>
  <servlet-mapping>列表显示 Servlet 对应的 URL(入口地址)定义
    <servlet-name>ListStudentServlet</servlet-name>
    <url-pattern>/ListStudentServlet.do</url-pattern>
  </servlet-mapping>
<servlet-mapping>新增 Servlet 对应的 URL 定义
    <servlet-name>insertStudentservlet</servlet-name>
    <url-pattern>/InsertStudentservlet.do</url-pattern>
  </servlet-mapping>
  <servlet-mapping>删除 Servlet 对应的 URL 定义
    <servlet-name>deleteStudentservlet</servlet-name>
    <url-pattern>/DeleteStudentservlet.do</url-pattern>
  </servlet-mapping>
  <servlet-mapping>修改前 Servlet 对应的 URL 定义
    <servlet-name>updateStudentservlet</servlet-name>
```

```
        <url-pattern>/UpdateStudentservlet.to</url-pattern>
    </servlet-mapping>
    <servlet-mapping>修改 Servlet 对应的 URL 定义
        <servlet-name>doupdateStudentservlet</servlet-name>
        <url-pattern>/DoUpdatStudenteservlet.do</url-pattern>
    </servlet-mapping>
```

Servlet 控制器的配置在 MyEclipse 中可以自动生成。其中，ListStudentServlet 的 URL(ListStudentServlet.do)是整个模块的入口地址。

2. 主界面

通过模块的入口地址：http://localhost:8080/studentmanager/ListStudentServlet.do,可以进入主界面(其程序处理流程如图 6-8 所示)。

模块的地址，先调用 Servlet：ListStudentServlet.java，其功能是调用 SearchStudent.java 模型获取所有数据，然后到 studentlist.jsp 中进行显示。

ListStudentServlet.java 中关键代码及解释如下：

```
//调用 SearchStudent 模型,并将数据集合 list 存放到 request 中供 JSP 文件显示
SearchStudent students=new SearchStudent();    //实例化模型
List list=students.search();                   //执行模型中的方法
request.setAttribute("studentlist", list);     //保存到 request 中
//跳转到 studentlist.jsp
request.getRequestDispatcher("/jsp/studentlist.jsp").forward(request,
response);                                      //转发到学生列表显示界面
```

上述控制器代码逻辑比较简单，即调用模型，将查询到的结果存放到 request 中供 JSP 显示，然后跳转到 studentlist.jsp 等待用户的进一步操作。

模型 SearchStudent.java 中关键代码及解释如下：

```
//search()方法返回 list 集合
public list search(){                          //方法的定义,返回值为 list 集合类型
    list studentlist=null;
    String sql="select * from student";        //数据库查询
        ⋮
  while(rs.next()){
        Student student=new Student();         //根据实体类创建值对象
        student.setId(rs.getInt("id"));        //给该对象赋值
        student.setName(rs.getString("name"));
        student.setAge(rs.getInt("age"));
        student.setSex(rs.getString("sex"));
        student.setGrade(rs.getString("grade"));
        student.setScore(rs.getFloat("score"));
        studentlist.add(student);              //将该对象放到 list 集合中
    }
```

⋮

```
        return studentlist;                    //返回获取的 list 集合
}
```

上述模型中的关键代码,首先是数据库操作的 SQL 语句及其执行。它根据用户的不同要求定义不同的 SQL 语句(或称为业务逻辑的不同)。执行以后的结果存放到 list 集合中并返回给调用者,该集合是 Student 类型的对象。

页面 studentlist.jsp 中关键代码及解释如下:

⋮

```
<a href="jsp/studentinsert.jsp">新增</a>       //新增功能入口
```

⋮

```
//循环列表显示 request 中存放的学生信息,EL 表达式获取 request 中的值对象数据
<c:forEach var="studentitem" items="${studentlist}">   //JSTL 标签循环
            <tr>
                <td >
                    ${studentitem.id}          //EL 表达式获取 request 中的数据
                </td>
                <td >
                    ${studentitem.name}
                </td>
                <td >
                    ${studentitem.age}
                </td>
                <td >
                    ${studentitem.grade}
                </td>
                <td >
                    ${studentitem.score}
                </td>
                <td >                //修改功能入口,并通过 request 传递参数 id
    <a href="UpdateStudentservlet.to?id=${studentitem.id}">修改</a>
                </td>
                <td >                //删除功能入口,并通过 request 传递参数 id
    <a href="showStudent.do?id=${studentitem.id}">删除</a>
                </td>
            </tr>
        </c:forEach>
```

注意:上述代码中新增、修改、删除功能的入口。对于修改、删除功能,则需要传递一个参数,即被修改或删除的学生 id 号(它是列表中的数据对象的 id 属性)。

3. 新增子功能模块

从主界面 studentlist.jsp 中的新增功能入口,进入该子模块的程序执行,其程序执行

过程如图 6-9 所示。

新增功能的入口链接：＜a href＝"jsp/studentinsert.jsp"＞新增＜/a＞，进入新增数据的输入界面 studentinsert.jsp，其主要代码如下：

```html
<h1>插入学生信息</h1>
<form action="../InsertStudentservlet.do" method="post">
        <p>学号：<input type="text" name="id"></p>
        <p>姓名：
        <input type="text" name="name" />
        <br></p>
        <p>性别：
        <input type="text" name="sex" />
        <br></p>
         <p>年龄：
        <input type="text" name="age" />
        <br></p>
        <p>   班级：
        <input type="text" name="grade" />
        <br></p>
        <p>   成绩：
        <input type="text" name="score" />
        <br></p>
        <input type="submit" value="提交" />
        <input type="reset" value="重置" />
</form>
```

上述代码比较简单，只是一个数据输入的 form 表单，但注意它的 action 是一个 Servlet：InsertStudentservlet.do，即新增功能的控制器，它将完成数据库的新增操作并返回主界面。

该控制器程序文件 Insertservlet.java 的关键代码及解释如下：

```java
request.setCharacterEncoding("gbk");
//直接通过 request 获取 form 表单中的数据，请注意数据类型的转换
int id=Integer.parseInt(request.getParameter("id"));
String name=request.getParameter("name");
String sex=request.getParameter("sex");
int age=Integer.parseInt(request.getParameter("age"));
String grade=request.getParameter("grade");
float score=Float.parseFloat(request.getParameter("score"));
//调用模型，实现数据库新增操作
InsertStudent model=new InsertStudent();
model.insert(id, name, sex, age, grade, score);          //注意参数的对应
//通过主界面入口返回主界面
response.sendRedirect("ListStudentServlet.do");
```

上述控制器的代码主要完成：通过 request 对象获取 JSP 中 form 表单用户的数据，调用模型 InsertStudent.java，完成数据库插入操作，并返回主界面。

模型 InsertStudent.java 的关键代码及解释如下：

```
public int insert(int id,String name,String sex,int age,String grade,float
score){
        int a=0;  //返回操作是否成功的标志
        try {
            Connection conn=s.getConnection();
            //SQL语句定义数据库操作逻辑
            String sql="insert student values(?,?,?,?,?,?)";
            ps=conn.prepareStatement(sql);
            //以下给各个参数赋值,其中数字对应参数次序
            ps.setInt(1, id);
            ps.setString(2, name);
            ps.setString(3, sex);
            ps.setInt(4,age);
            ps.setString(5,grade);
            ps.setFloat(6,score);
            a=ps.executeUpdate();              //执行操作
            s.closeAll(conn,ps,rs);
        } catch (SQLException e) {
            e.printStackTrace();
        }
        return a;
    }
```

模型 InsertStudent.java 主要是：定义 SQL 插入语句，传递需要插入的数据，执行 SQL 语句。控制器调用该模型完成操作后，通过模型入口进入主界面。这时就可以看到一个新增加的学生信息。

4. 修改子功能模块

从主界面 studentlist.jsp 中的修改功能入口，进入该子模块的程序执行，其程序执行过程如图 6-10 所示。

修改功能的入口链接：<a href="UpdateStudentservlet.to?id=${studentitem.id}">修改</a>，是调用一个带参数的 Servlet 控制器 UpdateServlet.java，该参数是需修改的学生 id。该控制器的功能是，通过传递的 id 参数，查询该学生，并把查询到的数据存放到 request 对象中，跳转到 studentupdate.jsp 供用户修改。控制器 Updateservlet 的主要代码如下：

```
String id=request.getParameter("id");
   ⋮
Integer studentId=Integer.valueOf(id);
```

⋮

```
          //调用查询方法,得到学生数据
SelectStudent students=new SelectStudent();
Student student=students.load(studentId);
//将管理员数据保存到 request 中
request.setAttribute("student", student);
          //转发到 student.jsp
request.getRequestDispatcher("/jsp/studentupdate.jsp").forward(request,
response);
```

上述控制器调用模型 SelectStudent.java,将学号为 id 中数据的学生查询出来,供用户修改。该模型的关键代码及解释如下。

```
public Student load(Integer id) {            //根据 id 进行查询的方法定义
        Student student=null;                //查询结果返回一个 Student 的对象
          //根据 id 查询 SQL 的语句定义
        String sql="select * from student   where student.id=?";
        try {
            Connection conn=s.getConnection();
            ps=conn.prepareStatement(sql);
            ps.setInt(1, id.intValue());
            rs=ps.executeQuery();
            if(rs.next()){
                student=new Student();       //以下为查询结果存到值对象中
                student.setId(rs.getInt("id"));
                student.setName(rs.getString("name"));
                student.setSex(rs.getString("sex"));
                student.setAge(rs.getInt("age"));
                student.setGrade(rs.getString("grade"));
                student.setScore(rs.getFloat("score"));
            }
            s.closeAll(conn,ps,rs);
        } catch (Exception e) {
            e.printStackTrace();
        }
            return student;                  //查询结果返回
    }
```

上述模型代码主要完成:通过 id 查询一个学生信息并存放到 Student 值对象中供以后修改。修改界面为 studentupdate.jsp。该修改界面从 request 对象中获取该学生信息,通过 form 表单显示在<input >输入框中,供用户修改。

修改界面为 studentupdate.jsp,其关键代码及解释如下:

```
<form action="DoUpdatStudenteservlet.do?id=${student.id}" method="post">
<p>学号:${student.id}    </p>
```

```
<p>姓名:<input type="text" name="name" value="${student.name}" /><br></p>
<p>性别:<input type="text" name="sex" value="${student.sex}" /><br></p>
<p>年龄:<input type="text" name="age" value="${student.age}" /><br></p>
<p>班级:<input type="text" name="grade" value="${student.grade}" /><br></p>
<p>成绩:<input type="text" name="score" value="${student.score}" /><br></p>
    <input type="submit" value="修改" />
    <input type="reset" value="重置" />
</form>
```

该界面显示该学生的信息并可以进行修改,修改完后则通过 form 中的 action＝ "DoUpdatStudenteservlet.do?id＝${student.id}"调用修改控制器 Servlet,实现真正对数据库的修改操作。该控制器 DoUpdateservlet.java 的关键代码与解释如下:

```
request.setCharacterEncoding("gbk");
//获取 JSP 中的各数据
int id=Integer.parseInt(request.getParameter("id"));
String name=request.getParameter("name");
String sex=request.getParameter("sex");
int age=Integer.parseInt(request.getParameter("age"));
String grade=request.getParameter("grade");
float score=Float.parseFloat(request.getParameter("score"));
//调用修改模型,执行数据库的修改操作
UpdateStudent model=new UpdateStudent();
model.update(id, name, sex, age, grade, score);
//跳到主界面
response.sendRedirect("ListStudentServlet.do");
```

上述修改操作的控制器代码,完成获取修改页面的数据,调用修改模型执行数据库修改操作,最后返回主界面。

修改模型 UpdateStudent.java 主要是:定义 SQL 修改语句,传递需要修改的数据,执行 SQL 语句。控制器调用该模型完成操作后,通过模块入口进入主界面。这时就可以看到该学生的信息修改成功。

模型 UpdateStudent.java 的主要代码如下:

```
public int update(int id, String name, String sex, int age, String grade, float
score){                //定义修改方法,其中的参数为修改后的数据
      int a=0;
      try{
            Connection conn=s.getConnection();
            //定义修改 SQL 语句
            String sql="update student set name=?,sex=?,age=?,grade=?,
            score=? where id=?";
            ps=conn.prepareStatement(sql);
            //传递各参数,其中数字对应参数次序
            ps.setInt(6, id);
```

```
                ps.setString(1, name);
                ps.setString(2, sex);
                ps.setInt(3,age);
                ps.setString(4,grade);
                ps.setFloat(5,score);
                a=ps.executeUpdate();              //执行修改
                s.closeAll(conn,ps,rs);
            } catch (SQLException e) {
                e.printStackTrace();
            }
            return a;                              //返回修改操作结果状态标记
        }
```

上述模型 UpdateStudent.java 是完成对数据库修改(Update)操作的代码,它由控制器 DoUpdateservlet.java 调用执行。完成修改后,控制器 DoUpdateservlet.java 将控制转到主界面,并可以从主界面看到修改后的数据。

5. 删除子功能模块

从主界面 studentlist.jsp 中的删除功能入口,进入该子模块的程序执行,其程序执行过程如图 6-11 所示。

主界面中删除功能的入口链接为:

```
<a href="showStudent.do?id=${studentitem.id} ">删除</a>
```

调用一个带参数的 Servlet 控制器 ShowStudentServlet.java,该参数是需删除的学生 id。该控制器的功能是:通过传递的 id 参数,查询该学生,并把查询到的数据存放到 request 对象中,跳转到 studentdelete.jsp 供用户确认是否是要删除的学生。控制器 ShowStudentServlet.java 的主要代码如下:

```
//获取参数 id 的数据
String id=request.getParameter("id");
        ⋮
    Integer studentId=Integer.valueOf(id);
    //调用查询模型方法,得到学生数据
    SelectStudent students=new SelectStudent();
    Student student=students.load(studentId);
        //将学生数据保存到 request 中
    request.setAttribute("student", student);
    //转发到 studentshow.jsp
request.getRequestDispatcher("/jsp/studentshow.jsp").forward(request,
response);
```

上述控制器通过调用模型 SelectStudent.java,将学号为 id 中数据的学生查询出来,供用户确认是否删除。该模型 SelectStudent.java 在上小节"删除子功能模块"中已经介

绍,其调用的方法的定义是:

```
public Student load(Integer id) { … }
```

即通过学生 id 号,查询一个 Student 类型的值对象,其代码这里不再赘述。

控制器 ShowStudentServlet. java 通过调用该模型获取要删除的数据,然后返回一个 JSP 页面进行显示,供用户删除参考。该界面为: studentshow. jsp。

删除确认界面 studentshow. jsp 的关键代码及解释如下:

```
<table align="center" width="360" border="1" cellspacing="0"
        cellpadding="5">
//下面是显示要删除的数据,供用户参考以便确认是否真要删除
        <tr>
            <td align="center">    编号        </td>
            <td>${student.id}    </td>
        </tr>
        <tr>
            <td align="center">    姓名    </td>
            <td>${student.name}    </td>
        </tr>
        <tr>
            <td align="center">    性别    </td>
            <td>${student.sex}</td>
        </tr>
        <tr>
            <td align="center">    班级    </td>
            <td>    ${student.grade}</td>
        </tr>
        <tr>
            <td align="center">    年龄</td>
            <td>${student.age}</td>
        </tr>
        <tr>
            <td align="center">    成绩</td>
            <td>    ${student.score}    </td>
        </tr>
    </table>
    <table align="center" width="360" border="0">
<tr>
<td align="center">
//删除功能,调用删除 Serlvet
    <form action="DeleteStudentservlet.do?id=${student.id}" method="post">
        <input type="submit" value="删除">
</form>
</td>
```

```
<td align="center">
//放弃删除,通过主界面入口 URL 回到主界面
    <form action="ListStudentServlet.do" method="post">
        <input type="submit" value="返回">
    </form>
</td>
</tr>
</table>
```

该界面显示该学生的信息并可以进行删除、放弃返回操作。

删除通过 form 中 action＝"DeleteStudentservlet. do? id＝ ${student. id}"调用删除控制器 Servlet,实现真正对数据库的删除操作,否则通过主界面入口 URL 回到主界面。该控制器 Deleteservlet. java 的关键代码与解释如下:

```
request.setCharacterEncoding("gbk");
//获取需删除学生的 id
int id=Integer.parseInt(request.getParameter("id"));
//调用模型进行数据库删除
DeleteStudent model=new DeleteStudent();
model.delete(id);
//删除后返回主界面
response.sendRedirect("ListStudentServlet.do");
```

上述删除操作的控制器代码,先获取需删除的学生的 id,调用删除模型执行数据库删除操作,最后返回主界面。

删除模型 DeleteStudent. java 主要是:定义 SQL 修改语句,传递需要删除学生的 id,执行 SQL 语句。控制器调用该模型完成删除操作后,通过模块入口进入主界面。这时就可以看到该学生的信息成功删除。

删除模型 DeleteStudent. java 的主要代码如下:

```
public int delete(int id){
    int a=0;
    try {
        Connection conn=s.getConnection();
        String sql="delete from student where student.id=? ";
        ps=conn.prepareStatement(sql);
        ps.setInt(1, id);
        a=ps.executeUpdate();
        s.closeAll(conn,ps,rs);
    } catch (SQLException e) {
        e.printStackTrace();
    }
    return a;
}
```

上述模型 DeleteStudent.java 是完成对数据库删除(Delete)操作的代码,它由控制器 DeleteServlet.java 调用执行。完成删除后,控制器 DoUpdateServlet.java 将控制转到主界面,并可以从主界面看到删除后的学生列表没有该学生的信息。

6.5　模块模型层的优化

上述案例 6-2 中模型层中所有的类均有一个共同点,即均是对学生信息的操作,最终落实到对同一数据库表 student 的操作;其次,创建数据库连接等数据处理代码相同,这些均可以放到一起共用,从而优化模型的处理程序。

可以在不改变视图层的情况下,对模型层进行优化。即通过一个 Java 类存放对数据库表的增加、删除、修改、查询操作的方法,并且这些方法中的逻辑处理代码不需做任何改变。

【案例 6-3】　优化学生信息管理模块代码,使其模型层的类均放在一个 Java 类程序文件中。

由于"学生信息管理模块"的程序代码有许多共同的特征,故将它们的方法合并到一个类中。这个类取名为 StudentModel.java,用于存放与"学生信息管理"相关的各处理方法。这样,就使得程序代码优化简洁,今后以此原则将不同的处理放到不同的模块处理模型中,使整个程序结构比较合理。

优化前后对应的具体程序如表 6-5 所示。

表 6-5　"学生信息管理"模块优化前后模型层中程序对应

优化前模型层		优化后模型层	
类文件	方法	类文件	方法
SelectStudent.java	List search()	StudentModel.java	不变,同优化前
SearchStudent.java	Student load(Integer id)		不变,同优化前
InsertStudent.java	**int** insert(**int** id,String name,String sex,**int** age, String grade,**float** score)		不变,同优化前
UpdateStudent.java	**int** update(**int** id,String name,String sex,**int** age, String grade,**float** score)		不变,同优化前
DeleteStudent.java	**int** delete(**int** id)		不变,同优化前

虽然优化时视图层的 JSP 文件不需要做任何修改,但控制器中要做一点程序修改,即需要将形如:

```
SelectStudent model=new SelectStudent()
```

等均改为

```
StudentModel model=new StudentModel()
```

其他程序不需要做任何改动。优化后的程序操作与图 6-4 相同,操作功能相同。

本章介绍了一个功能模块的 MVC 实现,其他功能模块实现方法均相同。这些功能模块实现后,就可以放到一个统一的运行环境中(或架构中)交互运行,这样一个软件就会逐步被开发出来。

小　　结

软件是由功能模块组成的,每个功能模块可以用 MVC 模式进行开发。本章结合前面章节介绍的 JSP、Servlet、JavaBean 技术介绍了 MVC 的概念及软件开发,并通过案例引导读者建立软件按"模块"为单元进行分解、各个模块又通过 MVC 技术进行分层设计与实现。该模块由于是面向用户业务应用的分解与实现,所以又称为"域模块"或"领域模块"。

在面向对象的程序开发教学中,一般的教材往往将软件的开发单位从"类(Class)"开始。其实,不管模型、控制器、甚至界面都可以认为是一种类,如果软件开发是以"类"为单位进行的,就很容易让人进入一种混乱状态。这也是以模块为单位、以分层来实现的原因与优势所在。

本章还通过一个完整的"学生信息管理"模块 MVC 模式的开发案例,介绍了一个软件模块开发时,功能需求、模块分解(包括增加、删除、修改、查询子模块)、数据库设计以及 MVC 模式的代码实现,并用相应的文字、图形、代码等形式描述这些开发的内容。通过该案例,读者可以了解基于 MVC 的 JSP 技术进行软件开发的整个过程与技术文档表示。

本章介绍的"功能模块"更准确地说应该是业务领域处理的功能模块,或称为域功能模块。因为从软件开发角度来说,只要是完成某个相对对立功能的代码或代码段,或者代码的组合都可以称为模块。模块可大可小,类型繁多。而本章介绍的是完成某个业务操作功能的模块。另外,通用的功能模块也是模块,但不属于本章介绍的范围。所以说,本章涉及的功能模块属于域模块类型。

习　　题

一、填空题

1. 软件可以认为是由功能模块组成的,可以从模块的角度对软件进行_____,从而使软件开发者更容易把握软件的结构,从而有利于软件的开发。

2. 一个软件的功能模块,分别可以用 JSP、Servlet、JavaBean 技术开发其_____、_____和_____。

3. 软件的各模块开发成功后,需要通过_____使得软件成为一个整体。

4. MVC 模式的开发 M、V、C 分别表示_____、_____和_____。

二、简答题

1. 基于 MVC 的软件开发有什么优点与不足?

2. 一个软件是如何分解成一个个模块的？即如何获取或得到软件的功能模块？

3. 用本书已介绍的软件开发技术，一个软件的功能模块的 MVC 各层是如何实现的？

4. 在一个软件模块的开发过程中，常用到实体类的创建。请问依据什么来创建实体类，实体类在整个模块中有什么作用？软件各层是如何操作以实体类实例化的数据对象的？

综 合 实 训

实训 1   在仓库管理软件中，不但有对货物清单的记录，还包括货物的进货、出货、盘点等操作。请参考相应的仓库管理文献，对仓库管理软件进行功能模块的设计与分解。

实训 2   对实训 1 分解的仓库管理功能模块分别进行 MVC 的实现。

实训 3   软件的开发过程中往往有后台的操作员及权限管理，请设计软件后台管理子系统的各模块，并进行 MVC 的实现。

第7章

在软件架构下集成各功能模块

本章学习目标

- 了解软件的模块分解、模块集成的概念。
- 了解软件架构的概念、内容及其作用。
- 熟练掌握用 JSP 技术实现统一操作界面的方法。
- 了解与掌握基于统一操作界面将模块集成一个整体软件的开发方法。

软件是由各功能模块组成的,第 6 章介绍的软件功能模块的实现只是软件的一个部分,一个软件会由许许多多这样的模块组成,由这些模块组成软件的整体功能(业务操作功能)。软件的各个模块既相互独立,又相互联系。它们的独立性体现在各自有自己的功能、代码,它们的联系体现在它们之间的交互与调用。

如何组织、安排好这些模块在一起有序地运行,并且利于软件开发的顺利进行,则需要对软件的结构与构成进行总体设计与规划。这就是本章提出的在软件架构下集成各功能模块。系统架构从总体角度设计软件的整体结构、各部件的功能及它们之间的交互,以及那些通用部件。

软件架构是团队开发的基础,只有在稳健的软件架构下,软件的开发才能有序地进行。本章通过案例介绍软件项目的功能如何分解,然后将这些分解后分别实现的模块在一个统一运行的界面中进行调用与运行。

7.1　问题的提出

第 6 章介绍了一个功能模块的 MVC 实现。但是一个软件是由许多模块组成的,这些模块在运行时可能互相交互,它们的关系有可能很复杂。如果我们没有一个好的操作界面与组织模式,这个软件就会很不好使用。

另外,当软件的各个模块开发好后,也需要将它们组装在一起形成一个整体,即完整软件的实现。这个工作就是软件的集成或称软件的组装。软件的集成是软件开发的一个重要任务。

软件的集成是与软件模块分解相反的操作。在进行软件设计时,将一个完整软件分解为多个模块,然后分别实现;最后又将这些开发好的模块通过集成形成一个软件的整体。

7.1.1 软件项目的功能模块分解

模块化原则是软件设计的重要原则之一。也就是说,在软件开发时一般要对软件进行模块化。即在设计时,需先将软件分解成不同的模块,这些模块能构成软件的整体功能。然后在编码时对这些模块一个一个地实现,最后通过集成将它们组成一个完整的软件。

模块化体现了将大事化小,然后各个击破的做事原则。

例如,高校学生管理系统不但包括学生信息,还包括教师信息、课程信息和学习成绩信息。在该软件的开发时就需要将它们分解为不同的模块。这些模块构成了学生管理系统(如图 7-1 所示)。

图 7-1 学生管理系统模块组成

图 7-1 示意了一个软件的模块分解,分解后的模块还可以如此分解下去,直至程序员能理解如何做为止(见第 6 章图 6.3 中对学生信息管理的进一步分解)。如此对要开发的软件进行模块分解,就是所谓的模块化。软件模块化是软件设计阶段应做的事情。

7.1.2 软件的模块集成

软件的模块化是为了将大问题变成小问题然后一个一个去实现这些小问题。软件各功能模块的分解完成后,就可以对这些模块分别进行实现了。这些模块是相对独立的软件,在实现过程中可以单独进行编码与单元测试。

当这些模块编码完成并通过单元测试后,就可以放在一起运行了。这个过程就是所谓的软件集成。

由于在软件模块的开发过程中,只是局部功能的实现,它们在一起的相互操作没有运行过,只是在单元测试阶段模拟了互相的调用测试,所以当它们在一起的时候是否能按设计要求运行,也需要进行集成后的测试。

其实,最终软件是要通过集成完整软件的组装,才算完成了软件的开发任务。

7.1.3 软件集成的相关技术工作

如果软件设计得好,集成时只要将软件的各个模块代码复制在一起,就完成了集成工作。但是软件集成是这么简单的吗?

软件模块在集成前,可能需要先部署好一些公共的软件部件,即各个模块的一些共性的部分需要先实现并在系统中支持各模块的运行。例如:上述各模块可能均要对数据库进行操作,那么获取数据库连接的处理,就可抽象为一个公共部件,先开发出来并部署好。如果每个模块都有自己的数据库连接获取的处理代码,这样既增加了软件的冗余度,也不利于今后代码的阅读与维护。

所以,在软件集成前,需要定义与部署软件各模块运行的技术支持,包括运行互相调用的运行环境与底层的技术支持部件。这些部件提供了各个模块的公共系统支持,各个业务功能模块在设计时在满足了这些公共部件的接口要求后,集成时只要复制业务处理模块的代码(公共部分的代码不需要复制),就完成了集成工作。

总结上述提到的技术工作,包括以下几点:

- 模块运行的公共系统环境部件。
- 公共的底层技术支撑部件。

这些工作是在所谓的软件架构设计时进行考虑与设计的,所以又称为软件总体架构设计。在软件架构设计时,架构师要考虑系统运行环境如何布局、采用何种技术、与模块的接口标准,以及底层采用何种技术、底层技术的配置与实现等。

有了这些公共部件后,软件各模块按其要求进行编码实现,那么集成起来就是一件简单的事情了。

7.2　软件架构简介

7.2.1　以架构为中心的开发方法

软件开发时先确定软件架构,再基于该软件架构进行并行开发,称为"以架构为中心的开发方法"。它综合利用了"分而治之"的方法,利于控制软件复杂性、提高软件开发效率。

所谓的软件架构是一种高层设计,是系统开发策略的定义与选择,是关于如何构建软件的一些最重要的设计决策。这些决策往往是围绕将系统分为哪些部分、各部分之间是如何交互展开等问题的。软件架构是团队开发的基础,有了软件架构,很多技术、标准都能确定,不会由于某个程序员的"即时"发挥而使软件增大后导致的不可控。

软件架构是高层设计,而各个模块的设计相对来说属于底层设计,这些设计需要在技术上对接。所以在软件架构时就需要考虑这些细节,如各自做什么工作、接口标准是什么、采用何种技术去实现等。

软件架构作为高层设计,存在着到底设计到什么程度的问题。如果过多地限定了底层的内容,就可能导致过度设计,不利于今后的开发。其实软件架构设计到"能为开发人员提供足够的指导和限制"的程度就可以了。

软件的接口与实现的分离的选择、架构设计与底层详细设计的分离程度的选择等,均是属于架构方面的问题。

软件架构的优势在于,有了软件架构设计方案之后,确定了"架构中包含了关于软件各元素应如何彼此相关等信息",从而可以把不同模块分配给不同的小组进行分头开发。而软件架构(其确定的设计方案)则在这些小组中间扮演"桥梁"和"合作契约"的作用。每个小组的工作覆盖了"整个软件的一部分",各小组之间可以互相独立地进行并行工作,从而实现了"分割问题,各个击破"的策略。

　　稳定的软件架构是未来软件顺利进行的基础。以架构为中心的开发有利于解决技术复杂性与管理复杂性问题,所以它有利于大规模软件的开发。

7.2.2 软件架构设计时的工作内容

　　根据软件架构的定义,软件架构是一种高层设计与决策。软件架构设计是解决全局性的、涉及不同"局部问题"之间交互的设计问题。这些工作包括与整体相关的那些内容,如接口和实现分离的设计,表示层、模型层、控制层和数据层的设计与技术选择等。

　　接口和实现分离的设计,是指在架构设计时无需深入到一个子系统的实现细节中去,而是分而治之,先确定该子系统的接口。接口的设计是先定义一个子系统为其他子系统提供服务的契约。软件架构通过明确每个子系统所要实现的接口及所要调用的接口,为我们展现了一个软件系统如何分割为多个相互协作的子系统。

　　又例如,表示层、模型层、控制层和数据层的开发往往需要不同的技术,不但可以将这些层分派给不同的小组承担,而且可以选择为各个局部模块提供统一的技术基础平台。例如:可以选择 JSP＋Servlet＋JavaBean 技术实现 MVC 模式的开发,也可以选择 Struts 2＋Hibernate 或采用 Spring 技术实现。这是软件架构设计时要考虑与确定的。

　　相对于架构的全局性设计,对于模块的具体设计属于"局部"的详细设计。它在软件架构所提供的"合作契约"的指导之下,使得众多局部问题被很好地"按问题广度分而治之"地并行进行。而详细设计是指针对每个部分的内部进行设计。随着软件开发的规模和复杂度的增加,将架构设计和详细设计分离已成为普遍的做法。设计和制定系统全局性整体结构这类问题,这就是软件架构的设计。

　　例如,第 6 章介绍学生管理系统只是一个模块的实现,它的 MVC 技术、数据处理层等属于公共规范与内容,它属于软件架构的范畴;而各个模块的实现,只要在此"契约规定"下,做好自己的 JSP 界面、模型层、控制器就可以了。

　　另外,要使该模块能在统一的环境下运行,还需要一个统一的运行环境。

7.3 学生管理系统各模块的统一运行环境

　　本章图 7-1 的学生管理系统模块组成包括学生信息管理模块、教师信息管理模块、课程信息管理模块和成绩管理模块。这些模块是可以单独实现与运行的(见第 6 章介绍的"学生信息管理模块"的实现)。但是,这些模块开发成功后,需要在一个统一的界面中操作与管理运行(见后图 7-3)。

　　设计与开发一个各模块统一的运行界面与环境也是软件架构设计的任务,因为它也是软件全局性的工作。

7.3.1 统一运行界面的设计

　　上述 4 个模块(学生信息管理模块、教师信息管理模块、课程信息管理模块和成绩管理模块)均可以独立运行(见第 6 章图 6-4"学生信息管理"模块功能演示图 6-4(a)～图 6-4(g),其他模块类似)。如果我们不改这些模块的代码,使得它们在一个统一的界面下运行,集成工作就会非常简单(运行效果如图 7-3、图 7-4 所示)。下面介绍统一运行的主界面的设计与实现。

1. 主界面的设计

可以设计一个统一的学生管理系统的主界面,将所有的学生管理相关的功能模块在其中进行集中展现,该主界面的设计格式如图 7-2 所示。

图 7-2　学生管理系统统一界面的设计

该统一主界面包括 5 个部分:Logo 区、标头区、菜单导航区、内容区、页脚区。其中菜单导航区是各个模块的入口地址,即是调用各个功能模块的菜单,当通过该菜单调用某个模块后,则该模块就在内容区中运行(而不是如图 6-4 所示地独立运行)。

2. 学生管理系统主界面运行效果展示

图 7-2 实现的学生管理系统的统一运行主界面如图 7-3 所示。为了简单起见,在该主界面中有一个标头区、菜单导航区、内容区、页脚区 4 个区。其中菜单导航区是该系统的 4 个模块的入口;而内容区则是各个模块运行的界面。

7.3.2　统一运行界面的实现

【案例 7-1】　设计学生管理系统各模块的统一运行主界面,使学生管理系统 4 大模块(学生信息管理、教师信息管理、课程信息管理、成绩管理)在其中以统一的形式运行。

1. 实现思路

首先分别实现各个模块的程序代码,每一个模块均有一个 URL 入口,例如学生信息管理模块为一个 Servlet,其 URL 为 ListStudentServlet.do,则在主菜单的导航区中对应"学生管理"的入口就为一个超链接。

```
<a href="ListStudentServlet.do" target="right">学生管理</a>
```

同理,其他模块的入口地址也是一个超链接。我们单击图 7-3 左侧的菜单项时,各个功能模块的操作就可以在中间的内容区进行展现与操作。

在图 7-3 中,默认情况是运行"学生信息管理"模块,即主界面运行时就调用该模块的 URL,用户也可以通过单击主界面左侧的"学生管理"选项进入该操作界面。

学生信息管理包括学生信息列表,以及在其上的新增、修改、删除功能。在第 6 章的图 6-4(a)～图 6-4(g)中已经演示过这些功能的操作;但如果在统一界面下其操作功能相

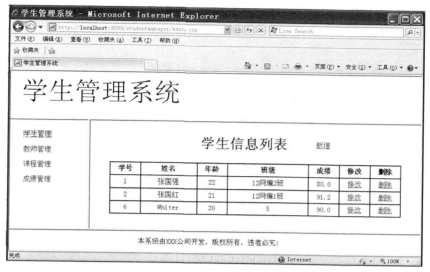

图 7-3　学生管理系统运行界面

同,则如图 7-4(a)~图 7-4(c)所示。

在图 7-3 和图 7-4(a)~图 7-4(c)中,是在统一操作界面中对学生信息管理进行操作。这些操作均有一个相同的界面与运行环境。

2. 统一运行主界面的实现

为了简单起见,我们将主界面分为 4 个部分,即标头区、菜单导航区、内容区和页脚区。这 4 个区域的实现是由 4 个 JSP 文件通过框架(<frame>)组装而成的。这 4 个 JSP 文件见表 7-1 说明。

表 7-1　主界面的程序文件组成说明

主界面区域	程序文件	说　　明
主程序及内容区	main.jsp	主程序文件,它通过框架组装了其他三个文件而构成整个主界面
标头区	top.jsp	顶部标头区的显示内容
菜单导航区	left.jsp	左边菜单导航区显示的内容
页脚区	footer.jsp	底部页脚区显示的内容

下面分别介绍上表中 4 个 JSP 程序文件的代码,主程序 main.jsp 的代码如下:

```
<%@page language="java" import="java.util.* " pageEncoding="UTF-8"%>
<!DOCTYPE HTML PUBLIC "-//W3C//DTD HTML 4.01 Transitional//EN">
<html>
<head>
<title>学生管理系统</title>
</head>
<frameset rows="110,*,50" frameborder="yes">
```

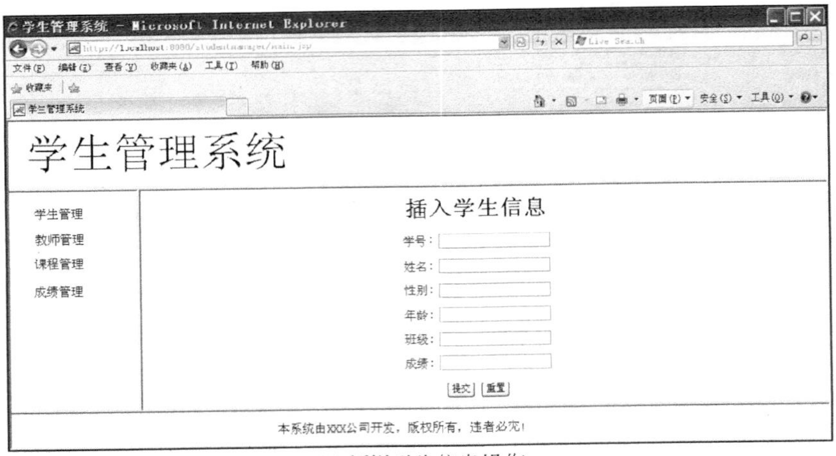

(a) 新增学生信息操作

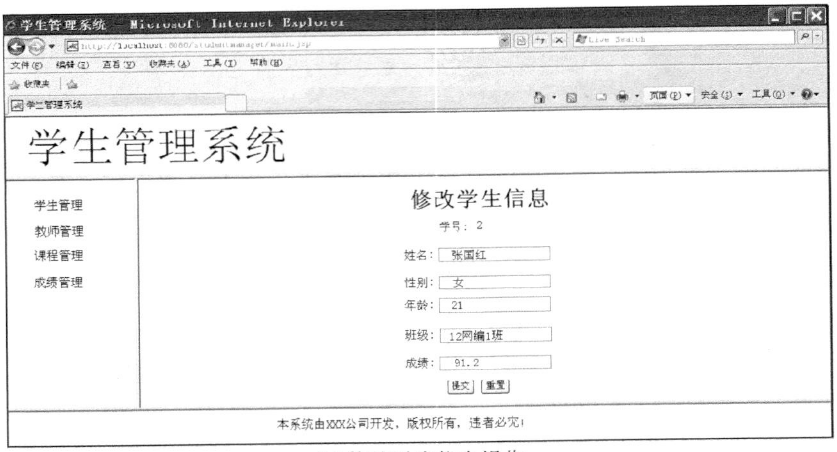

(b) 修改学生信息操作

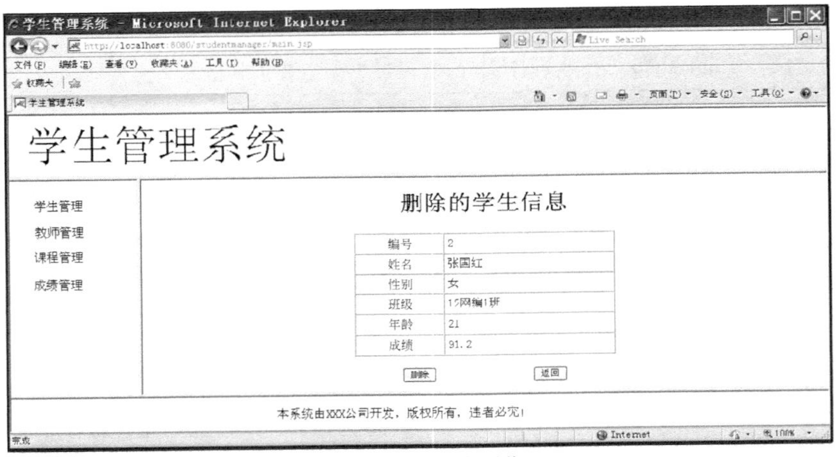

(c) 删除学生信息操作

图 7-4　统一界面中学生信息管理功能操作

```
<frame src="top.jsp" noresize="noresize" />
<frameset cols="200, * " frameborder="yes">
    <frame src="left.jsp" />
    <frame src="ListStudentServlet.do" name="right" />
</frameset>
<frame src="footer.jsp" noresize="noresize" />
</frameset>
<noframes>
    <p>此浏览器不支持框架显示,请使用谷歌浏览器打开。</p>
</noframes>
</html>
```

主界面运行时,在内容区默认运行"学生信息管理"模块。而其他模块则需要通过单击选项运行。这些模块在 JSP 的框架<frame>中运行,但是有些浏览器不支持框架技术,则类似地可以设计统一的显示格式运行。

主界面左边菜单导航区 left.jsp 的代码如下:

```
<%@page language="java" import="java.util. * " pageEncoding="UTF-8"%>
<!DOCTYPE HTML PUBLIC "-//W3C//DTD HTML 4.01 Transitional//EN">
<html>
    <head>
        <title>Left</title>
        <link href="css/style.css" rel="stylesheet" type="text/css">
    </head>
    <body style="padding: 10 0 0 20">
        <p>
    <a href="ListStudentServlet.do" target="right">学生管理</a>
        </p>
        <p>
    <a href="teacherjsp/teacherinfo.jsp" target="right">教师管理</a>
        </p>
        <p>
    <a href="subjectjsp/subjectinfo.jsp" target="right">课程管理</a>
        </p>
        <p>
    <a href="scorejsp/scoreinfo.jsp" target="right">成绩管理</a>
        </p>
    </body>
</html>
```

菜单导航区通过菜单将各个模块分别调到内容区运行。所以只要将各个模块的代码复制到一起,将其运行的 URL 超链接放在菜单导航区的相应菜单中,就可以在主界面中运行了,其中,

```
<a href="ListStudentServlet.do" target="right">学生管理</a>
```

是学生信息管理模块的入口(前面已经介绍过),其他超链接是相应模块的入口 URL。

顶部标头区显示标头信息,其程序 top.jsp 的代码如下:

```
<%@page language="java" import="java.util. * " pageEncoding="UTF-8"%>
<!DOCTYPE HTML PUBLIC "-//W3C//DTD HTML 4.01 Transitional//EN">
<html>
<head>
<title>top.jsp</title>
<link href="css/style.css" rel="stylesheet" type="text/css">
</head>
<body>
    <span class="top_title">学生管理系统</span>
</body>
</html>
```

底部页脚区显示页脚信息,其程序 footer.jsp 的代码如下:

```
<%@page language="java" import="java.util. * " pageEncoding="UTF-8"%>
<!DOCTYPE HTML PUBLIC "-//W3C//DTD HTML 4.01 Transitional//EN">
<html>
    <head>
        <title>footer.jsp </title>
        <link href="css/style.css" rel="stylesheet" type="text/css">
    </head>
    <body>
        <center>
            本系统由 XXX 公司开发,版权所有,违者必究!
        </center>
    </body>
</html>
```

7.3.3 在主界面中其他模块的集成

前面已经介绍过各模块统一运行主界面的设计与实现,也介绍了一个模块"学生信息管理"的实现及在主界面中的运行。那么,其他的模块在主界面中集成与运行是否也相同呢?

答案是肯定的! 即其他各模块只要分别开发完成,将其程序文件复制到项目工程中,在 left.jsp 中修改对应菜单的超链接,就完成了其集成工作,该模块就可以在主界面中运行了。

为了说明问题,每个模块分别用一个 JSP 文件代替(它们不是一个完整功能模块的实现)。

- 教师信息管理模块:teacherjsp/teacherinfo.jsp。
- 课程信息管理模块:subjectjsp/subjectinfo.jsp。
- 成绩管理模块:scorejsp/scoreinfo.jsp。

它们的入口地址为这三个文件的超链接(见上述 left.jsp 中的代码)。将相应的代码复制到项目工程中,就完成了集成。

重新部署项目工程文件,启动服务器,运行主界面程序 main.jsp,就出现完整的软件运行界面(如图 7-3 所示)。

分别单击左边导航选项,教师信息管理、课程信息管理、成绩管理均可在主界面中运行(如图 7-5、图 7-6、图 7-7 所示)。

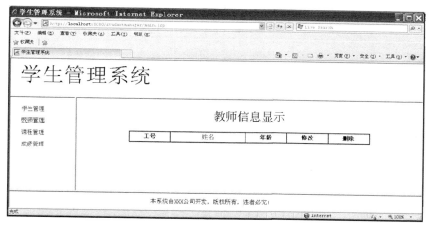

图 7-5 统一界面中教师信息管理功能(功能实现省略)

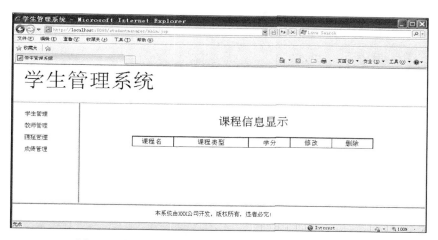

图 7-6 统一界面中课程信息管理功能(功能实现省略)

上述图 7-5、图 7-6、图 7-7 分别展示了其他三个模块:教师信息管理、课程信息管理、成绩管理的运行,并且这三个模块没有同"学生信息管理"模块一样有完整的代码。但是,它们的实现技术完全相同,为了说明简洁、以及篇幅所限,其余模块的实现过程均省略。

7.3.4 软件集成后程序的组织

学生管理系统软件组成包括学生信息管理模块、教师信息管理模块、课程信息管理和

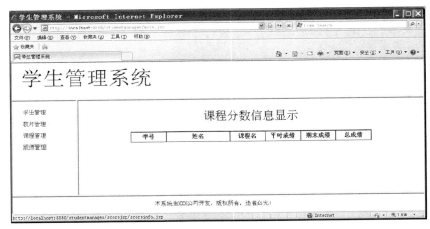

图 7-7　统一界面中成绩信息管理（功能实现省略）

成绩管理模块,以及公共架构部件几大部分。每个模块又有 MVC 各个层次,所以整个软件按模块以及按层次进行布局是一种结构性的设计。

学生管理系统的 MVC 结构设计如表 7-2 所示。

表 7-2　完整"学生管理系统"软件的程序组成

模块名	组成部件	包/文件夹	程 序 文 件
公共架构部件	主界面	根文件夹:/	main.jsp,top.jsp,left.jsp,footer.jsp
	数据处理层	dbutil	Dbconn.java
	实体类	entity	Student.java,其他实体类略
学生信息管理	表示层 V	文件夹:studentjsp	studentinsert.jsp,studentlist.jsp,studentshow.jsp,studentupdate.jsp
	模型层 M	model	StudentModel.java
	控制层 C	control	Deleteservlet.java,Doupdateservlet.java,Insertservlet.java,ListStudentservlet.java,ShowStudentServlet.java,Updateservlet.java
教师信息管理	表示层 V	文件夹:teacherjsp	入口 teacherinfo.jsp,其他略
	模型层 M	model	略
	控制层 C	control	略
课程信息管理	表示层 V	文件夹:subjectjsp	入口 subjectinfo.jsp,其他略
	模型层 M	model	略
	控制层 C	control	略
成绩管理	表示层 V	文件夹:scorejsp	入口 scoreinfo.jsp,其他略
	模型层 M	model	略
	控制层 C	control	略

表 7-2 中列出了完整"学生管理系统"软件的程序组成,但由于前面所述的原因,表中注明"略"的是指没有实现代码(但是其实现技术同学生信息管理模块)。学生管理系统源程序结构如图 7-8 所示。

在图 7-8 中,src 存放包以及 Java 类文件,WebRoot 中存放文件夹或 JSP 程序文件。整个源程序的组织见表 7-2 的说明。

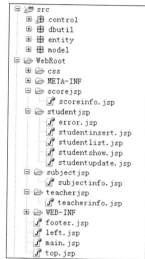

回顾第 6 章对一个模块的 MVC 的开发,那时需要开发的程序包括实体类、数据处理层、表示层、模型层、控制层 5 大部分。但是有了公共架构部件后,后续的模块是否还是这样开发呢?

很多部件已经在公共部件中有了,比如数据处理层(DAO 层);另外,实体类是整个软件的公共数据模型,在软件开发前应设计好,所以数据库表、实体类也已经开发好了。在这样的情况下,再进行其他软件模块的开发,只要知道如何用数据处理层、对哪几个实体类或数据库表进行操作,剩下的就是在这种条件下实现自己的 MVC 层这三大部分了。

图 7-8 学生管理系统项目程序结构

7.4 软件的架构与集成总结

软件的开发除了实现各个模块的功能外,还需要一个整体架构用于各模块的操作运行。所以全局性的功能部件、各业务处理局部模块,是软件开发的两大部分。如果全局性的架构稳健,就会对今后各业务功能模块的顺利开发有很大的好处。

为了顺利地进行软件开发,首先要进行需求分析工作。由于用户需求非常复杂,而且非常容易变化,所以在软件开发中如何确定用户的需求、如何管理好用户的需求,以及如何满足用户的需求均是软件开发成功与失败的关键。

但是,一个软件的架构往往可以脱离用户的业务需求进行独立开发,而将满足用户需求的工作派给各业务处理模块去完成;同时,软件架构在技术上能满足各模块的运行与操作要求。这样,我们进行软件开发时,就可以将不稳定的因素限制在较小的范围内,从而尽可能地降低风险。

所以,一个稳定的、灵活的、可扩展的软件架构是软件顺利开发的前提。但是什么是好的软件架构呢?我们如何利用好以架构为中心的开发方法呢?

7.4.1 识别每一层中的功能模块

软件开发前要进行需求分析以了解用户的需求,即知道用户要软件"做什么"。由于用户的需求非常复杂庞大,需要建立需求模型及对需求进行说明,才能从全局上完整准确地掌握用户的需求。

软件系统的功能模型、用例模型是描述系统功能需求的有力手段。

但是,在开发过程中软件是分成模块一个一个单独地实现的。所以,在软件设计阶段,就需要识别出软件功能模块,并且这些模块联合起来能满足用户的功能需求。

另外,软件模块又是一个相对的概念。例如,在本章(第7章)介绍学生管理系统时,将其分解为4大模块:

(1) 学生信息管理;

(2) 教师信息管理;

(3) 课程信息管理;

(4) 成绩管理。

而在第6章中专门介绍"学生信息管理"模块时,将其划分为5个子模块:

(1) 学生信息列表显示;

(2) 单个学生信息显示;

(3) 学生信息新增;

(4) 学生信息修改;

(5) 学生信息删除。

这些模块是前面模块的子模块。在必要的情况下还可以对模块进一步地进行分解。当这些模块分解到程序员能看得懂、可以指导编程后,就可以对其分别进行编码实现了。所以说,软件开发时,先要识别出软件每一层的模块,这样就可以以模块为单位对软件进行开发了。

7.4.2　软件架构的设计要满足用户的要求

当识别了软件每一层中的功能模块、以及各模块承担的职责后,就可以对这些模块进行开发了。但是各个模块最终需要集成在一起运行,这就需要一个公共的运行环境,即软件的总体框架。软件总体框架的设计,需要对软件进行架构设计。软件的架构设计不但要考虑程序员掌握的技术,还要考虑用户对软件性能的要求、对原来系统技术对接的要求等。

为了满足用户对上述技术平台的要求,软件架构就需要在此基础上进行技术选择、标准制定及公共部件的规划与实现。尽量避免各模块开发一些相同的内容,而这些内容最好抽象成一个公共部件。

在进行架构设计时,要明确规定各层之间的交互接口,下层对于上层应尽量做到"黑盒"封装。其次,要明确各层之间的交互机制,根据定义的接口,明确各模块之间的交互机制,比如在设计时可以采用一种基于方法调用的事件机制等实现交互。

有了这些规范、接口、交互机制,还需要开发出各个模块运行时的支持部件,以及通用的公共部件,这些均是软件架构的内容。

7.4.3　什么是一个好的软件架构

软件架构设计是高层设计,而模块的设计是底层设计,它们最终需要进行对接。显然,上层的事情做得多,下层的事情就做得少,反之亦然。

软件架构设计遵循将问题"分而治之"的原则,是团队开发的基础。但是,软件架构设计到什么程度才是一个好的架构呢？首先，软件架构必须设计到"能为开发人员提供足够的指导和限制"的程度。

既然软件架构是团队开发的基础，那么它就应该比较明确地规定后期分头开发所必需的公共性设计约定，从而为分头开发提供足够的指导和限制。但是，关于软件架构到底要设计到什么程度，可以遵循以下两点：

- 根据项目的不同、开发团队的不同，软件架构的设计程度会有所不同；
- 软件架构应当为开发人员提供足够的指导和限制。

什么是一个好的软件架构呢？做好自己的事情，对下层有指导与约束作用，但不能代替下层做的事情应该就是好的架构。

为了设计一个好的软件架构，应尽量避免以下一些情况。

1. 避免"高来高去"式架构设计

所谓"高来高去"式架构设计，是指不能为开发人员提供足够的指导和限制的架构设计方案。高来高去式架构设计现象极为普遍，它可能带来许多危害。因为缺少来自架构的足够的指导和限制，开发人员在进行分头开发时会碰到很多问题，并且容易造成管理混乱，沟通和协作效率低；另外，可能没有完全化解重大技术风险，容易造成整个项目的失败。

2. 避免浅尝辄止、指导不够

架构设计方案往往过于笼统，基本还停留在概念性架构的层面，没有提供明确的技术蓝图。架构设计阶段如果遗漏了全局性的设计决策，到了大规模实际开发阶段，这些设计决策往往会由具体开发人员从不同局部角度考虑并确定下来，如此一来，就会在模块协作方面出现问题。

3. 避免名不副实的分层架构

名不副实的分层架构是指那些号称采用分层架构，却仅用分层来进行职责划分，而没有规划层次之间的交互接口和交互机制的情况。可以说，如果是缺失交互接口和交互机制的分层架构，许多开发人员依然得不到足够明确的指导。

7.4.4　软件集成后要进行集成测试

软件的各个模块集成在一起后，就需要对它们进行集成测试。在各个模块单独实现的过程中，就需要对其进行测试，这时属于单元测试。单元测试不但要测试软件内部的处理过程，还要测试模块之间的处理。但是，由于在单元测试阶段，没有可供交互的模块，只是设计了一些简约模块替代进行模拟交互操作。毕竟这样的模拟不能代替真实的操作，所以在软件模块集成后，就需要进行实际的操作测试。

由于模拟操作的局限性，很多模块之间的问题可能在单元测试阶段没有暴露出来，所以均需要进行集成测试。

集成测试又称组装测试或综合测试，是在单元测试的基础上，将所有模块按照设计要求组装成为整体系统而进行的测试。在集成测试过程中,主要考虑与测试以下内容:在把各个模块连接起来时,穿越模块接口的数据是否会丢失;一个模块的功能是否会对另一个模块的功能产生不利的影响;各个子功能组合起来,能否达到预期要求的父功能;全局数据结构是否有问题等。

小　结

第 6 章介绍了软件功能模块的开发实现,本章介绍了如何将这些模块集成在一起运行。

在软件开发时,先将软件的功能分解为不同的模块,直到可以进行单独 MVC 开发为止。当各个模块开发好后,需要将它们集成在一起运行。在软件集成前需要进行软件架构设计,即需要定义与部署软件各模块运行的技术支持,包括互相调用的运行环境与底层的技术支持部件等。

本章介绍了以架构为中心的开发方法,介绍了软件架构的概念及内容,并通过案例介绍一个软件各模块统一运行环境的实现。该统一运行环境包括统一运行界面及其组成,以及模块在其中是如何集成的。只有集成以后的软件,才可以操作用户完整的功能要求,才可以进行运行测试。

其实,第 6 章介绍的是域模块的实现,而本章介绍的是软件架构及在架构下的功能模块(主要是域模块)的集成。但是,软件架构也是由模块组成的,但这些模块往往是通用的,它们不属于域模块(例如,通用数据处理模块)。

习　题

一、填空题

1. 软件只有靠_____才能将一个一个功能模块,组装成一个完整的软件。

2. 软件架构是_____,而各个模块的设计相对来说属于_____,这些设计在技术上是相互衔接的。

3. 软件的_____将整个软件的各模块组织在一起运行,使它们成为一个整体。

4. 为了验证软件各模块集成后是否能正常运行,需要在集成的环境下对软件进行测试,这时的测试称为_____。

二、简答题

1. 什么是软件的集成,你认为软件集成的过程应该怎么做?

2. 什么是以架构为中心的开发方法? 为什么说软件架构是团队开发的基础?

3. 在软件开发前期对软件进行架构设计时,主要的工作内容是什么?

4. 以架构为中心的软件开发如何进行集成?

综 合 实 训

实训 1　设计一个统一的主界面,使第 6 章实训 2 开发的仓库管理软件各模块集成一个整体,使它们能在一个相同的环境运行。

实训 2　设计一个统一的主界面,使第 6 章实训 3 开发的后台管理子系统的各模块成为一个整体。

完善功能模块使其更实用

本章学习目标

- 了解什么是一个真正实用的软件功能模块。
- 熟练掌握 JSP 数据库应用程序中汉字乱码的处理方法。
- 熟练掌握 JSP 页面中多数据翻页显示的实现方法。
- 熟练掌握文件上传的实现方法。
- 了解非功能需求的概念及编码实现的重要性。

　　软件开发中实现用户的功能需求、编写功能模块程序需要大量的代码；而非功能需求的实现同样需要编写大量的代码。非功能需求的实现也是软件开发过程中重要的工作。例如，软件界面的美化、处理性能的提高、适应用户操作要求的编码等，它们是在已经完成了软件功能的基础上进行的程序编码。通过非功能需求的编码实现，完善了软件功能模块，满足了用户的需求。

　　本章将介绍在实现的功能模块程序的基础上，进行数据库中存储汉字信息时乱码的处理、信息的分页显示、图片信息的上传与显示等技术，从而完善功能模块使其更实用。

8.1　一个软件模块的编码实现

8.1.1　仅仅提供功能还不行，要使软件更实用

　　一个软件模块仅仅提供功能是远远不够的。

　　例如一个登录模块，当输入的用户名为中文时，欢迎页面显示的用户名出现乱码情况怎么办？学生成绩系统查询学生信息页面，查询结果中学生人数过多，都出现在同一个页面中，阅读起来很不方便。当在某个婚恋网站浏览某位会员信息时，如果只有用户的名字和年龄等文本信息，就会显得比较单调，无法给对象留下深刻的印象。所以一个软件模块仅仅提供功能的实现还不行，要使软件更加"实用"，即解决用户在使用时的各种实际问题，以真正满足用户的使用要求。

　　使一个软件更实用体现在哪些方面呢？

　　以前面提出的问题为例，一个登录模块，当输入的用户名为中文时，为了使欢迎页面显示的用户名不出现乱码情况，可以在代码中进行一些技术处理，即进行针对中文汉字乱

码处理的编码。

又如,学生成绩系统的查询学生信息界面,查询结果中学生人数过多,如果都出现在同一个页面中,阅读起来就会很不方便,也会影响内存资源的消耗。如果利用翻页技术多页显示所有学生的信息,将会给用户带来不一样的体验。

当在某个婚恋网站浏览某位会员信息时,如果只有用户的名字和年龄等文本信息,就会显得比较单调,如果加上该会员的多张个人照片,那给对方留下的印象就深刻多了。

另外,当用户在输入用户性别、年龄等信息时,如果输入的不是"男"、"女"而是别的字符,或者年龄是负数,则这些数据就是无效的数据,会给计算机处理及人的阅读带来很大的不便。这就需要在用户输入时进行数据验证与控制,使得输入的信息是有效信息。

这些编码不是为了完成用户"业务功能"的实现,而是为了使用户操作这些"业务功能"更便利与实用,所以称这些编码为非功能编码。软件的非功能需求占用程序员的大量工作,甚至是关键的工作,如提高实用性、提高性能、美化外观与可操作性等。

8.1.2 通过非功能编码使软件更"实用"

如何使一个软件更实用包括很多方面,如提高软件的可操作性、提高软件的性能、美化界面等。下面通过前面章节的案例"学生信息管理模块"的完善,介绍如何让其更实用。

下面对"学生信息管理"模块做以下完善工作:

- 汉字乱码处理。前面章节介绍的是该模块功能的实现,即如何实现 MVC 层及其增、删、改、查等功能的编码。但汉字编码没有全面考虑。
- 数据翻页。前面章节已经介绍了学生信息的显示,但没有考虑过多数据的翻页处理。
- 文件(相片)上传。前面章节已经介绍了学生信息的处理,包括学生基本信息的输入、处理、输出。但是对学生的相片、文件附件的上传等处理没有涉及。
- 异常处理及数据输入验证。用户的操作有时会失误输入一些无效数据,如果软件不做处理而让这些无效操作的数据进入系统,必然会给系统带来一些意想不到的问题,甚至导致系统的崩溃。如果系统能对这些异常操作进行处理,就可避免很多软件运行与使用中的问题。

如果学生信息管理模块进行了上述处理的编码,就能使该模块更完善,更具有实用性。下面就介绍该模块的上述编码的处理。

8.2 汉字乱码处理的实现

前面实现了学生信息管理模块,JSP 界面汉字的显示、汉字信息在 MVC 各层的传递、数据库数据的存取与传递等,均有汉字信息的处理。否则,可能由于汉字编码规则的不同出现乱码显示。在前面章节的案例中已经出现了部分汉字乱码处理的代码,如 JSP 页面中出现的语句:＜％＠page contentType＝ "text/html;charset＝GBK "％＞就可以解决 JSP 页面中汉字信息的显示问题。

但是,如果汉字数据经过了 request、response 等对象的存取,或经过了数据库的存取,如果字符存取编码格式不同,这些汉字信息就可能会出现乱码的形式。

8.2.1 Java 和 JSP 文件本身编译时产生的乱码问题

Java(包括 JSP)源文件中很可能包含中文,而 Java 和 JSP 源文件的保存方式是基于字节流的,如果 Java 和 JSP 编译成 class 文件的过程中,使用的编码方式与源文件的编码不一致,就会出现乱码。

基于这种乱码,建议在 Java 文件中尽量不要写中文(注释部分不参与编译,写中文没关系),如果必须写的话,尽量手动带参数—ecoding GBK 或—ecoding gb2312 编译;对于JSP,在文件头加上

```
<%@page contentType="text/html;charset=GBK "%>
```

或

```
<%@page contentType="text/html;charset=gb2312 "%>
```

基本上就能解决这类乱码问题了。

前面章节中的案例就是这样进行汉字显示处理的,读者可参考前面章节的案例代码,这里就不再进行赘述。

8.2.2 JSP 与页面参数之间的乱码

JSP 获取页面参数时一般采用系统默认的编码方式,如果页面参数的编码类型和系统默认的编码类型不一致,很可能就会出现乱码。解决这类乱码问题的基本方法是在页面获取参数之前,强制指定 request 获取参数的编码方式,如

```
request.setCharacterEncoding("GBK ")
```

或

```
request.setCharacterEncoding("gb2312 ")
```

如果在 JSP 将变量输出到页面时出现了乱码,则可以通过设置

```
response.setContentType("text/html;charset=GBK")
```

或

```
response.setContentType("text/html; charset=gb2312 ")
```

如果不想在每个文件里都写这样两句话,更简洁的办法是使用 Servlet 规范中的过滤器(Filter)指定编码,过滤器在 Web. xml 中的典型配置和主要代码如下。

Web. xml 中配置过滤器代码如下。

```
<filter>
    <filter-name>CharacterEncodingFilter </filter-name>
    <filter-class>filter.CharacterEncodingFilter </filter-class>
        <init-param>
```

```
            <param-name>encoding </param-name>
            <param-value>GBK </param-value>
        </init-param>
    </filter>
    <filter-mapping>
        <filter-name>CharacterEncodingFilter </filter-name>
        <url-pattern>/* </url-pattern>
    </filter-mapping>
```

定义对应的过滤器类文件：CharacterEncodingFilter. java（对应 Web. xml 中的
<filter-class>filter. CharacterEncodingFilter </filter-class>），其代码如下。

```
public class CharacterEncodingFilter implements Filter
{
    protected  String  encoding=null;
    public void init(FilterConfig filterConfig)  throws ServletException
    {
        this.encoding=filterConfig.getInitParameter("encoding ");
    }
    public void doFilter (ServletRequest request, ServletResponse response,
    FilterChain chain) throws IOException, ServletException
    {
        request.setCharacterEncoding(encoding);
        response.setContentType("text/html;charset="+encoding);
        chain.doFilter(request,  response);
    }
}
```

过滤器(Filter)是 Servlet 技术中最实用的技术之一，Web 开发人员可通过 Filter 技
术，对 Web 服务器管理的所有 Web 资源，如 JSP、Servlet、静态 HTML 文件等进行拦截，
从而实现一些特殊的功能。例如实现 URL 级别的权限访问控制、过滤敏感词汇、压缩响
应信息等一些高级功能。

过滤器主要用于对用户请求进行预处理，也可以对 HttpServletResponse 进行后处
理。使用过滤器完整的流程是：Filter 对用户请求进行预处理，接着将请求交给 Servlet
进行处理并生成响应，最后 Filter 再对服务器响应进行后处理。

过滤器 Filter 的工作原理是：

- 在 HttpServletRequest 到达 Servlet 之前，拦截客户的 HttpServletRequest。根
  据需要检查 HttpServletRequest 或修改 HttpServletRequest 头及数据。
- 在 HttpServletResponse 到达客户端之前，拦截 HttpServletResponse。根据需要
  检查 HttpServletResponse ，也可以修改 HttpServletResponse 头和数据。

8.2.3 汉字编码简述

前面 8.2.1、8.2.2 节中出现了 GB 2312、GBK 等汉字编码规则。其实，GB 2312 是简体

中文字符集的中国国家标准,全称为《信息交换用汉字编码字符集——基本集》,由中国国家标准总局于 1980 年发布,1981 年 5 月 1 日开始实施。GB 是"国标"的简称,2312 是标准序号。

　　GB 2312 编码适用于汉字处理、汉字通信等系统之间的信息交换,通行于中国大陆、新加坡等地。中国大陆几乎所有的中文系统和国际化的软件都支持 GB 2312。

　　GBK 是汉字编码标准之一,是汉字内码扩展规范,与 GB 2312 编码兼容。K 为扩展的汉语拼音中"扩"字的声母,GB 2312 是 GBK 子集。GBK 编码共收录汉字 21 003 个、符号 883 个,并提供了 1894 个造字码位,简体、繁体字融于一库。GBK 编码方案由中华人民共和国全国信息技术标准化技术委员会于 1995 年 12 月 1 日制订,国家技术监督局标准化司、电子工业部科技与质量监督司于 1995 年 12 月 15 日联合以技监标函 1995 229 号文件的形式,将它确定为技术规范指导性文件。

　　UTF-8(8-bit Unicode Transformation Format)是一种针对 Unicode 的可变长度字符编码,又称万国码。UTF-8 用 1～4 个字节编码 Unicode 字符,用于在网页上以同一页面显示中文简体繁体及其他语言(如日文、韩文)。而 Unicode 码是著名的美国标准信息交换代码(American Standard Code for Information Interchange,ASCII)字符集的扩展码。由于需要将如汉语、日语和越南语的一些相似的字符结合起来,在不同的语言里,使不同的字符代表不同的字,这样只用两个字节就可以编码地球上几乎所有地区的文字了。因此,创建了 Unicode 编码。它通过增加一个高字节对 ISO Latin1 字符集进行扩展,当这些高字节位为 0 时,低字节就是 ISO Latin1 字符。Unicode 支持欧洲、非洲、中东、亚洲(包括统一标准的东亚象形汉字和韩国象形文字)。

　　其实,由于 ASCII 表示的字符使用 Unicode 码效率不高,因为 Unicode 比 ASCII 占用大一倍的空间,而对 ASCII 来说高字节的 0 对它毫无用处。为了解决这个问题,就出现了一些中间格式的字符集,它们被称为通用转换格式,即 UTF(Universal Transformation Format)。UTF-8 是 UTF 编码格式之一。

　　GBK 与 UTF-8 均对中文进行了编码。至于 UTF-8 编码则是用于解决国际字符的一种多字节编码,它对英文使用 8 位(即一个字节),中文使用 24 位(三个字节)来编码。对于英文字符较多的论坛则用 UTF-8 节省空间。GBK 包含全部中文字符;UTF-8 则包含全世界所有国家需要用到的字符。GBK 是在国家标准 GB 2312 的基础上扩容后兼容 GB 2312 的标准,UTF-8 编码的文字可以在各国各种支持 UTF-8 字符集的浏览器上显示。例如,如果是 UTF-8 编码,则在外国人的英文 IE 上也能显示中文,而无须下载 IE 的中文语言支持包。UTF-8 是国际编码,它的通用性比较好,相对于 UTF-8,GBK 的通用性比较差,但 UTF-8 占用的空间比 GBK 大。

　　在前面章节中,如果是采用 GB 2312 或 GBK 编码解决汉字显示的问题的,则改为 UTF-8 编码同样可以解决汉字的显示问题。

8.2.4　Java 与数据库之间的乱码

　　前面介绍的 Web 应用程序的汉字显示,如 JSP 页面的汉字乱码、通过 request、response、Servlet 进行参数传递后的汉字乱码问题。由于进行了汉字信息交换,所以如果编码格式不同(至少要相容),就会出现汉字乱码问题。

其实,数据库存储的数据也有自己的编码设定。如果汉字数据通过了数据库的存取,当从数据库中取出这些数据并进行传递与显示时,如果这个过程的字符数据的编码格式不相容,则最后的显示也会出现乱码。

【案例 8-1】 新增学生信息到数据库,并显示新增了的数据信息,要求解决汉字乱码显示问题。

1. 实现思路

前面几章已经实现了对学生信息的更新操作(新增、删除、修改),如果不对操作的数据编码进行处理,一般就会出现汉字乱码。现在在第 7 章案例 7-1 中对学生信息进行"新增"操作的汉字乱码处理。

从案例 7-1 中抽出"新增学生信息"模块,对其进行汉字乱码处理。

由于新增用户信息进入数据库时,需要在 JSP 界面中输入该学生信息,提交后保持到 request 对象中,然后通过 Servlet 控制器提取 request 中的信息,并传递给数据处理层,数据处理层将这些信息作为参数存入 MySQL 数据库,最后再将该数据查询出来在 JSP 界面上进行显示。

在这里,该"学生信息"进过了 MVC 的各个层次的多次转换,如果编码格式不同或不相容,则最终看到的汉字信息就会与输入时的不同,即出现乱码。这些信息格式包括:

- JSP 页面的信息编码格式;
- request 等对象中存储的信息编码格式;
- MySQL 数据库中信息的存储格式等。

处理汉字信息的输入与显示的乱码问题,就是要将这些信息编码格式设置成相同的或相容的格式。最简单的方法就是将这些过程统一都设置为 UTF-8 编码格式。

如对"新增学生信息"模块进行汉字处理,可先对输入的 JSP 文件设置 UTF-8 编码格式,然后在 Servlet 中将获取的数据也设置为 UTF-8 格式,最后需要设置 MySQL 数据库编码格式也为 UTF-8。

2. 实现步骤

对案例 8-1 中输入数据库的汉字信息进行乱码处理,实现步骤如下。

(1) 设置输入页面 studentinsert.jsp 编码方式为 UTF-8,其语句如下。

```
<%@page language="java" import="java.util.*" pageEncoding="UTF-8"%>
```

(2) 设置显示信息页面 stduentlist.jsp 编码方式为 UTF-8,其语句如下。

```
<%@page language="java" contentType="text/html; charset=UTF-8"%>
```

(3) 在 Servlet:Insertservlet.java 中添加设置汉字编码格式的语句。

```
request.setCharacterEncoding("UTF-8");
```

(4) 在 MySQL 数据库的 my.ini 配置文件中进行编码格式的设置。

```
default-character-set=utf8
```

（5）重新启动 MySQL 数据库，运行新增的学习信息软件模块，再输入的汉字就不会出现汉字乱码问题了。

3. 处理后操作演示

案例 8-1 的入口地址：http://localhost:8080/insertstudent/ListStudentServlet.do，新增学生信息操作的主界面如图 8-1 所示。

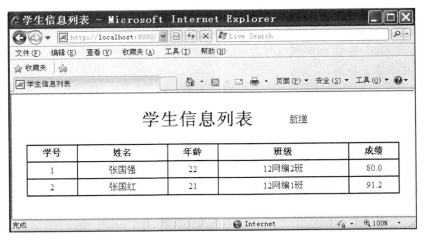

图 8-1　新增学生信息主界面

在新增学生信息操作的主界面中单击"新增"，则出现如图 8-2 所示的新增学生信息的操作界面。如果没有进行汉字乱码处理，就会出现如图 8-3 所示的汉字乱码问题。

图 8-2　新增学生信息操作页面

如果在程序中添加了正确的汉字编码处理语句，就会出现如图 8-4 所示的汉字正常显示。

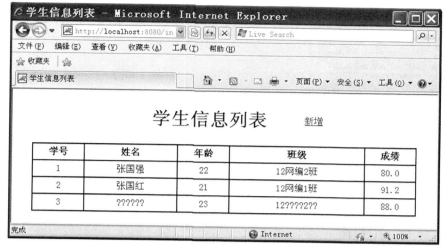

图 8-3　新增学生信息出现汉字乱码

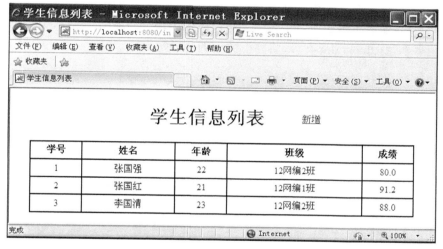

图 8-4　解决了新增学生信息的汉字乱码问题

4.处理过程介绍

在前面第 2 小节"实现步骤"中已经介绍了汉字处理步骤,前面 3 步均比较简单,下面就重点对 MySQL 数据库编码设置问题进行介绍。

如果安装时没有进行汉字编码的设置,MySQL 数据库就以 Latin1 (ISO-8859)字符集作为缺省设置,可以修改该字符集以处理汉字信息。下面介绍 Windows 平台中的 MySQL 数据库的字符集编码设置。

如果在 Windows 中安装的 MySQL 数据库路径为:C:\Program Files\MySQL\MySQL Server 5.0,则进入该文件夹,就会出现如图 8-5 所示的 MySQL 数据库安装内容。

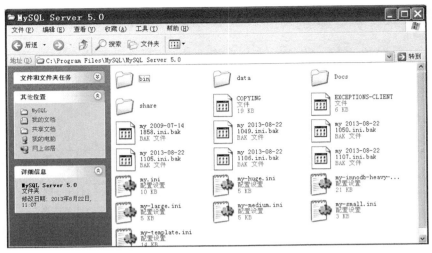

图 8-5　Windows 平台中 MySQL 安装目录中的内容

在 MySQL 数据库的安装目录中有个 my.ini 文件是对数据库相关参数的配置。对该文件中字符集编码进行修改就可以定义数据库编码格式的设置。

用"记事本"打开 my.ini 文件,将其中的如下的语句

```
default-character-set=latin1
```

均改为

```
default-character-set=utf8
```

修改结果如图 8-6 所示。

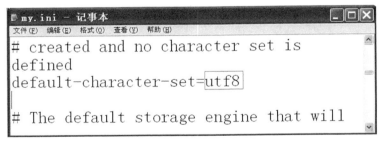

图 8-6　在配置文件 my.ini 中修改字符编码格式

MySQL 数据库安装时默认的编码是 Latin1 格式。Latin1(或写为 Latin-1)是 ISO-8859-1 的别名,它是单字节编码,向下兼容 ASCII。Latin1 收录的字符除 ASCII 字符外,还包括西欧语言、希腊语、泰语、阿拉伯语、希伯来语对应的文字符号。

因为 ISO-8859-1 编码范围使用了单字节内的所有空间,在支持 ISO-8859-1 的系统中传输和存储其他任何编码的字节流都不会被抛弃。即把其他任何编码的字节流当作 ISO-8859-1 编码看待都没有问题。正是因为这个重要的特性,所以 MySQL 数据库默认的编码是 Latin1。

设置好以上步骤后,重新启动 MySQL 数据库再运行软件,就可以看到已经解决汉字显示乱码问题了。

其实,大部分数据库都支持 Unicode 编码方式,所以解决 Java 与数据库之间的乱码问题比较明智的方式是直接使用 Unicode 编码与数据库交互。很多数据库驱动自动支持 Unicode,如 Microsoft 的 SQL Server 驱动。其他大部分数据库驱动,如 MySQL 驱动,可以在驱动的 URL 参数中指定,如

```
jdbc:mysql://localhost/WebCLDB?useUnicode=true&characterEncoding=UTF-8
```

本节介绍的方法能解决大部分乱码问题,但是如果在其他地方还出现乱码,就可能需要手动修改代码。解决 Java 乱码问题的关键在于在字节与字符的转换过程中,必须知道原来字节或转换后的字节的编码方式,转换时采用的编码必须与这个编码方式保持一致。

8.3 多数据分页显示处理的实现

一个 JSP 页面中显示的信息有时非常多,有时上千、上万甚至更多。这时我们对这样的页面操作就会有许多问题,比如操作反应速度慢、大量占用计算机内存资源等。这时人们常常采用多数据分页显示技术。

多数据分页显示就是在每个页面中每次显示一定数目的数据记录,然后通过"上一页"、"下一页"等操作显示其他所需要的数据。例如,如果数据记录比较多,图 8-4 的页面就不能一页显示,我们需要在该页面中创建"首页"、"上一页"、"下一页"、"尾页"等数据导航功能,以便能方便地对各数据进行浏览。

下面我们通过项目案例的实现,从实现技术与思路、实现步骤、实现操作演示等几个方面介绍多数据分页显示。

【案例 8-2】 对"学生信息管理"中显示学生信息的页面进行分页显示。

8.3.1 实现技术与思路

在 JSP 页面中显示数据库查询的数据,如果一次查询的数据很多,就可以通过限制查询显示记录的个数,然后再通过翻页来显示其他记录从而实现分页显示。比如一页显示 10 个记录,则每次翻页显示其他 10 个记录,可以向上翻页也可以向下翻页,甚至可以直接定位到首页或尾页,或者某个指定的页号。

具体到需要显示哪一页数据(根据事先确定的显示数目),则需要在查询前确定这些数据,以便在查询时确实定位到这些数据。所以,需要在查询前确定 SQL 查询语句的限定条件以便查询出需要的结果;另外,对"上一页"、"下一页"等导航功能,则调整上述查询条件进行另一次查询。查询后每一页的显示原理相同,即将结果集中的数据进行列表显示。

但是,在具体的编码时除了与前面章节相同的 MVC 处理外,还需要增加其他方面的编码,这些编码过程包括

- 根据页号计算每次 SQL 查询时的条件;

- 执行 SQL 查询将结果集存入 list 集合中;
- 在 JSP 页面中显示 list 中的对象数据,并显示翻页链接功能;
- 编写翻页功能控制器,计算每次翻页所对应的查询条件,并重复前面几步功能。

为了实现上述要求,对于采用 MVC 模式设计上述程序代码,则进行以下设计:

- 设计一个记录处于某页的状态实体类 Page.java,通过该类生成的对象记录当前页的相关信息;初始状态为首页状态,当用户执行了某个翻页操作时更新该对象的相关信息。
- 根据状态实体类 Page.java 计算 SQL 执行的限定条件,执行该 SQL 语句并将结果存放到 list 集合中。
- 在模型层中编写计算总记录数的算法。
- JSP 页面显示 list 中的查询记录,并提供对应的翻页操作。

另外做以下的处理设计:

- 将计算翻页对应的算法存入一个模型层(M)中;
- 每个翻页功能对应一个控制器,通过控制器实现翻页操作。

8.3.2　案例的实现

1. 实现步骤

根据上述设计思路进行程序的实现,实现步骤包括以下几点:

- 创建一个实体类 Page 记录当前页所处的状态;
- 在模型层编写一个算法,能将页所处的状态换算成 SQL 条件,并查询数据库;
- 编写接收用户翻页操作的控制器,该控制器调用上步模型中的算法,并执行数据库操作获取查询的结果(list 结合)存放到 request 中;
- 编写 JSP 页面,显示翻页操作超链接并显示执行翻页操作后的结果。

2. 案例实现

在原项目代码的基础上进行修改。创建一个 Java Web 项目 StudentPageDisplay,将案例 8-1 中的项目代码导入,在此基础上进行修改并实现。

1)创建 Page 类

在 entity 包中创建 Page 类,该类记录用户的当前页面信息,包括当前页号、一页显示的最大记录数、首页、尾页、当前页的上一页、当前页的下一页、页面总数等信息。该类对应的对象会随用户的操作而更新,在进行数据库访问时则容易根据这些信息确定要获取的记录集合。Page.java 类的代码如下:

```
package entity;
public class Page {                     //该类记录当前页状态信息
    private int num;                    //当前页号
    private int size;                   //一页显示的最大记录数
    private int rowCount;               //记录总数目
```

```java
private int pageCount;              //页面总数
private int startRow;               //当前页开始行号，第一行是 0 行
private int first=1;                //第一页 页号
private int last;                   //最后页 页号
private int next;                   //下一页 页号
private int prev;                   //前页 页号
public Page(int size, String str_num, int rowCount) {
    //带参数的构造方法,size 页面显示的记录数目,str_num 起始记录号 rowCount 记录
    //总数据,根据上述三个参数,计算出 Page 的各属性值以便今后使用
    int num=1;
    if (str_num !=null) {
        num=Integer.parseInt(str_num);
    }
    this.num=num;
    this.size=size;
    this.rowCount=rowCount;
    this.pageCount=(int) Math.ceil((double) rowCount / size);
                    //页的总数目,ceil 是进 1 取整的数学函数
    this.num=Math.min(this.num, pageCount);
    this.num=Math.max(1, this.num);
    this.startRow=(this.num-1) * size;
                    //当前页起始行号,如果是记录的第一行,则 startRow 为 0
    this.last=this.pageCount;          //最后一页页号  第一页页号 this.first=1;
    this.next=Math.min(this.pageCount, this.num+1);   //当前下一页页号
    this.prev=Math.max(1, this.num-1);                //当前上一页页号
}
    //为了节省篇幅,此处省略 setter/getter 方法
}
```

Page 类带参数的构造方法,根据用户调用的信息随时更新页面的参数,数据库查询时就可以直接引用这些参数了。

2) 模型层编写数据库访问方法及计算记录总数的方法

在模型 model. StudentModel. java 中,创建方法为 int countAllStudents(),以计算总的记录数,其代码如下：

```java
public static int countAllStudents() {              //计算数据库中记录总个数
    String sql="select count(*) from student";
    int count=0;
    try {
        Connection conn=s.getConnection();
        ps=conn.prepareStatement(sql);
        rs=ps.executeQuery();
        while (rs.next()) {
            count=rs.getInt(1);
```

```
                }
                s.closeAll(conn, ps, rs);
            } catch (SQLException e) {
                e.printStackTrace();
            }
            return count;                                    //返回访问的记录总数
        }
```

在模型 model. StudentModel. java 中,创建方法为 List ＜Student＞ ListStudents (int startRow, int size),其功能是根据该页要显示的记录行号及记录个数,访问数据库并将结果存放到 list 集合中。

该方法可以由前面的 List search()方法进行修改得到,其代码如下:

```
public List <Student>ListStudents(int startRow, int size) {
    //根据行号为 startRow 查询 size 个记录到 list 中
    List studentlist=null;
    String sql="select * from student limit ?,?";      //相对于 List search()方法修改
    try {
        Connection conn=s.getConnection();
        ps=conn.prepareStatement(sql);
        ps.setInt(1, startRow);                          //相对于 List search()方法增加
        ps.setInt(2, size);                              //相对于 List search()方法增加
        rs=ps.executeQuery();
        studentlist=new ArrayList();
        while (rs.next()) {
            Student student=new Student();
            student.setId(rs.getInt("id"));
            student.setName(rs.getString("name"));
            student.setAge(rs.getInt("age"));
            student.setSex(rs.getString("sex"));
            student.setGrade(rs.getString("grade"));
            student.setScore(rs.getFloat("score"));
            studentlist.add(student);
        }
        s.closeAll(conn, ps, rs);
    } catch (Exception e) {
        e.printStackTrace();
    }
    return studentlist;
}
```

上述代码是由前面的 List search()方法修改得到,主要修改了以下三个地方:

(1) String sql="select * from student limit ?,?";
⋮

(2) ps.setInt(1, startRow);　　　　　　　　　//设置起始的记录号
(3) ps.setInt(2, size);　　　　　　　　　　　 //设置要访问的记录个数

　　第(1)句是在 SQL 语句中增加了"limit?,?",以访问 MySQL 数据库的某些限定记录号的数据;第(2)句与第(3)句分别是设置上面 SQL 语句中的两个参数的值,及要访问的第一个数据的记录号及要访问的记录个数。

　　在我们使用查询语句进行翻页的时候,经常要返回前几条或者中间某几行数据,MySQL 数据库提供 limit 来进行分页。limit 只用于 MySQL 数据库的分页,不同的数据库有自己的处理方法,如 SQL Server 数据库一般是用 top、Oracle 数据库是用 Rownum 来进行分页的。

　　第(2)、第(3)句的参数 startRow 与 size 最终会从 Page 对象中获取。

　　3) 在控制器中增加翻页功能控制语句

　　修改原来的控制器:ListStduentServlet. java 的 doGet()方法进行查询与分页控制,其代码如下:

```java
public class ListStudentServlet    extends HttpServlet{
    protected void doGet(HttpServletRequest request, HttpServletResponse
    response) throws ServletException, IOException {
        int rowCount=StudentModel.countAllStudents();        //计算总的行数
        //将 Page 类放入作用域,以便在 JSP 页面中显示
        //根据 num 计算页 Page 状态对象 p1,并存储以便使用与更新
        Page p1=new Page(2, request.getParameter("num"), rowCount);
            //num 是"?"传递的参数
        //三个参数:2 是 size,即页面显示的记录数目;num 是起始记录号;rowCount 记录
        //总数据
        request.setAttribute("page", p1);
        //将当前页信息放入作用域,以便在页面中使用
        StudentModel model=new StudentModel();
        List list=model.ListStudents(p1.getStartRow(),p1.getSize());
        //根据页信息查询数据到 list 集合中
        request.setAttribute("studentlist", list);
                                    //存放到 request 供 JSP 界面显示
        request.getRequestDispatcher("/studentjsp/studentlist.jsp").forward
        (request, response);
    }
        …Servlet 的其他部分不需要修改
}
```

　　由对案例 8-1 中的 ListStduentServlet. java 进行修改得到。首先,访问模型方法获取要访问的数据库的总行数;然后创建 Page 对象记录当前页面信息,该对象有三个参数,即每页显示记录的最大个数 size、起始记录号 num、记录总个数 rowCount,在此我们设定每页显示最多两个记录(读者可以根据自己的需要修改),num 是调用该 Servlet 时传递的参数,rowCount 上一步已经计算好了。

由于有该三个参数的传入，则该 Page 对象会自动计算出首页、尾页、当前页的上一页、当前页的下一页、页面总数等其他信息。

然后将 Page 对象存放到 request 中供 JSP 页面后面访问使用。

4）在 studentlist.jsp 页面中增加翻页处理超链接等功能

案例 8-1 中 studentlist.jsp 是列表显示学生信息（如图 8-4 所示），在此案例 8-2 中除了要有同样的功能外，还要有翻页功能，这些翻页功能是由控制器实现的。在此，需要用翻页控制器的 URL 地址作为超链接，具体翻页信息则存放到 num 变量及 Page 对象中。

修改的 studentlist.jsp 代码如下：

```jsp
<%@page language="java" contentType="text/html; charset=UTF-8"%>
<%@taglib uri="http://java.sun.com/jsp/jstl/core" prefix="c"%>
<!DOCTYPE html PUBLIC "-//W3C//DTD HTML 4.01 Transitional//EN" "http://www.
w3.org/TR/html4/loose.dtd">
<html>
    <head>
        <title>学生信息列表</title>
    </head>
    <body>
        <center>
            <table align="center" width="360" border="0">
                <tr>
                    <td align="center">
                        <h1>
                            学生信息列表
                        </h1>
                    </td>
                    <td align="center">
                    </td>
                </tr>
            </table>
            <table>
                    ⋮
            <c:forEach var="studentitem" items="${studentlist}">
            <迭代显示 list 中的学生信息代码略>
                    ⋮
            </c:forEach>
            </table>
//以下是显示翻页的超链接与总页数
        <%
            String pageTurningUrl="ListStudentServlet.do?num=";
        %>
        <c:choose>
            <c:when test="${page.num !=1}">
```

```
            <a href="<%=pageTurningUrl%>${page.first}">首页</a>
            <a href="<%=pageTurningUrl%>${page.prev}">上一页</a>
        </c:when>
        <c:otherwise>
            <b>首页</b>
            <b>上一页</b>
        </c:otherwise>
    </c:choose>

    <c:choose>
        <c:when test="${page.num !=page.pageCount}">
            <a href="<%=pageTurningUrl%>${page.next}">下一页</a>
            <a href="<%=pageTurningUrl%>${page.last}">尾页</a>
        </c:when>
        <c:otherwise>
            <b>下一页</b>
            <b>尾页</b>
        </c:otherwise>
    </c:choose>
            共${page.pageCount}页
    <br />
    </center>
    </body>
</html>
```

上述代码中,翻页的 URL 地址为:ListStudentServlet. do?num＝n,具体要翻到哪一页由 *n* 确定,该数据存放到 num 变量中。实际操作时,由 Page 对象决定,如 ${page. first}、${page. prev}、${page. next}、${page. last}分别指明所翻页的首页、上一页、下一页、尾页,只要根据这些数据就可以创建完整的翻页超链接的 URL(见上述代码)。总页数由 ${page. pageCount}获得。

由于翻页功能对首页不能再翻"上一页"与"首页",同理对尾页不能翻"下一页"与"尾页",这就需要进行判断与处理。此处通过＜c:choose＞和＜c:when＞标签进行处理。即判断出不是首页("＜c:when test＝"${page. num !＝ 1}"＞"),则显示向前翻页超链接,否则仅仅显示翻页标题;判断出不是尾页("＜c:when test＝"${page. num !＝ page. pageCount}"＞"),则显示向后翻页的超链接,否则仅仅显示翻页标题。

注意:studentlist. jsp 文件中出现的标签＜c:choose＞是 JSTL 标准标签的一种,类似于结构化程序设计的多条件选择语句,它需与＜c:when test＝" "＞标签结合起来使用。＜c:when test＝" "＞标签的作用是判断某条件,如果成立则执行该条件体的代码,否则继续判断,直至结束或至＜c:otherwise＞＜/c:otherwise＞中的语句。

通过上述 4 步的代码修改,就完成了学生信息的分页显示。启动服务器,在浏览器中输入地址:http://localhost:8080/StudentPageDisplay/ListStudentServlet. do,则显示如图 8-7、图 8-8 所示的分页显示结果。

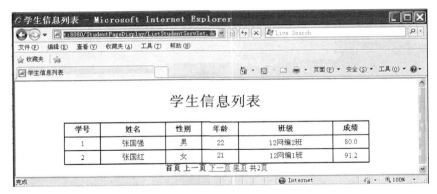

图 8-7　分页显示学生信息界面

图 8-8　单击"下一页"后的显示界面

　　有些分页显示提供了跳到某页或显示一系列的页号供用户直接选择的翻页功能。其原理与实现过程与上述 4 个超链接的操作类似,这里就不再赘述,请读者自己尝试完成。

8.4　文件上传的实现

　　假设你在一个找工作的网站注册,那么它可能会提示你上传一张个人证件照或者个人简历作为附件。通常在一个网站中文件上传功能经常出现,我们如何实现呢? 下面通过案例介绍 JSP 页面中文件上传的实现。

8.4.1　文件上传技术与实现

　　文件的上传是将用户客户端机器上的文件上传到服务器,供 Web 用户共享。文件上传需要借助上传组件工具。目前有许多组件都可以实现此功能,本书利用 jspSmartUpload 组件实现文件、图片的上传下载。

　　jspSmartUpload 是由 www.jspSmart.com 网站开发的一个免费使用的全功能文件上传下载组件,适用于嵌入执行上传下载操作的 JSP 文件中。

　　jspSmartUpload 组件有以下几个特点:

- 使用简单。在 JSP 文件中仅仅书写三五行 Java 代码就可以搞定文件的上传或下载,使用简单、方便。
- 能全程控制上传。利用 jspSmartUpload 组件提供的对象及其操作方法,可以获得全部上传文件的信息(包括文件名,大小,类型,扩展名,文件数据等),方便存取。
- 能对上传的文件在大小、类型等方面做出限制。如此可以滤掉不符合要求的文件。
- 下载灵活。仅写两行代码,就能把 Web 服务器变成文件服务器。不管文件在 Web 服务器的目录下或在其他任何目录下,都可以利用 jspSmartUpload 进行下载。
- 能将文件上传到数据库中,也能将数据库中的数据下载下来(这种功能针对的是 MySQL 数据库)。

下面就通过一个案例说明如何用 jspSmartUpload 组件进行文件上传。

【案例 8-3】　用 jspSmartUpload 组件实现相片文件的上传并显示。

1. 实现技术与思路

相片文件上传是将用户本地计算机中的相片文件,通过 JSP 网页上的上传操作将其上传到服务器的某个文件夹中。各个网络用户就可以访问该相片文件了。

此案例首先要上传本地的相片文件,然后再显示该相片文件。

为了实现上传功能,在编程前先需从网站上搜索下载 jspSmartUpload 组件,一般其下载的压缩包的名字是 jspSmartUpload.zip。然后解压为 jar 包文件:jspsmartupload.jar,再加载到应用程序中。

开发一个上传操作的 JSP 界面,它显示上传操作,用户通过它浏览需要上传的文件、输入相片人的姓名。执行上传时是调用一个 Servlet 控制器,在该控制器中编写实现上传的程序代码。控制器实现上传后则转发到一个 JSP 界面,该界面显示输入的姓名并显示相片(如图 8-9 所示)。

另外,需要在本地计算机存放一个供上传使用的相片文件,并在 Web 项目中设置一个供存放上传用的文件夹。

2. 项目实现步骤

(1) 首先下载 jspsmartupload.jar 组件,并加载到 Web 项目中。

(2) 在本地计算机中准备供下载的相片文件,并在 Web 项目中创建一个存放上传文件的文件夹。如本书的演示案例是在 F 盘上创建 photo 文件夹,并存放 man.PNG、woman.PNG 两个相片文件供上传用,如图 8-9 所示。

在项目的 WebRoot 文件夹中创建 upload 文件夹来存放上传的文件。该文件夹在项目部署时会自动在项目中创建 upload 文件夹,在没有上传文件时是空的。由于项目部署是在服务器上的,所以 Web 用户的程序均可以访问该文件夹及其中的文件。

(3) 编写上传的操作 JSP 页面。

编写上传的操作 JSP 页面:fileupload.jsp,其操作界面如图 8-10 所示。用户通过“浏览”按钮可以选择需要上传的用户文件(如图 8-11 所示)。

图 8-9　在本地机器上准备的供上传用的相片文件

图 8-10　上传的操作界面

图 8-11　通过对话框浏览输入需上传的文件

（4）编写实现"上传"的代码。

用 jspsmartload 组件实现上传的代码比较简单，只需要几行 Java 程序代码。这些代码放在一个 Servlet 控制器中，这个 Servlet 取名为：UploadServlet.java，它实现了文件的上传操作后，将转发到一个显示相片的 JSP 文件。

（5）编写 JSP 页面显示相片。

编写显示相片的 JSP 文件：showphoto.jsp，该文件通过保存到 request 对象中的文件路径与文件名，再通过<img src＝＄{路径与文件名}……/>在页面上显示服务器上的相片文件，显示结果如图 8-12(b)所示。

相片的显示是通过<img src＝"路径与文件名">标记访问服务器上的相片文件而

实现的。而对应的相片"路径与文件名"则存放在 request 对象中。

3. 项目实现后操作演示

案例 8-3 的操作地址为：http://localhost:8080/smartupload/fileupload.jsp，相片文件的上传与显示分别如图 8-12(a)、图 8-12(b)所示。

(a) 选择要上传的相片文件

(b) 上传成功后的显示结果

图 8-12　相片文件的上传操作示意

上传成功后，在服务器项目 upload 文件夹中可看到相应的相片文件（如图 8-13 所示），该文件可供所有的 Web 用户共享使用。

图 8-13　上传成功后服务器项目 upload 文件夹中的相片文件

4. 项目实现代码解释说明

第 3 小节已经说过,本案例的实现比较简单,只需要三个文件:用于上传操作的 fileupload.jsp、实现上传的 Servlet 控制器 UploadServlet.java、以及用于显示相片的 showphoto.jsp。

1) 用于上传操作的 JSP 文件

用于上传操作的 JSP 文件 fileupload.jsp,其代码如下:

```
<%@page language="java" import="java.util.*" pageEncoding="utf-8"%>
<!DOCTYPE HTML PUBLIC "-//W3C//DTD HTML 4.01 Transitional//EN">
<html>
    <head>
        <title>相片上传</title>
    </head>
    <body>
        <form method="post" enctype="multipart/form-data" action=
        "UploadServlet.do">
            上传相片:
            <input type="file" name="photofile">
            <br />
            输入姓名:
            <input type="text" name="name">
            <input type="submit" value="上传">
        </form>
    </body>
</html>
```

该文件中的一个<form>用于输入文件名、姓名,文件名的输入是 file 类型,该类型的数据输入对应一个文件选择对话框(如图 8-9 所示)。由于 form 中有图片的上传,所以不要忘记设置 form 的 enctype 为 enctype="multipart/form-data"。

enctype="multipart/form-data"是指表单里有图片上传,其意思是表单是上传二进制数据。默认情况,这个编码格式是 application/x-www-form-urlencoded,不能用于文件上传;只有使用了 multipart/form-data,才能完整地传递文件数据,进行文件上传操作。

2) 实现上传的 Servlet 控制器

编写用于实现上传的 Servlet 控制器 UploadServlet.java,它存放实现上传的 Java 代码,其代码如下:

```
public class UploadServlet extends HttpServlet {
    public void doPost(HttpServletRequest request, HttpServletResponse response)
            throws ServletException, IOException {
        SmartUpload smu=new SmartUpload();
        //初始化 SmartUpload 对象
        smu.initialize(getServletConfig(), request, response);
        try {
```

```
//定义允许上传文件类型(可选设置项)
smu.setAllowedFilesList("gif,jpg,doc,xls,txt,PNG");
//不允许上传文件类型(可选设置项)
smu.setDeniedFilesList("exe,bat");
//单个文件最大限制(可选设置项)
smu.setMaxFileSize(1000000);
//总共上传文件限制(可选设置项)
smu.setTotalMaxFileSize(20000000);
smu.setCharset("utf-8");
//执行上传
smu.upload();
//得到单个上传文件的信息
com.jspsmart.upload.File file=null;
file=smu.getFiles().getFile(0);
String filepath=null;
if (!file.isMissing()) {
    //设置文件在服务器的保存位置
    filepath="upload\\";      //将上传的文件存放到项目的 upload 文件夹中
    filepath+=file.getFileName();        //文件路径及文件名
    file.saveAs(filepath, SmartUpload.SAVE_VIRTUAL);
                //文件另存到 Tomcat 部署的项目相对路径指定的文件夹中
}
//获取并保存上传文件的信息到 request 中
com.jspsmart.upload.Request surequest=smu.getRequest();
String name=surequest.getParameter("name");
request.setAttribute("name", name);
                //姓名存放到 request 供 JSP 界面显示
request.setAttribute("photofilepath", filepath);
                //文件路径存放到 request 供 JSP 界面显示
//跳转到显示相片的 JSP 页面
request.getRequestDispatcher("showphoto.jsp").forward(request,response);
} catch (Exception e) {
    System.out.println(e.getMessage());
}
    }
}
```

上述 Servlet 代码虽然比较长,但其核心是实现文件的上传。根据前面 form 表单的 file 数据,只需要下面三个 Java 语句就可以实现文件的上传。

- 创建 SmartUpload 对象：SmartUpload smu＝new SmartUpload();
- 初始化 SmartUpload 对象：smu. initialize(getServletConfig(), request, response);
- 通过 SmartUpload 对象执行上传：smu. upload()。

在 UploadServlet.java 中还有一些语句,如设置上传文件大小的限制、可上传文件的类型、获取上传文件的路径名与文件名等。这些是可选项,即在程序编码时可有可无。

上传的文件通过下列语句保存到指定的服务文件夹 upload 中。

- filepath="upload\\";
- filepath+=file.getFileName();
- file.saveAs(filepath,SmartUpload.SAVE_VIRTUAL);

另外,通过下列两条语句获取 SmartUpload 对象中的其他信息,如前面输入的相片中人的姓名。

- com.jspsmart.upload.Request surequest=smu.getRequest();
- String name=surequest.getParameter("name");

最后,将服务器中存放相片文件的路径与相片文件名、输入的姓名存入 request 对象中以供 JSP 显示使用。

另外,语句 smu.initialize(getServletConfig(),request,response);是初始化 SmartUpload 对象(用于在 Servlet 中执行)的;如果是在 JSP 页面中执行则要用 smu.initialize(pageContext);语句。

3) 编写显示相片的 JSP 文件

最后编写显示上传到服务器中的相片 JSP 文件:showphoto.jsp。显示相片文件只需要知道该文件在服务器中的位置便可,另外还需要显示输入的姓名。在第 2)步实现的 Servlet 中已经将这两个信息存放到 request 对象中了,所以只需要用 EL 表达式将这两个数据取出,用相应的 HTML 标记处理便可。showphoto.jsp 的代码如下:

```
<%@page language="java" import="java.util.*" pageEncoding="UTF-8"%>

<!DOCTYPE HTML PUBLIC "-//W3C//DTD HTML 4.01 Transitional//EN">
<html>
    <head>
        <title>显示您上传的相片</title>
    </head>
    <body>
        <center>
            <H2>姓名:${name}</H2><br>
                <img src=${photofilepath } width="180" height="220" border="1"
                style="margin-left: 100px;" />
        </center>
    </body>
</html>
```

在上述代码中,人的姓名存在 request 的 name 变量中,相片路径与文件名存放在 request 的 photofilepath 变量中。显示这些姓名只要通过 EL 表达式将其取出显示便可;显示相片则通过 EL 表达式取出其路径,然后用<img >标记指定相片文件便可以显示。

如果要将学生的相片上传到数据库中保存,一般可以先将这些图片上传到 Web 服务器,然后在学生记录中存储该学生相片的路径及文件名。在需要显示学生相片时,从数据库取出其地址及相片文件,就可以进行显示;如果需要修改,则通过修改该学生的相片地址及文件名,就可以实现学生相片的修改。下面通过案例介绍学生相片上传到数据库的操作。

【案例 8-4】 在学生信息管理中实现学生的相片上传功能。

8.4.2　学生相片的上传与显示

在前面的案例 6-1 中实现了对学生某些信息的管理(如姓名、性别、年龄、班级等),但是这些信息中没有学生相片。该案例实现在数据库中存储学生的相片信息。学生的相片文件上传到 Web 服务器中,而数据库中存储学生的相片在服务器中的地址,所谓的学生相片信息就是由这两部分组成的。

1. 实现技术与思路

在案例 8-1 的基础上修改实现,即在学生列表显示的界面中增加"查看"学生相片链接、在"新增"学生记录时能上传学生的相片。

在进行实现时,先在学生数据库表 student 中建立一个存放相片文件名的字段 photo,字段类型为 varchar();在案例 8-1 的基础上,在"新增学生信息"功能模块的 MVC 各层的代码中分别进行修改以增加相片上传与处理的代码。例如,在 V 层的 JSP 页面添加对 file 类型上传的输入框、M 模型层的新增记录的方法中添加对 photo 字段的数据输入、C 层控制器中添加图形的上传及 photo 数据的处理等。

另外,注意上传图片的 form 中要注明 enctype = "multipart/form-data",并且其输入的数据要到 com.jspsmart.upload.Request 中去获取。

上传后能在学生列表界面中查看该学生的相片。

2. 实现步骤

1) 实现文件数据库

修改数据库表 student 的设计,添加一个字段 photo 用于存储学生相片文件的文件名,修改后数据库表的设计如表 8-1 所示。

表 8-1　修改后数据库表(student)的设计

序号	字段名称	字段说明	类型	位数	是否可空
1	<u>id</u>	编号	int		否
2	name	学生姓名	varchar	20	
3	sex	性别	varchar	2	
4	age	年龄	int		
5	grade	班级	varchar	20	
6	score	成绩	Float		
7	photo	相片	varchar	255	

2) 添加文件上传组件的程序包

新建一个 Web 项目,导入案例 8-1 项目中的文件,并在该项目中添加上传文件的驱动包 jspsmartupload.jar。

3) 在项目中创建存放上传文件的文件夹

在项目 WebRoot 文件夹中创建 upload 文件夹,以存放上传到服务器中的文件。并在项目中创建 images 文件夹存放项目需要的图形文件。

4）修改案例 8-1 项目中的相应代码

修改案例 8-1 项目中的相应 MVC 代码，这些代码包括

- 实体类 Student.java 增加一个属性 photo 以及它的 setting/getter 方法；
- 列表显示学生信息的 JSP 文件 studentlist.jsp 增加相片查看列，并新建一个显示相片的文件 showphoto.jsp；
- 修改模型 StudentModel.java 中相应的方法以处理 photo 字段；
- 修改 Servlet 控制器 Insertservlet.java 以处理相片信息。

3. 项目操作演示

案例 8-4 的操作地址为：http://localhost:8080/insertstudent/ListStudentServlet.do，相片文件的上传与显示分别如图 8-14～图 8-17 所示。

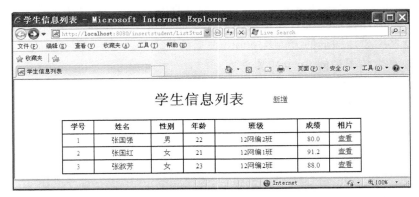

图 8-14　可查看相片的学生信息列表

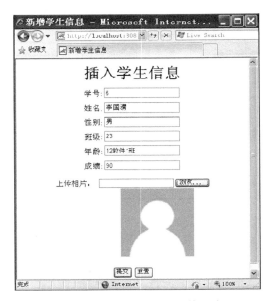

图 8-15　新增学生可以上传相片

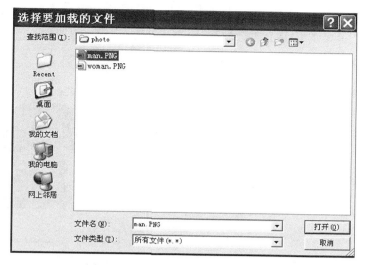

图 8-16　选择要上传的学生相片文件

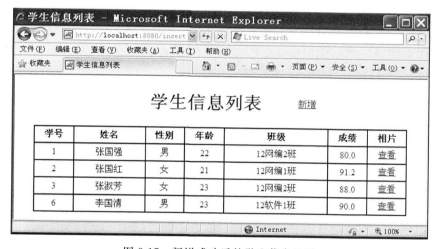

图 8-17　新增成功后的学生信息显示

　　图 8-14 列表显示了学生的信息,并可以查看各学生的相片;在该界面中有一个"新增"功能,该功能可以增加学生的相片(如图 8-15 所示)。

　　图 8-15 是输入新增学生信息的界面,该界面的功能同案例 8-1 的图 8-2,但此处可以上传学生的相片。

　　图 8-15 中通过"浏览"按钮弹出选择输入的对话框,通过该对话框可以选择要上传的图片文件,其操作如图 8-16 所示。

　　单击图 8-15 界面中的"提交"按钮,将该学生的信息输入数据库的一条新的记录中(包括相片的存储地址及文件名),而图片本身上传到服务器该项目的 upload 文件夹中。图 8-17 显示了新增的学生信息,而该学生的相片则可以通过该学生记录的"查看"链接访问,如图 8-18 所示。

图 8-18 是单击图 8-17 的"查看"链接后出现的结果,不同的学生显示各自不同的相片。

图 8-18 单击相片"查看"显示的相片

4. 项目实现代码解释说明

在上述"2. 实现步骤"中已经介绍了该案例实现的步骤。在此通过代码进一步说明该项目的实现以及关键代码的技术说明。

由于修改了数据库表,即增加了一个存放相片文件名的 photo 字段,则在实体类 Student. java 中要增加相应的属性及其 setter/getter 方法,见以下的代码段:

```
    ⋮
public String photo;
public String getPhoto() {
    return photo;
}
public void setPhoto(String photo) {
    this.photo=photo;
}
    ⋮
```

在列表显示学生信息的 JSP 文件 studentlist. jsp 中,要显示"查看"学生相片的列,见以下代码。

```
<c:forEach var="studentitem" items="${studentlist}">
    ⋮
<td >
<a href="studentjsp/showphoto.jsp?pic=${studentitem.photo}">查看
</a>
</td>
</c:forEach>
```

该代码的含义是:每一行对应一个超链接,它对应一个显示界面 showphoto. jsp,该显示界面显示服务器中对应 studentitem. photo 的相片。其中 studentitem. photo 是显示的学生实体对象的 photo 属性,即图片文件对应的文件名。

studentlist. jsp 中有一个"新增"学生记录的超链接,其代码如下:

```
<a href="studentjsp/studentinsert.jsp">新增</a>
```

该超链接调用新增学生信息的页面,该页面文件为 studentinsert. jsp,其中 form 表单含有对文件类型(file)数据的输入(其他代码同案例 8-1),其代码如下:

```
< form action="../InsertStudentservlet.do" method="post" enctype="multipart/
form-data" >
```

```
<p>学号：<input type="text" name="id"></p>
<p>姓名：
<input type="text" name="name" />
<br></p>
<p>性别：
<input type="text" name="sex" />
<br></p>
<p>年龄：
<input type="text" name="age" />
<br></p>
<p>  班级：
<input type="text" name="grade" />
<br></p>
<p>  成绩：
<input type="text" name="score" />
<br></p>
<p>上传相片：
<input style="margin-top: 20px;" type="file" name="pic" /><br>
<img src="../images/person.png" width="150" height="150"
style="margin-left: 100px;" />
</p>
<input type="submit" value="提交" />
<input type="reset" value="重置" />
</form>
```

在上述代码中有两个地方与案例 8-1 不同,即

(1) 在 form 中指明了:enctype="multipart/form-data",即 form 中有大的图片文件的输入;

(2) 添加了上传相片的<input>语句。

该输入界面对应一个执行新增操作的 Servlet 控制器,该控制器调用模型层中的 insert()方法实现数据库的新增操作。

模型层实现数据库新增操作的方法同案例 8-1,但此处多了一个 photo 字段,从而该方法中多了一个对 photo 字段的处理,见以下代码段:

```
public int insert(int id,String name,String sex,int age,String grade,float
score,String pic){
       ⋮
Connection conn=s.getConnection();
String sql="insert student values(?,?,?,?,?,?,?)";     //增加一个参数？
ps=conn.prepareStatement(sql);
ps.setInt(1, id);
ps.setString(2, name);
ps.setString(3, sex);
ps.setInt(4,age);
```

```
        ps.setString(5,grade);
        ps.setFloat(6,score);
        ps.setString(7,pic);                        //增加处理图片字段
        ⋮
    }
```

上述代码段比案例 8-1 多了一个参数 pic 的处理,该参数对应相片文件的文件名。

Servlet 控制器 InsertStudentservlet. do(对应 Insertservlet. java 文件)实现从输入界面获取 form 表单中的数据(包括图片文件),调用模型中的 insert()方法实现新数据的数据库插入操作,其代码如下:

```
public void doPost(HttpServletRequest request, HttpServletResponse response)
        throws ServletException, IOException {
        request.setCharacterEncoding("UTF-8");
        String filepath=null;                   //记录上传的文件路径及文件名
        String filename=null;
        //相片上传处理,包括上传图片及保存图片的路径与文件名
        SmartUpload smu=new SmartUpload();
        //初始化 SmartUpload 对象
        smu.initialize(getServletConfig(), request, response);
        try {
            smu.upload();                        //执行上传
            //得到单个上传文件的信息
            com.jspsmart.upload.File file=null;
            file=smu.getFiles().getFile(0);
            if (!file.isMissing()) {
                //设置文件在服务器的保存位置
                filepath="upload\\";              //上传文件存放的位置
                filename=file.getFileName();
                filepath+=filename;               //文件路径及文件名
                file.saveAs(filepath, martUpload.SAVE_VIRTUAL);
                //filename 需要保存到数据库的 photo 字段中
            }
        //下面是处理其他信息的代码,注意变量获取的对象是 jspsmart.upload.Request
        com.jspsmart.upload.Request surequest=smu.getRequest();
        int id=Integer.parseInt(surequest.getParameter("id"));
        String name=surequest.getParameter("name");
        String sex=surequest.getParameter("sex");
        int age=Integer.parseInt(surequest.getParameter("age"));
        String grade=surequest.getParameter("grade");
        float score=Float.parseFloat(surequest.getParameter("score"));
            //调用模型层的方法
            StudentModel model=new StudentModel();
            model.insert(id, name, sex, age, grade, score,filename);
```

```
//上述 insert()方法包含 7 个参数,最后一个 filename 是相片文件的文件名
        response.sendRedirect("ListStudentServlet.do");
    } catch (Exception e) {
            System.out.println(e.getMessage());
    }
}
```

上述 Servlet 代码中,前半部分是上传相片文件到服务器并获取文件名到 filename 变量中;中间部分是获取 JSP 文件 form 表单中输入的学生数据,注意这些数据是从"com. jspsmart. upload. Request 对象"中获取(而不是 request 对象)的;最后部分是调用模型的 insert()方法实现数据库的新增操作(实现的结果如图 8-14 所示)。

jspsmartupload 组件不但可以实现文件的上传,而且可以实现文件的下载。关于文件的下载操作请读者参考其他文献。另外,其他的文件上传与下载组件及其使用也请读者参考有关文献,这里就不再赘述。

8.5 软件非功能需求的编码实现

8.5.1 软件的功能需求与非功能需求

程序员开发的软件要满足用户的需求,否则开发的软件就没有价值。所谓的软件"需求"是指用户对该软件在功能、性能等方面的期望与要求,或者说是软件必须符合的条件和具备的功能。

软件需求主要分为:软件的功能需求、非功能需求和其他需求。

(1)功能需求描述系统预期提供的功能和服务,功能需求可以由输入、处理逻辑、输出等内容描述。例如学生信息管理、教师信息管理、课程信息管理等,均是"学生管理系统"软件要求的功能,属于功能需求。

(2)非功能需求是那些不直接与系统具体工作(业务功能)相关的一些需求,包括系统的性能、可靠性、可维护性、可扩充性等方面。例如"学生管理系统"要求同时满足多少人并发操作、响应时间要求最低是多少等方面,属于非功能需求。

在本教材第 8 章前介绍的基本是对用户业务处理的编码实现,可以说是实现功能需求。但是,提高软件的实用性、提高软件的处理效率、使软件更易操作及界面更美观等方面,均属于软件的非功能需求。软件的非功能需求的实现也需要大量的编码,这些编码与功能编码混在一起,它们不比功能实现的量小,其作用有时是软件成败的关键。

所以,在软件开发时要注意软件功能需求的编码实现,同时也要注意软件非功能需求的编码实现。

8.5.2 非功能需求的种类与实现

功能编码,实现对业务处理的操作。但那些非功能的处理也需要大量的编码,且这些编码往往也决定了软件的成败。例如本章介绍的汉字乱码的处理、多数据的翻页等,如果没有这些内容则该软件的使用将不可想象。但这些内容的编码量也非常多,它们均属于

非功能需求的编码。非功能需求的编码不但重要而且不可缺少,对于非功能需求编码实现的认识,是一个高级程序员必备的素质。

前面已经介绍过,非功能性需求是指软件产品为满足用户业务需求而必须具有且除功能需求以外的特性,这些不是为了实现软件的业务处理功能,而是为了完善业务处理的功能使其更实用,非功能需求的种类包括系统的外观、性能、效率、规模、可靠性、完整性、安全性、易用性、可移植性等方面。

例如,要求系统同时能满足 1000 个人同时使用,页面反应时间不能超过 3s 等要求属于性能要求;系统要求能 7×24 小时连续运行,年非计划宕机时间不能高于 20h 等,属于可靠性要求。当然,软件系统的非功能需求的满足不但可以通过软件手段进行解决,有时也可以通过硬件的手段进行解决。

非功能需求有时可以统称为质量属性、质量需求(Quality Requirement)或系统的"某属性"。

本章介绍的汉字乱码处理、多数据翻页及第 9 章将要介绍的连接池技术、Ajax 技术等,均是为了满足系统的非功能需求的编码,它们在该软件中起着重要的作用。

非功能需求的实现,同样需要大量的编程,如果要使软件更好用、让用户更满意,就应该重视软件的非功能需求编码工作与相关技术。

小　　结

本章介绍了数据库存储汉字信息乱码的处理、信息的分页显示、相片信息的上传与显示等用户非功能需求的实现技术,只有实现了用户的功能需求与非功能需求,软件的模块才完善,才能更好地满足用户的使用要求。

关于其他技术的实现,如通过连接池提高数据库的处理效率、通过 Ajax 技术提高用户的页面体验等均为非功能需求的实现技术。也就是说,如果没有这些技术,软件也可以运行,但是它们可以大幅度提高软件的性能等非功能需求。关于这些内容的介绍见第 9 章。

非功能需求的实现,同样需要大量的编程,它在软件开发过程中也非常重要,其至可能决定项目开发的成败。所以,在重视软件用户功能实现的前提下,也需要重视非功能需求的实现。

综 合 实 训

实训 1　完善第 6 章实训 2 开发的仓库管理软件各模块,使它们在数据库存储时不会出现汉字乱码问题、能进行信息的翻页显示、能进行报表的生成、上传与下载。

实训 2　在上述实训 1 的基础上,实训页式导航的翻页处理,即同时显示可以到一个固定页数从最小页号与最大页号的选择,并随着到达最大页号或最小页号显示下一批或上一批页号。同时,能输入一个页号直接跳到该页显示。

提高软件处理与软件开发效率

本章学习目标

- 了解提高软件处理与提高软件开发效率的重要性。
- 熟练掌握 Tomcat 数据库连接池的应用方法。
- 熟练掌握 Ajax 技术实现 Web 页面的局部刷新方法。
- 了解 JavaBean 的软件复用技术。
- 熟练掌握利用接口技术将业务定义与实现进行分离的方法。

本章继续介绍两种提高软件性能的技术：数据库连接池技术及 Ajax 技术。由于数据库的连接在数据库处理过程中不可缺且非常消耗资源，数据库连接池技术对于改进数据库连接处理的性能来说是不错的选择。另外，由于 JSP 动态页面在 B/S 方式的运行中需要大量地与服务器交互，在交互过程中采取的是整个页面的重载及整体刷新，用户在操作时觉得非常慢；而且如果用户量增大时，可能还会到达系统的承载上限而使系统崩溃。Ajax 技术只进行局部刷新从而能解决这个问题。

在提高软件开发效率方面介绍了软件复用技术及实现、接口技术与实现。

在软件开发过程中，复用技术的应用能大幅度提高软件开发效率。本章还介绍了软件复用的概念，以及用 JavaBean 技术如何实现软件的复用。另外，在大型的软件开发过程中，技术的实现已经不是问题，而需求与管理则显得更为重要。所以，为了隔离需求与实现，采用了接口技术。利用接口的定义与实现，可以使设计师将精力放在业务的设计与定义上，而具体实现可由程序员承担。

9.1 问题的提出

在第 8 章介绍了一些完善软件功能模块的技术实现，这些技术实现用于弥补之前介绍的功能模块实现的不足。其次，第 8 章还介绍了软件的非功能需求的实现。非功能需求是那些与软件有关的系统的外观、性能、可靠性、可维护性、可扩充性等方面的需求。非功能需求种类繁多、实现技术复杂。

本章介绍提高软件处理性能、以及提高软件开发效率两个方面的技术问题；它们涉及软件的性能，以及可维护性、可扩展性方面的问题。本章前半部分介绍非功能需求的实现技术，通过连接池技术提高数据库访问的性能问题、以及通过 Ajax 技术提高 Web 动态页面响应的效率。

另外,软件的开发如果采用可复用的组件技术、接口技术可以大大提高软件的开发效率、提高软件的可维护性及可扩展性。本章后半部分介绍常见的 Java 组件技术及面向接口的开发技术,它们的应用可大幅度提高软件的开发效率及软件的可扩展性。

9.2 Tomcat 数据库连接池技术

9.2.1 传统数据库连接方式的不足

在本书前面的案例中均是用 JDBC 方式进行数据库连接的,任何一次用户访问数据库的操作都要进行一次连接。由于开发的项目均是基于网络的 Web 程序,用户量大、同时进行数据库操作的机会多。其实,数据库连接会消耗大量的计算机(服务器)资源,如存储器、计算机等,会明显降低整个应用程序处理的速度与性能。数据库连接池正是针对这个问题提出来的。

在应用程序中对数据库进行操作时,都要通过连接进行。其实,每一次请求时均需要创建与数据库的连接,因而资源占用得多;在 Web 应用的用户并发访问量大时,Web 网站速度受到很大的影响;每次数据库访问结束后,都需要关闭连接源,而该操作均会消耗许多时间。所以,常规的用数据库连接进行数据库应用开发,系统的安全性和稳定性相对较差,不利于大型应用的要求。为了克服该问题,人们提出了数据库连接池技术。

所谓的数据库连接池,就是一次性地创建多个连接,以备应用程序在进行数据库操作时直接使用。应用程序要对数据库进行操作时,就去访问这些连接,看谁没被占用,如果有一个没有被占用,该操作就选这个连接进行数据库操作,并设置该连接为"已占用"状态。如果操作完成,就设置该连接为"未占用"状态,不关闭该连接。这样既节约了频繁创建、关闭数据库连接需要的资源,也节约了操作的时间,从而大大提高了数据库应用程序的性能。

9.2.2 连接池应用案例

【案例 9-1】 用数据库连接池代替案例 8-4 中的学生信息的数据库查询及列表显示。即通过数据库连接池代替 JDBC 的数据库操作实现如图 8-12 所示的操作。

1. 实现技术与思路

在项目案例 8-4 中已经实现了通过查询数据库列表显示学生的信息(图 8-12 所示),但此处是用 JDBC 方式实现的。现在通过修改案例 8-4 的项目代码:保留显示界面、学生实体类;修改控制器、学生访问模型类;删除数据库连接类用数据库连接池代替。

案例 8-4 中数据库连接是:dbutil.Dbconn.java,删除该包与类则模型中创建数据库连接的语句就失效。删除这些创建数据连接的语句,添加数据库连接池的语句便可。

为了使用 MySQL 数据库的连接池,需要做一些配置工作,然后再写相应的获取连接的 Java 代码。

本教材介绍的是使用 Java＋Tomcat 平台开发 Web 应用程序,是采用 Tomcat 平台作为 Web 服务器。在此环境下,Tomcat(Web 容器)的 JNDI(Java 命名和目录接口)可提供数据库连接池的服务。

由于是 Tomcat 提供的服务支持,所以使用数据库连接池不需要在 Web 项目中添加驱动包,只需要对 Tomcat 进行相应的配置,就可以采用数据库连接池技术进行程序编码。

2. 使用数据库连接池前的准备

Java 命名和目录接口(Java Naming and Directory Interface,JNDI)是 Tomcat(Web 容器)提供的,是一组在 Java 应用中访问命名和目录服务的 API(应用程序接口)。它们通过名称将资源与服务进行关联而访问系统提供的技术服务。数据库连接池就是其中提供的一种技术。

本案例采用 JNDI 创建 MySQL 数据库的连接池,通过该连接池访问并显示学生信息。要创建 MySQL 的连接池,需要进行以下配置。

1) 配置 Tomcat 的文件 context. xml:在 Tomcat 根目录\conf\context. xml 文件的＜Context＞节点中添加＜Resource＞信息,其格式如下。

```
<Resource name="jdbc/students" auth="Container" type="javax.sql.DataSource"
factory="org.apache.tomcat.dbcp.dbcp.BasicDataSourceFactory"
driverClassName="com.mysql.jdbc.Driver"
url="jdbc:mysql://localhost:3306/你的数据库名字"
username="用户名" password="密码"
maxActive="20" maxIdle="10" maxWait="1000" />
```

2) 配置 Tomcat 的 Web. xml 文件,在 Tomcat 根目录\conf\Web. xml 文件中添加＜resource-ref＞信息,其格式如下。

```
<resource-ref>
    <description>students DataSource</description>
    <res-ref-name>jdbc/students</res-ref-name>
    <res-type>javax.sql.DataSource</res-type>
    <res-auth>Container</res-auth>
</resource-ref>
```

3) 将 MySQL 数据库连接驱动包(如 mysql-connector-java-3. 1. 13-bin. jar)复制到 Tomcat 根目录的\lib 子目录中。

通过以上几个步骤的准备,就可以在程序文件中编写连接池应用代码了。

3. 案例实现步骤及编码说明

为了实现用数据库连接池对案例 9-1 中的 MySQL 数据库的访问操作,首先要进行连接池编码前的准备;然后在项目中的模型层进行相应的代码修改,用连接池中的连接代替 JDBC 连接,其他代码同案例 8-4。最后实现的对数据库的访问如案例 8-4 的图 8-12 所示。

（1）直接在 Tomcat 中进行配置。

① 在 Tomcat 安装目录\conf 中对 context.xml 文件进行数据源＜Rescource＞的配置，配置结果如图 9-1 所示。

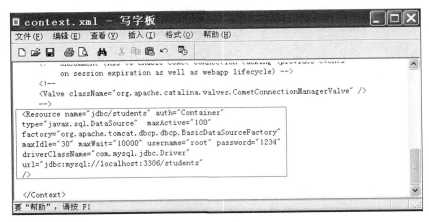

图 9-1　Tomcat 安装目录\conf 下 context.xml 的配置

图 9-1 中对数据源＜Rescource＞的配置，其中各属性的含义见表 9-1 的说明。

表 9-1　数据源＜Rescource＞中各属性的含义

序号	属性名称	属性含义说明
1	name	指定 Resource 的 JNDI 名称，如其名称定义为 jdbc/students
2	auth	指定管理 Resource 的管理者 Manager（如为 Container 则表明是由 Tomcat 容器创建和管理的；如果是 Application 则是由 Web 应用程序创建和管理的）
3	type	指定 Resource 所属的 Java 类，如 javax.sql.DataSource 提供支持
4	factory	指该 Resource 配置使用的是哪个数据源配置类，这里使用的是 Tomcat 自带的标准数据源 Resource 配置类
5	username	访问 MySQL 数据库的用户名
6	password	访问数据库用户的密码
7	maxActive	指定连接池中处于活动状态的数据库连接的最大数目
8	maxIdle	指定连接池中处于空闲状态的数据库连接的最大数目
9	maxWait	指定连接池中的连接处于空闲的最长时间，超过这个时间会抛出异常，取值为－1，表示可以无限期等待
10	driveClass-Name	指明 JDBC 驱动器，含义同 JDBC 连接
11	url	指明数据库 URL 地址与端口

② 在 Tomcat 安装目录\conf 中对 Web.xml 文件进行数据源＜rescource-ref＞的配置，配置结果如图 9-2 所示。

图 9-2 显示了在 Web.xml 中配置＜resource-ref＞。其中＜res-ref-name＞指定

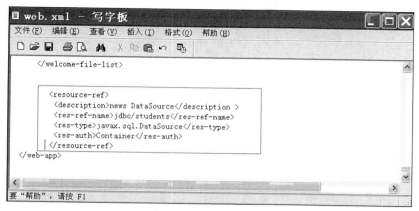

图 9-2　Tomcat 安装目录\conf 下 Web. xml 的配置

JNDI 的名字，它要与 context. xml 中的＜Resource＞元素的 name 一致；＜res-type＞指定引用资源的类名，也要与＜Resource＞元素的 type 一致；＜res-auth＞指定案例所引用资源的管理者（Manager），它也要与＜Resource＞元素的 auth 一致。

（2）将 MySQL 数据库驱动 jar 包文件 mysql-connector-java-3. 1. 13-bin. jar 复制到 Tomcat 安装目录\common\lib 目录中。

（3）项目中 JDBC 连接类删除，在模型层 StudentModel. java 类的 search（）方法进行修改，删除相应的 JDBC 获取连接语句、添加通过 JNDI 连接池方式获取连接的语句。

即将下述语句：

```
import java.sql.Connection;
import dbutil.Dbconn;
⋮
static Dbconn s=new Dbconn();
Connection conn=s.getConnection();
ps=conn.prepareStatement(sql);
```

改为

```
import javax.naming.Context;
import javax.naming.InitialContext;
import javax.sql.DataSource;
⋮
Context ic=new InitialContext();
DataSource s=(DataSource)ic.lookup("java:comp/env/jdbc/students");
Connection conn=s.getConnection();
ps=conn.prepareStatement(sql);
```

除了上述代码修改以外，其他代码均不变。完成以上几步后，部署案例 9-1 的项目，启动 Tomcat 服务器，在浏览器中输入以下地址：

```
http://localhost:8080/liststudents/ListStudentServlet.do
```

显示结果见图 9-3，即访问数据库成功。

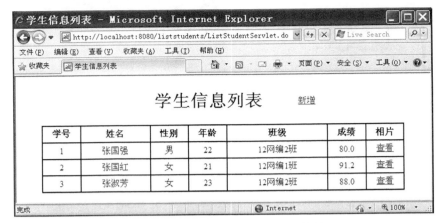

图 9-3　通过连接池访问数据库的结果

图 9-3 同案例 8-4 的图 8-12 相同，说明两种方式功能不变。通过图 9-3 说明通过数据库连接池成功访问了数据库。

完整的模型层 StudentModel.java 类 search() 方法的代码如下：

⋮

```java
//下面的import语句是使用JNDI和数据源要导入的包
import javax.naming.Context;
import javax.naming.InitialContext;
import javax.sql.DataSource;

public class StudentModel {
    private static PreparedStatement ps;
    private static ResultSet rs;
    public List search(){
        List studentlist=null;
        String sql="select * from student";
        try {
        Context ic=new InitialContext();
//通过JNDI中的配置信息：Context、DataSource中的相关属性,获取Connection对象
DataSource source=(DataSource)ic.lookup("java:comp/env/jdbc/students");
//上面的参数分为两部分"java：comp/env"为Java默认路径,jdbc/students为DataSource
//（数据源）名

                //通过连接池获取连接
                Connection conn=source.getConnection();
                ps=conn.prepareStatement(sql);
                rs=ps.executeQuery();
                studentlist=new ArrayList();
```

```java
        while(rs.next()){
            Student student=new Student();
            student.setId(rs.getInt("id"));
            student.setName(rs.getString("name"));
            student.setAge(rs.getInt("age"));
            student.setSex(rs.getString("sex"));
            student.setGrade(rs.getString("grade"));
            student.setScore(rs.getFloat("score"));
            student.setPhoto(rs.getString("photo"));
            studentlist.add(student);
        }
        //不需要关闭连接
    } catch (Exception e) {
        e.printStackTrace();
    }
    return studentlist;
    }
}
```

上述代码中数据源(DataSource)是由 javax. sql. DataSource 接口负责建立与数据库的连接的,从 Tomcat 的数据源获得连接,然后把连接保存在连接池中。

由于数据源是由 Tomcat 提供的,所以不用在程序中创建实例,只要通过 JNDI 获取数据源的引用即可。

9.2.3　数据库连接池与 JNDI

通俗地说数据库连接是我们程序与数据库交互的一种方式,第 3 章已经介绍过数据库连接的创建过程。如果我们的应用程序要不停地访问与操作数据库,则创建连接与释放连接就会不停地进行。数据库连接的创建与释放均比较耗资源,从而使整个应用程序的性能大幅度下降。

而连接池是在内存中预设好一定数量的连接对象,以备用户在进行数据库操作时直接使用。连接池是在初始化时创建一定指定数量的连接,使用时从连接池中重用连接,不需要每次创建一个新的连接。而数据库连接的建立、断开均由管理池统一管理,提高了系统资源的使用效率,从而使数据库操作性能得到提升。

应用程序从连接池获取连接,而连接池对应的数据源 Datasource 对象由 Tomcat 提供,那么我们如何在应用程序中获得它呢? Tomcat 把这个对象放在 JNDI 服务中,并用一个名字把它关联起来,我们在应用程序中,只需通过 JNDI 搜索这个名字,就能得到这个 Datasource 对象。

JNDI 是 Java EE 中一个命名与目录服务,就像书本前面的目录一样,例如一本书的"某章某节",它实际上建立了一个名称和对象的关联,我们可以根据"该章该节"这个名字,找到它真正对应的内容。

同样,JNDI 也是一样,我们将 Datasource(数据源)放到 JNDI 目录服务中,然后给它起一个名字,例如 jdbc/students,那么我们在应用程序中,就可以通过 javax. naming. Context 接口的 lookup()方法,索引 jdbc/students 这个名字来得到数据源 Datasource 对象了。

　　数据库连接池可以为企业级开发提供稳健和高效的数据访问层,可以高效地完成对数据库的增、删、改、查操作,也能处理数据库发生的各种错误。数据库连接池可以灵活地修改配置,是一个使用方便、高性能的数据库连接工具。

9.3　Ajax 技术实现 Web 页面的局部刷新

　　在前面讲述的基于 MVC 的 JSP 动态网页中,常常需要进行页面的刷新。这时的刷新常常是重新调用本页面。根据 JSP 的运行原理我们知道,如果一个 JSP 页面要执行,就需要通过 Servlet 到远程服务器执行,最后再以"响应"的形式转到客户端来显示。由于用户数量多,服务器资源可能消耗比较多,又可能由于网络问题,这个过程会比较缓慢,这就给用户带来了很不好的感觉。

　　其实,很多 Web 网页在操作时,往往只是局部数据改变,大部分内容是不变的,如果每次均全部重新执行一遍,很多资源的消耗就浪费了。如果只执行局部的操作而其他内容保持不变,消耗的资源就少,就能大大提高软件的操作性能。

　　在前面的章节中,是通过重定向或转发到该页面而实现的刷新,这两种方法是:

　　(1) 重定向跳转:response. sendRedirect("本页面 URL 地址"),见案例 2-4 中的 control. jsp;

　　(2) 转发跳转:request. getRequestDispatcher("本页面 URL 地址"). forward(request, response),见案例 6-2 中 ListStudentServlet. java。

　　这两种方式都是对整个界面进行重新调用执行,是整个页面的刷新。

　　如何改进这个问题呢? 就是采用局部刷新技术,也就是将需要改变的局部内容刷新,其他内容不变,这样就大幅度提高了页面的反应速度。

　　例如:对用户输入信息的校验,对用户的登录认证等。这时一般要通过控制器进行处理,但如果控制器返回的是整个界面就不能提高性能了,但如果控制器是在局部页面中执行与反馈的,刷新局部界面时,就可以达到局部刷新的目的了。

　　Ajax 技术可以解决上述问题。

　　异步 JavaScript 与 XML(Asynchronous JavaScript and XML,Ajax)是一个结合了 Java 技术、JavaScript 以及 XML 的编程技术,它可以在进行基于 Java 技术的 Web 应用开发时,突破使用页面整体重载的方式。

　　Ajax 是使用客户端脚本与 Web 服务器交换数据的 Web 应用开发方法。通过 Ajax 页面不用打断交互流程进行重新加裁,就可以动态地更新。使用 Ajax,可以创建接近本地桌面应用的、直接的、高可用的、更丰富的、更动态的 Web 用户接口界面。从而给用户一种新的感觉。

　　Ajax 技术主要是应用于用户交互上的,例如发一个微博客,就会直接显示在页面上,这不需要做太多的页面交互。否则,这样对用户感受来说很差,因为每次都要刷新页面;

另外是在带宽的节省上,因为每刷一次页面带来的问题是会增加很多传输量。

下面分别介绍用 Ajax 技术实现用户注册验证、用户登录验证以及删除提示案例。

9.3.1 案例准备

在本书案例 6-1 已经实现了用 MVC 方式对用户信息进行新增、删除等操作。现在在其基础上增加一个账号(uaccount)字段,用于区别已注册的操作用户,然后,可以通过该字段进行登录的认证。

账号字段 uaccount 与用户的真实姓名不同,它是不可重复的,否则就会出现"二义性"。在计算机中如果出现二义性,就可能会引起逻辑混乱导致软件系统崩溃。

为了介绍 Ajax 技术局部页面刷新技术,现在案例 6-1 的基础上进行修改,使其能进行账号的查重、控制,以及利用它进行用户登录。

下面介绍一些需要做的技术准备工作。

1. 修改数据库,增加账号字段

原案例 6-1 只有 id、name、password 三个字段(见案例 6-1 提供的数据库 SQL 脚本),现在其基础上增加一个 uaccount 用以存放用户的账号。修改后的数据库表(user)结构如表 9-2 所示。

表 9-2 数据库设计是在表 3-1 的基础上增加了一列 uaccount

字段名	类　　型	是否为空	中文含义	备　　注
id	int(11)	No	编码	主键、自增
uaccount	varchar(10)	Yes	用户账号	不能重复
name	varchar(255)	Yes	真实姓名	
password	varchar(255)	Yes	密码	

2. 修改程序代码,实现注册账号输入与用户登录认证

修改案例 6-1MVC 各层的相关程序,使在数据库表 user 新的结构下实现用户账号的输入以及用这个账号进行登录。

修改程序需要在以下几个方面进行:

首先,需要在实体类 User.java 中增加一个属性以及其 setting/getter 方法;其次,在新增用户界面 insert.jsp 的 form 表单中增加账号的 input 输入框;然后,分别修改模型层的 insert()方法,使其能对账号字段进行插入;最后修改控制器中对模型调用时的数据获取与传递。

做好上述工作后,就可以在此基础上增加用户登录与重复账号的控制代码了。

基于 MVC 模式的用户登录功能的实现原理如图 9-4 所示的流程。首先要创建一个登录界面 login.jsp,在其上用户可以输入"账号"、"密码",提交时调用控制器 usercheckservlet,该控制器调用模型层的 Boolean usercheck(account,password)方法进行验证(在此之前

要在模型中创建该方法），然后判断返回的结果是否为"真"，如果是"真"就转到主操作界面，否则就重新加载登录界面让用户重新输入（其流程如图 9-4 所示）。由于是重新加载登录界面，所以有时让操作者感觉刷新较慢。

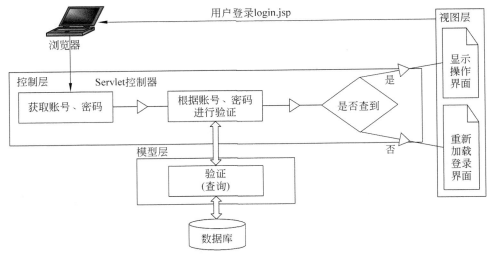

图 9-4　基于 MVC 的用户登录验证技术流程

验证用户控制器的相关验证代码如下：

```
if(model.usercheck(account, password)){
    response.sendRedirect("userList.do");}        //验证成功,进入操作界面
else response.sendRedirect("login.jsp");          //验证失败,重载登录界面
```

从上述重载登录界面的代码可以看出，重载该界面时是整体刷新的。

另外，在用户注册时，即对用户的信息进行数据库插入操作时，还需要对用户账号进行查重，即如果是重复的账号则不允许继续操作，须用户重新输入。按图 9-5 修改程序，

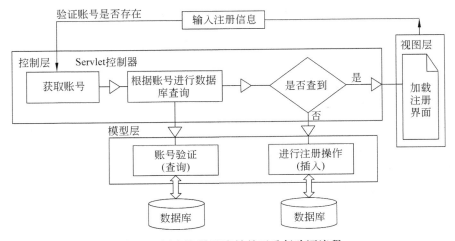

图 9-5　用户注册及账号是否重复验证流程

使注册程序能对重复账号进行控制。

图 9-5 中显示了注册时控制器分为两个部分,即在插入操作前访问数据库看输入的账号是否存在,如果存在则重新加载注册界面进行重新输入;否则就可以执行注册,对数据库进行插入操作。

用户账户查重控制器中的相关代码如下:

```
if (!model.find(account)) {                            //进行账号重复验证
    model.insert(account, name, password);  //调用模型中的方法进行插入操作
    response.sendRedirect("userList.do");
} else {
    response.sendRedirect("insert.jsp");     //否则重新进入注册信息输入界面
}
```

从上述代码可以看出,重新加载注册界面是对整个注册的 JSP 页面进行加载,是对整个界面的刷新操作。

到此,就对 Ajax 实现局部刷新的案例进行了准备,下面分别介绍使用 Ajax 技术是如何实现界面的局部刷新的。

9.3.2 用 Ajax 技术实现用户注册账户查重

在案例 6-1 中的用户管理"新增用户"子模块也可以称为"用户注册",即新增一个注册用户。用户注册时要求新增用户数据库记录,包括用户账号、真实姓名、用户密码等。在本章"9.3.1 案例准备"中已经在数据库中增加了一个"用户账户"字段,并编写了 MVC程序能在用户注册时检查是否有重复的账号,否则不能注册。

但是,新增用户时用户账号是不能重复的,否则就判断不出他们之间的区别,计算机会出现二义性而引起逻辑混乱。9.3.1 节虽然已经实现了注册账号的查重,但是它使用的是整体页面的刷新;下面介绍用 Ajax 局部刷新技术实现用户账号查重。

【案例 9-2】 用 Ajax 局部刷新技术实现注册用户的账号名是否已存在的提示与控制。

1. 项目要求与效果演示

用户的注册账号如果是空,或者重复,就会给软件的运行带来很多麻烦。在用户进行注册时可以进行控制。现在要求用 Ajax 技术实现,如果用户账号为空,则提示"不能为空"并控制用户继续操作,如果账号与已有的账号重复,则提示"该账号已经存在"等信息,同样也不能让用户继续操作。

实现效果如图 9-6 所示(运行注册界面:http://localhost:8080/regist/insert.jsp)。

如果注册账号为空,或者注册账号与已有的账号重复,则在不刷新整体页面的情况下提示用户,其效果如图 9-7 所示。

图 9-7(a)中显示,用户的注册账号如果为空,则提示"注册账号为空"且需要继续输入(通过重设输入框的焦点实现);图 9-7(b)显示,如果用户输入的账号名已经存在(需要通过数据库查询知道),则同样需要显示如"账号已经存在,请重新输入一个账号"的信息,并

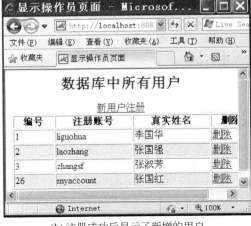

(a) 注册界面的注册信息输入　　　　　　　(b) 注册成功后显示了新增的用户

图 9-6　用户注册的实现

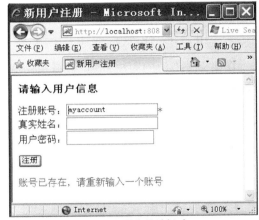

(a) 注册账号为空时　　　　　　　　　　(b) 注册账号重复时

图 9-7　用户注册账号为空或重复时的处理

需用户继续输入正确的账号名(否则用户不能离开该输入框)。

图 9-6、图 9-7 是通过 Ajax 技术,在不刷新整个输入界面的情况下,通过局部刷新提示用户并控制用户的操作的。

2. 案例实现步骤

在"9.3.1 案例准备"的基础上,利用以下开发步骤进行实现。

(1) 在模型层实现一个通过账号(数据库 uaccount 字段)查询某个账号是否存在的方法,该方法代码如下:

```
public Boolean find(String account){
        Boolean isexist=false;
```

```
        try {
            Connection conn=s.getConnection();
            String sql="select * from user where uaccount=?";
            ps=conn.prepareStatement(sql);
            ps.setString(1, account);
            rs=ps.executeQuery();
            if(rs.next()){
                isexist=true;
            }
            s.closeAll(conn,stat,rs);
        } catch (SQLException e) {
            e.printStackTrace();
        }
        return isexist;
    }
```

（2）编写一个 Servlet 控制器，它调用上述方法验证某个账号是否存在，该控制器代码如下：

```
public void doPost(HttpServletRequest request, HttpServletResponse response)
        throws ServletException, IOException {
    request.setCharacterEncoding("gbk");
    String account=request.getParameter("account");
    Model model=new Model();                     //调用模型
    response.setCharacterEncoding("gbk");
    PrintWriter out=response.getWriter();
    //返回信息,该信息在 JSP 中通过 JavaScript 代码访问
    out.println(model.find(account));            //执行验证,并将结果返回浏览器
    out.flush();
    out.close();
}
```

上述控制器代码调用模型，通过 account、password 查询是否存在该用户，如果存在则在浏览器中传递返回 true，否则就传递返回 false。最后，JavaScript 会根据该返回值决定显示的提示信息。

（3）在注册界面 insert.jsp 的表单 form 中，增加响应的 JavaScript 函数，并显示提示信息的代码，代码如下：

```
<form name="form1" action="insertservlet" method="post">
        注册账号：<input type="text" id="account" name="account" value=""
onblur="checkAccountExist()" />
<font color="#ff0000">*</font><br>
        真实姓名：<input type="text" name="name"><br>
        用户密码：<input type="password" name="password"><br><br>
        <input type="submit" value="注册"><br><br>
```

```
<font color="#ff0000"><div id="message" style="display: inline"/></font>
</form>
```

上述代码中,onblur＝"checkAccountExist()"是执行是否重复的 JavaScript 函数。
<div id＝"message" style＝"display：inline" />是显示返回给用户的提示信息。

（4）在注册界面中定义 JavaScript 函数 checkAccountExist(),它传递用户输入的账号信息,通过调用 Servlet 控制器查询数据库,并将是否存在的结果存放在 XML 文档中,并通过对 JavaScript 对象 XMLHttpRequest 的操作获取并显示在 JSP 页面中。

（5）编写对 XMLHttpRequest 对象的操作,获取返回信息。

3. 案例核心代码解释

在上小节"2. 案例实现步骤"中已经给出了案例实现的步骤与部分代码,由于(1)～(3)步的代码容易理解,所以下面重点对(4)、(5)两个步骤的代码进行解释。

在注册界面 insert.jsp 中插入 JavaScript 代码为:

```
<script language="javascript">
    ⋮
</script>
```

该 JavaScript 代码主要包括以下部分:

（1）定义 checkAccountExist()函数以判断用户输入的账号是否为空,如果不为空则调用控制器,将输入的账号名进行数据库查询,返回是否存在的信息。调用控制器的函数为 doAjaxAction()。

```
var xmlhttp;//定义浏览器对象变量并初始化,该变量全局有效
function checkAccountExist() {
    var ff=document.form1;
    var account=ff.account.value;
    if (account=="") {
        alert("账号名不能为空");
        ff.account.focus();
        return false;
    } else {
        doAjaxAction("checkaccountservlet?account="+account);
    }
}
```

上述代码中,如果用户输入的账号名为空,则通过 ff. account. focus()使用户的操作离不开输入账号的输入框。其中 xmlhttp 是浏览器对象并初始化,它对于后面的 JavaScript 代码属于全局变量。验证用户输入的账号名不为空后,就执行 doAjaxAciton 函数,该函数调用一个控制器对账号是否重复进行验证。

（2）定义执行 Servlet 控制器的函数 doAjaxAction(),其代码如下:

```
function doAjaxAction(url) {
```

```
try {
    xmlhttp=new ActiveXObject("Msxml2.XMLHTTP");
} catch (e) {
    try {
        xmlhttp=new ActiveXObject("Microsoft.XMLHTTP");
    } catch (e) {
        try {
            xmhttp=new XMLHttpRequest();
            if (xmlhttp.overrideMimeType) {
                xmlhttp.overrideMimeType("text/xml");
            }
        } catch (e) {
        }
    }
}
//判断 XMLHttpRequest 对象是否成功创建
if (!xmlhttp) {
    alert("不能创建 XMLHttpRequest 对象实例");
    return false;
}
    //创建请求结果处理程序
    xmlhttp.onreadystatechange=dealReuqest;
    xmlhttp.open("post", url, true);           //通过处理程序执行 Servlet 验证控制器
    //如果 form 是以 post 方式提交的请求,还必须添加下列语句
xmlhttp.setRequestHeader("Content-type","application/x-www-form-
urlencoded");
    xmlhttp.send(null);
}
String.prototype.trim=function() {            //除去获取的字符串前后的空格
    var k=this.match(/^\s * (\S+(\s+\S+) * )\s * $/);
    return (k==null) ? "" : k[1];
}
```

上述代码首先是获取浏览器对象并调用其 open()方法访问控制器并获取返回的数据。该数据是 Servlet 通过 out. println()产生并存放在浏览器中的。该浏览器对象以 xmlhttp 变量表示,在初始化时,要判断其类型与版本(如 Microsoft 的 IE 浏览器)。它们是通过以下两行实现的:

```
xmlhttp=new ActiveXObject("Msxml2.XMLHTTP");
xmlhttp=new ActiveXObject("Microsoft.XMLHTTP");
```

这两行代码其实就是尝试使用某个版本的 MSXML 创建对象,如果失败则使用另一个版本创建该对象。如果都不成功,就将 xmlhttp 变量设为 false,则表示代码出了问题,可能是安装了非 Microsoft 浏览器,需要使用不同的代码。

如果浏览器对象创建成功,则创建请求结果处理程序 dealRequest()并执行 Servlet
控制器进行查询验证,获得验证结果数据。

代码中使用值 null 调用 send(),是因为已经在请求 URL 中添加了要发送给服务器
的数据,所以请求中不需要发送任何数据。这样就发出了请求,服务器就会按照你的要求
工作了。

（3）定义根据验证结果数据进行显示数据的处理函数 dealRequest(),其代码如下:

```
function dealReuqest() {
    if (xmlhttp.readyState==4) {              //等于 4 代表请求完成
        if (xmlhttp.status==200) {
            //responseText 表示请求完成后,返回的字符串信息
                if (xmlhttp.responseText.trim()=="false") {
                document.getElementById("message").innerHTML="该账号名可以
                使用";
            } else {
                document.getElementById("message").innerHTML="账号已存在,请重新
                输入一个账号";
                var ff=document.form1;
                 ff.account.focus();               //重新定位账号名的输入框焦点
            }
        } else {
            alert("请求处理返回的数据有错误");
        }
    }
}
```

上述代码是获取验证返回的数据,并根据返回结果的不同设置显示的信息,是提示
"该账号名可以使用"还是提示"账号已存在,请重新输入一个账号"。验证后返回的结果
信息存放在 xmlhttp.responseText 中,提示信息存放在 message 变量中。

4. Ajax 技术实现的流程

Ajax 技术实现的具体流程是:

Ajax 发出请求→服务器接收请求,处理请求并将处理结果返回→Ajax 收到结果,按
照你设定的方式解析结果并更改页面内容。

Ajax 最根本的原理就是在不刷新页面的情况下访问服务器处理数据,并根据数据的
处理结果按你想要的方式对页面做出即时更改。至于 Ajax 还能做什么,这个就看你怎么
用了,Ajax 本身并没有限制只能做什么,只要需要它的机制原理带来的好处来处理数据,
就可以用 Ajax。下面通过案例介绍用 Ajax 技术实现用户登录的验证。

9.3.3 用 Ajax 技术实现用户登录的身份验证

在案例 9-2 中,已经完成了对用户的注册。如图 9-6(a)、图 9-6(b)所示,已经在数据
库中注册了一个用户,其账号、密码分别为:myaccount、zgh,图 9-8 演示用该账号名、密

码进行登录。

(a) 输入用户名、密码进行验证

(b) 登录成功后进入操作界面

(c) 登录失败时重新加载登录界面

图 9-8　用户登录操作

图 9-8 演示了合法的用户登录成功后进入的操作界面，而没有注册的非法用户则需要重新进行登录。在此需要重新加载登录页面 login.jsp，在相应的 Servlet 控制器中是通过以下语句实现的：response.sendRedirect("login.jsp")。这部分代码实现的介绍见"9.3.1 案例准备"中所述。

下面介绍，不重新刷新整个登录页面，通过 Ajax 局部刷新技术提示用户登录不成功信息。

【案例 9-3】 用 Ajax 局部刷新技术实现在用户登录时的信息提示。

1. 实现技术与思路

前面已经介绍了通过 Servlet 控制器对用户登录进行验证与控制，但其实现是通过整体页面刷新进行的。如果采用 Ajax 局部刷新技术进行编码，就需要在前面代码的基础上做一些修改。

首先，修改 Servlet 控制器，不是通过重定向进行页面跳转，而是将判断的结果返回浏览器供 JSP 页面中的 JavaScript 访问与控制。

修改登录界面,增加 JavaScript 脚本代码及显示提示信息的 label 标签框。

2. 案例实现步骤及代码解释

首先修改通过用户账户与密码验证用户的 Servlet 控制器,该控制器与前面的控制器逻辑相同,只是验证不成功时不是重定向一个 JSP 页面,而是返回一个标志"0"。控制器的代码如下:

```
public void doPost(HttpServletRequest request, HttpServletResponse response)
  throws ServletException, IOException {
      request.setCharacterEncoding("GBK");
      String account=request.getParameter("account");
      String password=request.getParameter("password");
      PrintWriter out=response.getWriter();
      Model model=new Model();                     //调用模型的方法进行检验
      if(model.usercheck(account, password)){
       response.sendRedirect("userList.do");       //验证成功,进入操作界面
                                                    //该操作界面也是一个 Servlet

      }
      else out.print(0);                            //验证失败,返回失败标志"0"
      out.flush();
      out.close();
    }
```

该控制器的内容与前面的基本一致,同样是调用模型层的 usercheck() 方法进行验证,只是不成功时通过 out.print(0) 返回一个标志"0",以便 JSP 中的 JavaScript 代码进行处理。

其次,需要修改登录的 JSP 页面,其代码如下:

```
<body>
    <div id="login">
        <label>输入账号:</label>
        <input type="text" id="account" value="" size="19" /><br/>
        <label>输入密码:</label>
        <input type="password" id="password" value="" />
        <font color="#ff0000">
            <label id="errormessage"></label></font><br>
        <input type="button" value="登录" onclick="usercheck()" />
    </div>
</body>
```

其中的＜label＞标签用于显示错误信息;"登录"按钮执行 JavaScript 的函数 usercheck()用来验证用户的合法性。

最后是添加 JavaScript 代码,用于在客户端判断返回的结果,进行局部刷新并设置提

示信息。由于 JavaScript 的代码大部分与案例 9-2 相同,下面只给出部分不同的代码及其说明。

```
XMLHttp.open("POST","userajaxcheckservlet?account="+account+
"&password="+password,true);
```

上述代码用于执行 Servlet 控制器。下面的 JavaScript 函数是对返回的结果进行处理。由于在控制器中,如果验证其是合法用户,就会转到操作的界面(是一个列表显示用户信息的控制器);否则,不做任何操作,只是在浏览器中返回一个标志"0"。

```
function dealRequest(){
        if(XMLHttp.readyState==4){
            if(XMLHttp.status==200){
              var sobj=document.getElementById("login");
              var textreturn=XMLHttp.responseText;
              if(textreturn!=0){
               sobj.innerHTML=textreturn;
              }else{
              document.getElementById("errormessage").innerHTML="用户名或
              密码错误,请重新输入";  }
        }
    }
```

上述代码根据返回的结果进行判断与执行。首先,通过 XMLHttp.responseText 获取返回结果,如果是"0"则设置错误提示信息,否则显示操作界面。

3. 案例操作演示

根据上述步骤的修改与编码,其他部分不需要改动,就完成了基于 Ajax 技术实现的局部刷新登录功能。图 9-9(a)显示了登录不成功的局部刷新提示,图 9-9(b)显示了验证成功后进入的操作界面。

通过案例 9-2、案例 9-3 发现,Ajax 技术可以实现软件开发常用的用户输入验证功能。例如,我们在输入学生信息时,性别只能输入"男"或"女"、年龄限定在 10～50 岁等约束,如果用户不按这些规则输入,系统就会强制提醒与控制(同案例 9-2、案例 9-3)。如果没有这种提醒与控制,用户输入的数据就有可能会很乱,也可能会给计算机处理带来麻烦。这就是所谓的用户输入校验。

我们可以同上述案例一样,采用 Ajax 局部刷新技术实现用户的输入验证、错误提示与错误处理,以提高用户操作界面的友好性。请读者参考案例 9-2、案例 9-3 实现技术使用户输入校验得以实现。

9.3.4 Ajax 相关技术概述

Ajax 是异步的 JavaScript And XML,是刷新局部页面的技术。其中,JavaScript 更新局部的网页;XML 用于请求数据和响应数据的封装;XMLHttpRequest 对象发送请求

(a) 验证不成功的局部刷新提示

(b) 验证成功后进入操作界面

图 9-9　基于 Ajax 局部刷新的用户登录

到服务器并获得返回结果;而"异步"表示发送请求后不等返回结果,就由回调函数处理结果的含义。

　　Ajax 技术可以在用户单击按钮时,实现页面不刷新,主要目的是提高用户体验度。另外,由于不必再向服务器进行大量数据提交,因此还可以节省带宽。

　　通过前面的案例可以看到,用户在浏览应用 Ajax 技术的页面时,会感觉到都在一个页面上完成他的工作,他的感受就会好很多,可以直观地体现用户操作的功能性。

1. Ajax 的优点

Ajax 的主要优点如下:

　　(1) 异步交互,用户感觉不到页面的提交,当然也不等待页面返回。这是使用了 Ajax 技术的页面给用户的第一感觉。

　　(2) 响应速度快,这也是用户强烈的体验。

　　(3) 与开发者相关的,复杂 UI(用户界面)的成功处理,一直以来,都为 B/S 模式的 UI 不如 C/S 模式的 UI 丰富而苦恼。现在由于 Ajax 大量使用 JS,使得复杂的 UI 的设计变得更加成功。

　　(4) Ajax 请求的返回对象为 XML 文档。XML 是一个潮流,如同 Web Service 潮流一样。所以它也易于和 Web Service 结合起来。

其实,Ajax 不是一个新技术,实现 Ajax 的所有组件都已存在了许多年。而它更像是一个模式、一种设计技巧与方法。

2. Ajax 的核心——XMLHttpRequest 对象

JavaScript 对象 XMLHttpRequest 是整个 Ajax 技术的核心。创建新的 XMLHttpRequest 对象需要在 JavaScript 脚本中用下列语句:

```
<script language="javascript" type="text/javascript">
    var xmlHttp=new XMLHttpRequest();
</script>
```

上述语句创建了一个 XMLHttpRequest 对象 xmlHttp,它是处理所有服务器通信的对象。通过 XMLHttpRequest 对象与服务器进行对话的是 JavaScript 技术。这就是 Ajax 强大功能的来源。

在一般的 Web 应用程序中,用户填写页面 form 表单字段并单击提交(Submit)按钮。然后整个表单发送到服务器,服务器将它转发给处理表单的脚本(通常是 PHP 或 Java,也可能是 CGI 进程或者类似的东西),脚本执行完成后再发送回全新的页面。该页面可能是带有已经填充某些数据的新表单的 HTML,也可能是确认页面,或者是具有根据原来表单中输入数据选择的某些选项的页面。当然,在服务器上的脚本或程序处理和返回新表单时用户必须等待。屏幕变成一片空白,等到服务器返回数据后再重新绘制。这就是交互性差的原因,用户得不到即时反馈,因此感觉不同于桌面应用程序。

Ajax 基本上就是把 JavaScript 技术和 XMLHttpRequest 对象放在 Web 表单和服务器之间。当用户填写表单时,数据发送给一些 JavaScript 代码而不是直接发送给服务器。相反,JavaScript 代码捕获表单数据并向服务器发送请求。同时用户屏幕上的表单也不会闪烁、消失或延迟。换句话说,JavaScript 代码在幕后发送请求,用户甚至不知道请求的发出。更好的是,请求是异步发送的,就是说 JavaScript 代码(和用户)不用等待服务器的响应。因此用户可以继续输入数据、滚动屏幕和使用应用程序。

然后,服务器将数据返回 JavaScript 代码(仍然在 Web 表单中),后者决定如何处理这些数据。它可以迅速更新表单数据,让人感觉应用程序是立即完成的,表单没有提交或刷新而用户得到了新数据。JavaScript 代码甚至可以对收到的数据执行某种计算,再发送另一个请求,完全不需要用户干预!这就是 XMLHttpRequest 的强大之处。它可以根据需要自行与服务器进行交互,用户甚至可以完全不知道幕后发生的一切。结果就是类似于桌面应用程序的动态、快速响应、高交互性的体验,但是背后又拥有互联网的全部强大力量。

3. XMLHttpRequest 对象常用的属性与方法

JavaScript 对象 XMLHttpRequest 是整个 Ajax 技术的核心,它提供了异步发送请求的能力。通过对 XMLHttpRequest 对象的操作,从而完成异步处理功能。XMLHttpRequest 对象的操作是通过其方法、属性完成的,其常用的方法与属性如表 9-3、表 9-4 所示。

表 9-3　XMLHttpRequest 对象的常用方法

序号	方 法 名	方 法 说 明
1	open(method,URL,async)	作用:建立与服务器的连接。其中,method 参数指定请求的 HTTP 方法,如 GET 或 POST;URL 参数指定请求的服务器地址;async 参数指定是否使用异步请求,其值为 true 或 false,分别表示是或不是
2	send(content)	发送请求,content 是指定请求的参数
3	setRequestHeader(header,value)	设置请求的头信息

表 9-4　XMLHttpRequest 对象的常用属性

序号	属性名	属 性 说 明
1	onreadystatechange	其作用是指定回调函数,如 dealRequest()函数。
2	readystate	保存 XMLHttpRequest 的对象的状态信息,其含义如下 0——XMLHttpRequest 对象没有完成初始化 1——XMLHttpRequest 对象开始发送请求 2——XMLHttpRequest 对象的请求发送完成 3——XMLHttpRequest 对象开始读取响应,还没有结束 4——XMLHttpRequest 对象读取响应结束
3	status	保存 HTTP 的状态码,其含义如下 200——服务器响应正常 400——无法找到请求的资源 403——没有访问权限 404——访问的资源不存在 500——服务器内部错误
4	responseText	获得响应的文本内容
5	responseXML	获得响应的 XML 文档对象

4. Ajax 中的 JavaScript 代码

JSP 页面得到 XMLHttpRequest 的句柄后就由 JavaScript 代码进行处理。JavaScript 代码比较简单,它在客户端完成一些非常基本的任务,例如,

- 获取表单数据:JavaScript 代码很容易从 HTML 表单中抽取数据并发送到服务器。
- 修改表单上的数据:更新表单的数据,从设置字段值到迅速局部刷新。
- 解析 HTML 和 XML:使用 JavaScript 代码操纵 DOM(请参阅后面介绍),处理 HTML 表单服务器返回的 XML 数据的结构。

对于前两点,通过 getElementById()方法实现,例如,用 JavaScript 代码捕获和设置字段值的语句:

- 获取账号的值。

```
var account=document.getElementById("account").value;
```

- 根据返回信息设置提示信息的值。

```
document.getElementById("message").value=response[0];
```

只要掌握了 XMLHttpRequest,Ajax 应用程序的其他部分就是如案例所示的简单 JavaScript 代码了,混合少量的 HTML 以及 DOM。

DOM,即文档对象模型,见 JavaScript 代码中的 document 对象。一般读者很少使用它,即使 JavaScript 程序员也不太用到它,除非要完成某项高端编程任务。大量使用 DOM 的是复杂的 Java 和 C/C++ 程序,这可能就是 DOM 被认为难以学习的原因。

在 JavaScript 技术中使用 DOM 很容易,也非常直观。读者可以参阅案例 9-2、案例 9-3 中对 document 进行操作的 JavaScript 语句。

5. Ajax 处理请求与响应

上面章节介绍了 Ajax 技术,对 XMLHttpRequest 对象以及如何创建它也有了基本的了解。通过上述知识的学习,你可能已经知道与服务器上的 Web 应用程序打交道的是 JavaScript 技术,而不是直接交给应用程序的 HTML 表单。

如何使用 XMLHttpRequest 在编写 JavaScript 代码时非常重要。程序员编写的每个 Ajax 应用程序都要以某种形式使用它,所以我们要了解 Ajax 的基本请求/响应模型的工作原理。

1) 发出请求

如果创建了一个新的 XMLHttpRequest 对象,就需要对它进行操作。首先需要一个 Web 页面能够调用的 JavaScript 方法(例如当用户输入文本或者从菜单中选择一项时)。接下来就是在所有 Ajax 应用程序中基本都类似的流程:

(1) 从 Web 表单中获取需要的数据;

(2) 建立要连接的 URL;

(3) 打开到服务器的连接;

(4) 设置服务器在完成后要运行的函数;

(5) 最后是发送请求。

2) 处理响应

服务器对请求进行响应,直至处理过程完成且 xmlHttp.readyState 属性的值等于 4,服务器将响应填充到 xmlHttp.responseText 属性中。

6. 用 DWR 框架实现 Ajax 技术

DWR(Direct Web Remoting)是一个 Web 远程调用框架,利用这个框架可以让 Ajax 开发变得简单。利用 DWR 可以在客户端利用 JavaScript 直接调用服务器的 Java 方法并返回值给 JavaScript,就好像直接调用本地客户端一样。

DWR 采取了一个类似 Ajax 的新方法来动态生成基于 Java 类的 JavaScript 代码。这样 Web 开发人员就可以在 JavaScript 里使用 Java 代码,就像它们是浏览器的本地代码(客户端代码)一样;但是 Java 代码运行在 Web 服务器上并且可以自由访问 Web 服务器的资源。出于安全的理由,Web 开发者必须适当地配置哪些 Java 类可以安全地被外部使用。读者可以参阅其他相关文献以进一步了解 DWR 框架的应用。

9.4 JavaBean 与软件复用

通过上面教材内容的介绍会发现,基于 MVC 的 JSP 程序开发中有很多具有复用性的单元。其实,这就是 MVC 设计模式的优点。

其实,如果每个软件项目的开发均是从头开始的,则其开发过程中必然存在大量的重复劳动。软件复用就是为了在软件开发中避免重复劳动的解决方法。其出发点是软件项目在开发中不再采用一种"从零开始"的模式,而是以已有的工作为基础,充分利用过去项目中积累的资源,而将开发的重点集中于项目的特有构成成分。这样,就可以充分利用已有的知识与开发成果,从而节约开发成本、大幅度提高软件开发效率。

在本章前面讲解的项目案例中,出现了大量的软件复用实例。比如,对任何数据库操作均需要一个数据库连接,而获取数据库连接的代码几乎都相同。我们将这些代码抽象出来放在一个类中(例如:用户管理、学生管理等均是类 dbutil. Dbconn. java),这样,在进行业务处理的编码过程中,只需要进行业务处理的编码,最终进行数据库操作时,复用(调用)该类就可完成。如果在同样的数据库开发与运行环境下,该类还可以继续复用。

又例如,在对学生根据学号进行查询时,在模型层设计了一个方法:User load (Integer id),在程序中任何地方如果需要根据用户 id 来查询该用户的信息,其实就是调用这个方法,从而达到软件复用的目的。

在软件开发的过程中,软件复用无处不在,小到一个数据类型,大到一个软件的复用,等等。我们这里重点介绍基于 JavaBean 组件的软件复用。

9.4.1 Java 类与 JavaBean

上面介绍的两个复用案例,均是对 Java 类的复用。在 JSP 编程时,如果一味地使纯脚本语言将表示层和业务处理层代码混在一起,就会造成修改不方便,并且代码不能重复利用。想修改一个地方,经常会牵涉许多行程序代码,采用组件技术就只改组件就可以了。

Java 确实是能够为用户创建可重用的对象,但它却没有管理这些对象相互作用的规则或标准。

Java 创造者当时发表 Java 编程语言时,没有意识到 Java 对软件开发将产生的巨大影响。随着 Web 技术的飞速发展以及对交互性软件技术需求的增长,才开始意识到了 Java 的发展潜力,于是开始开发一些用于处理当前软件开发者所面临问题的 Java 相关技术。而其中一种专门为当前软件开发者设计的全新的组件技术,它为软件开发者提供了一种极佳的问题解决方案与复用途径,这种技术就是 JavaBean 技术,它是为了实现对综合软件组件技术的需求而开发的。

JavaBean 是一种 Java 语言写成的可重用组件。为写成 JavaBean,类必须按照一定的编写规范,它通过提供符合一致性设计模式的公共方法使内部域暴露成员属性。换句话说,JavaBean 就是一个 Java 的类,只不过这个类要按照一些规则来写,例如类必须是公共的、有无参构造器,要求属性是 private 且需通过 setter/getter 方法取值等;按这些规则写了之后,这个 Java 类就是一个 JavaBean,它可以在程序里被方便地复用,从而提高开发效率。

所以说,JavaBean 就是一种按照一定规范编写的 Java 类,通过这个规范编写的 Java 类能使通信容易得多。

例如,前面章节的项目案例中的实体类:User. java 和 Student. java 均属于 JavaBean,它们在项目中被大量复用,并且一些视图层工具(如 EL 表达式、＜JSP: userBean＞动作、forEach 迭代标签等)只认这种标准的 Java 类(JavaBean),如果不按该规则编写就会出现语法错误。

虽然 JavaBean 和 Java 之间已经有了明确的界限,但在某些方面 JavaBean 和 Java 之间仍然非常容易混淆。

9.4.2 JavaBean 的组件及优势

1. 软件的组件化

就像传统的工业化发展到一定的时候就会出现标准化生产及社会分工一样,一个产品可能是不同厂家根据标准化要求生产的零部件组装而成的。软件的开发也可以像搭积木一样进行组装,这些组装的部件称为软件的组件(Software Component)。到目前为止,软件中间件的开发已经成为软件开发的一个大的软件产业,形成了庞大的软件组件市场与领域。

软件的组件化技术是在大工业生产启发下应运而生的,是软件技术跨世纪的一个发展趋势,其目的是彻底改变软件生产方式,从根本上提高软件生产的效率和质量,提高开发大型软件系统尤其是商用系统的成功率。有了软件组件之后,应用开发人员就可以利用现成的软件构件装配成适用于不同领域、功能各异的应用软件。复用软件一直是世界整个软件业所追求的梦想,软件组件化为实现这一梦想指出了一条切实可行的道路,而中间件正是构件化软件的一种形式。中间件抽象了典型的应用模式,应用软件制造者可以基于标准的形式进行开发,使软件构件化成为可能,加速了软件复用的进程。

中间件是软件技术发展的一种潮流,被誉为发展最快的软件品种,近年来势头强劲,当然,这也是源于市场在全球范围内对中间件的支持。毫无疑问,中间件正在成为软件行业新的技术与经济增长点。

2. 基于 JavaBean 的软件组件

JSP 中为什么要采用组件化技术呢?因为单纯的 JSP 语言是以非常低的效率执行的,如果出现大量用户点击,纯脚本语言很快就会到达它的功能上限,而组件技术就能大幅度提高功能上限,加快执行速度。

JavaBean 被开发出来,其任务就是为了"一次性编写,任何地方执行,任何地方重用"。就是为了用 Java 技术解决困扰软件工业日益增加的复杂性,即提供一个简单的、紧凑的和优秀的问题解决方案。

其实,JavaBean 技术就是一种可复用的、平台独立的软件组件,开发者可以在软件构造器工具中利用其直接进行可视化操作。JavaBean 可以是简单的图形用户界面要素,如按钮或滚动条;也可以是复杂的可视化软件组件,如数据库视图等。

一个 JavaBean 和一个 Java Applet 相似,是一个非常简单的遵循某种严格协议的 Java 类。每个 JavaBean 的功能都可能不一样,但它们都必须支持某些特点的要求与特征。

在使用 Java 编程时,并不是所有软件模块都需要转换成 JavaBean 的。JavaBean 比较适合于那些在表示层展现,或者某些具有可视化操作和定制特性的软件组件。从基本上说,JavaBean 可以看成一个黑盒子,即只需要知道其功能而不必管其内部结构的软件设备,只需介绍和定义其外部特征和与其他部分的接口,而可以忽略其内部的系统细节,从而有效地控制系统的整体性能。

3. JavaBean 技术与普通的 Java 类的区别

Sun 公司对于 JavaBean 的定义是"Java Beans 是一个可重复使用的软件部件"。JavaBean 是描述 Java 的软件组件模型,是 Java 程序的一种组件结构,也是 Java 类的一种。所以说 JavaBean 本质上是一个 Java 类。如前所述,JavaBean 是有一些要求与规定的,是能提供可复用的 Java 类。前面我们见过 JavaBean 的应用案例有两种形式。

这两种类型是:第一种类型的 JavaBean 中,只有属性声明和该属性对应的 setXxx 和 getXxx 方法,不包含业务逻辑(一般不建议),这种 JavaBean 可以简单地理解为"数据对象"。第二种类型的 JavaBean,其内包含业务处理逻辑,用于处理特定的业务数据,一般使用上面提到的第一种类型的"数据对象"(当然也可能不使用)。

从前面的案例可以知道,作为 Java 类的 JavaBean,其要求是:

(1) JavaBean 具有可以调用的方法;

(2) JavaBean 提供的可读写的属性;

(3) JavaBean 提供向外部发送的或从外部接收的方法。

有了这些规定,作为 Java 类的 JavaBean 在封装性、可复用性,以及被组装性等方面就有了巨大的提升,从而形成了一个专门的组件技术,即 JavaBean 技术。作为该组件技术的核心,JavaBean 的一些具体的主要设计目标包括:

1) 紧凑而方便地创建和使用

JavaBean 组件常常需要在有限的带宽连接环境下进行传输传送,因此 JavaBean 组件必须设计得越紧凑越好;而且为了更好地创建和使用组件,则应该越简单越好。另外,JavaBean 组件必须不仅容易使用,而且必须便于开发,这样就可以使得开发者不必花大量功夫在使用 API 进行程序设计上。

JavaBean 组件大部分是基于已有的传统 Java 编程的类结构上的,这对于那些已经可以熟练地使用 Java 语言的开发者非常有利。而且这可以使得 JavaBean 组件更加紧凑,因为 Java 语言在编程上吸收了以前的编程语言中的大量优点。

2) 完全的可移植性

JavaBean 组件在任意地方运行是指组件可以在任何环境和平台上使用,这可以满足各种交互式平台的需求。由于 JavaBean 是基于 Java 的,所以它可以很容易地得到交互式平台的支持。JavaBean 组件在任意地方执行不仅是指组件可以在不同的操作平台上运行,还包括在分布式网络环境中运行。

基于其可移植性特征,组件开发者就可以不必再为需要在不同的平台上运行需要的支持类库而担心了。最终的结果都将是计算机界共享可重复使用的组件,并在任何支持 Java 的系统中无需修改地运行。

3)继承 Java 的强大功能

现有的 Java 结构已经提供了多种易于应用于组件的功能。其中一个比较重要的是 Java 本身的内置类发现功能,它可以使得对象在运行时彼此动态地交互作用,这样对象就可以从开发系统或其开发历史中独立出来。

对于 JavaBean 而言,由于它是基于 Java 语言的,所以它就自然地继承了这个对于组件技术而言非常重要的功能,而不再需要任何额外开销来支持它。

JavaBean 继承在现有 Java 功能中还有一个重要的方面,就是持久性,它保存对象并获得对象的内部状态。通过 Java 提供的序列化(serialization)机制,持久性可以由 JavaBean 自动进行处理。当然,在需要的时候,开发者也可以自己建立定制的持久性方案。

4)应用程序构造器支持

JavaBean 的另一个设计目标是设计环境的问题和开发者如何使用 JavaBean 创建应用程序。JavaBean 体系结构支持指定设计环境属性和编辑机制以便于 JavaBean 组件的可视化编辑。这样开发者就可以使用可视化应用程序构造器无缝地组装和修改 JavaBean 组件。就像 Windows 平台上的可视化开发工具 VBX 或 OCX 控件处理组件一样。通过这种方法,组件开发者可以指定在开发环境中使用和操作组件的方法。

5)分布式计算支持

支持分布式计算虽然不是 JavaBean 体系结构中的核心元素,但也是 JavaBean 中的一个主要问题。JavaBean 使得开发者可以在任何时候使用分布式计算机制,但不使用分布式计算的核心支持来给自己增加额外负担。

JavaBean 通过指定定义对象之间交互作用的机制,以及大部分对象需要支持的常用行为,如持久性和实际处理等,建立了自己需要的组件模型。总之,JavaBean 组件技术是一个优秀的模型(Model)层实现技术。

9.5 利用接口技术分离业务定义与实现

前面我们在实现一个软件处理模型的时候,是将定义与实现合为一体、不加分离的,即定义一个业务处理类及其方法,同时在这方法中直接编写其实现代码。但是,有些时候,在系统的架构设计时将所有的定义与其实现分离,可能会更利于开发,尽管这种情况有时会觉得有点麻烦。

在一个面向对象开发的软件系统中,系统的各种功能是由许多不同的业务处理模型对象协作完成的。在这种情况下,各个对象内部是如何实现的,对系统分析与设计人员来讲就不那么重要了;而各个对象之间的协作关系则是需求分析与系统设计的关键。如不同类之间的通信、各模块之间的交互等,在系统设计之初都是要着重考虑的,这也是系统设计的主要工作内容。面向接口编程就是指按照这种思想来编程。

9.5.1 面向接口的编程

所谓的"接口"可以说是一种约束形式,它只包括成员定义,不包含成员实现内容。而 interface 是面向对象编程语言中接口操作的关键字,功能是把所需成员组合起来,以封装一定功能的集合。它好比一个模板,在其中定义了对象必须实现的成员,通过类或结构来实现它。接口不能直接实例化、接口不能包含成员的任何代码,只定义成员本身。接口成员的具体代码由实现接口的类提供。接口使用 interface 关键字进行声明。

接口的本身反映了系统设计人员对系统的抽象理解。

而面向接口的编程就是实现接口定义和实现分离,是将问题在系统设计层面进行考虑而不先深入到实现细节。系统设计人员面向的是问题应用的高层次的定义,维护与修改这些定义,并将其实现细节放到实现中考虑。总之,面向接口的编码就是将接口定义与其实现分离的编程,这样系统设计人员就可以将精力放在系统的交互与定义方面。

面向接口的编程是"按问题的深度分而治之"的典型案例。即在系统高层架构设计时,无需深入到一个子系统的实现细节中去,而是分而治之,先确定该子系统的接口。接口的设计在整个架构设计中占有重要地位,它定义了一个子系统为其他子系统所提供服务的契约。软件架构通过明确每个子系统所要实现的接口及所要调用的接口,为我们展现了一个软件系统如何分割为多个相互协作的子系统。

下面通过案例说明面向接口的编程实现。

9.5.2 面向接口的编程案例

【案例 9-4】 在本书案例 6-3 的基础上,以接口与实现分离的技术对学生信息的增、删、改操作进行 MVC 方式的编程。

1. 案例实现要求

在本书案例 6-3 中,实现了学生信息管理模块的 MVC 方式的编程,其模型层的类均放在一个 Java 类程序文件中,并且在模型层中有 5 个分别对学生记录的增、删、改、查询所有、查询单个的方法(如表 9-5 与图 9-10 所示)。案例 6-3 操作的结果如图 6-4 所示。

表 9-5 案例 6-3"学生信息管理"模块模型层的类与方法

包/类文件	方　　法
model. StudentModel. java	List search()
	Student load(Integer id)
	int insert(**int** id,String name,String sex,**int** age,String grade,**float** score)
	int update(**int** id,String name,String sex,**int** age,String grade,**float** score)
	int delete(**int** id)

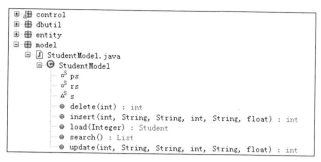

图 9-10 案例 6-3 的模型层的内容

现在要求在功能不变的情况下,通过将模型层的修改以实现接口与其实现的编程。

2. 案例实现步骤

在案例 6-3 的代码基础上进行修改,修改过程为:

(1) 创建一个接口(interface),并创建如表 9-5 所示的 5 个方法。

首先创建一个包 StudentModelBiz,然后在其中创建一个接口(interface)StudentBiz. java,其创建如图 9-11 所示。

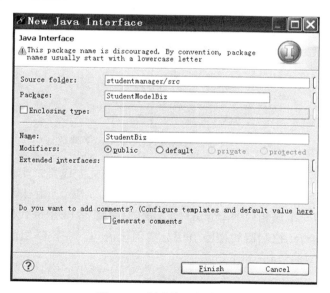

图 9-11 创建接口的窗口

(2) 编写接口(StudentBiz. java)的方法。根据表 9-5 创建该接口的 5 个方法(如图 9-12 所示)。注意,这些方法中可能用到了实体类、用到了 List 数据类型,所以同时要生成相应的 import 语句。

(3) 编写接口的实现类。接口的实现类就是编写程序代码具体地实现接口的各种方法的操作。在案例 6-3 中,已经有模型层的类 model. StudentModel. java 含有对数据库表操作的 5 个方法。下面我们借鉴这个类,将其作为接口的实现类。

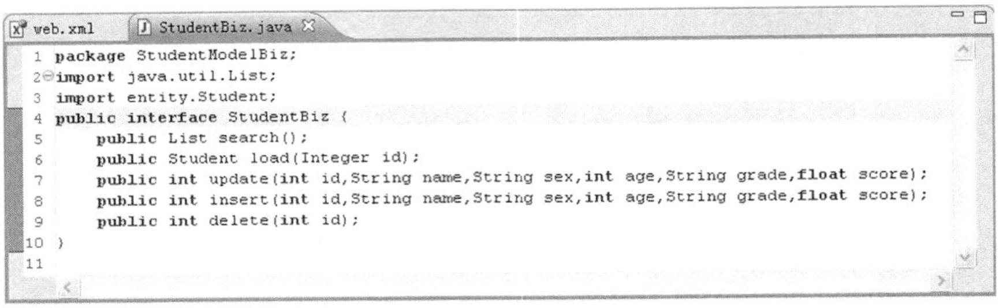

```
1  package StudentModelBiz;
2  import java.util.List;
3  import entity.Student;
4  public interface StudentBiz {
5      public List search();
6      public Student load(Integer id);
7      public int update(int id,String name,String sex,int age,String grade,float score);
8      public int insert(int id,String name,String sex,int age,String grade,float score);
9      public int delete(int id);
10  }
11
```

图 9-12　编写接口的方法

在类的定义中添加 implements StudentBiz(即实现该接口)，就完成了实现类的编写（如图 9-13 所示）。

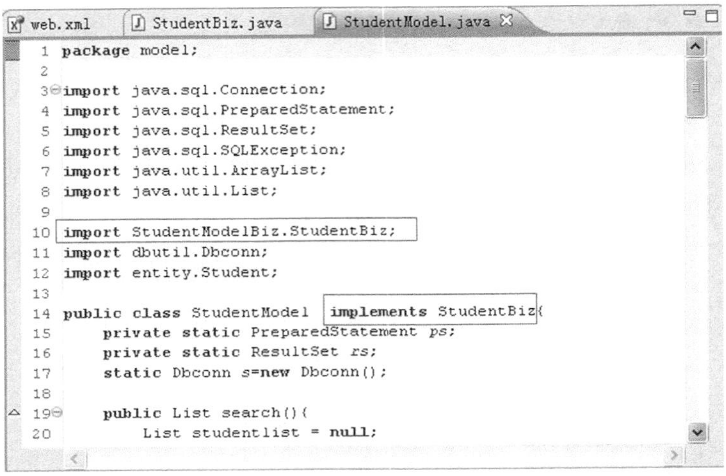

```
1   package model;
2
3   import java.sql.Connection;
4   import java.sql.PreparedStatement;
5   import java.sql.ResultSet;
6   import java.sql.SQLException;
7   import java.util.ArrayList;
8   import java.util.List;
9
10  import StudentModelBiz.StudentBiz;
11  import dbutil.Dbconn;
12  import entity.Student;
13
14  public class StudentModel implements StudentBiz{
15      private static PreparedStatement ps;
16      private static ResultSet rs;
17      static Dbconn s=new Dbconn();
18
19      public List search(){
20          List studentlist = null;
```

图 9-13　实现类的编写（根据原模型类修改）

由于已经有模型类的实现，所以可以方便地根据它来完成接口实现类的修改。否则，就要以如图 9-13 所示的模式，对接口实现类的创建。注意，由于添加了 implements StudentBiz 语句，需要生成相应的 import 引入语句（见图 9-13 中的代码）。

（4）修改各 Servlet 控制器的模型引用与实例化语句。在控制层的各个控制器中，均有引用与实例化模型的语句，如下所示：

```
StudentModel model=new StudentModel();
```

由于是面向接口的编程，所以需要用到对接口的引用、以及对实现类的实例化，所以需要将该语句改为：

```
StudentBiz model=new StudentModel();
```

注意：该语句的前半部分是对接口 StudentBiz 的引用，后半部分是用 new 语句对实现类进行实例化，从而得到处理模型对象（以 model 命名）。有了该修改后，控制器中的所有代码均不需要变化就可以实现原有的功能（只是具体操作时是通过接口到实现类完成的)。

(5) 部署,重新启动 Tomcat 服务器,在浏览器中运行以下地址:

http://localhost:8080/studentmanager/ListStudentServlet.do

就出现如图 9-14 所示的界面与功能。

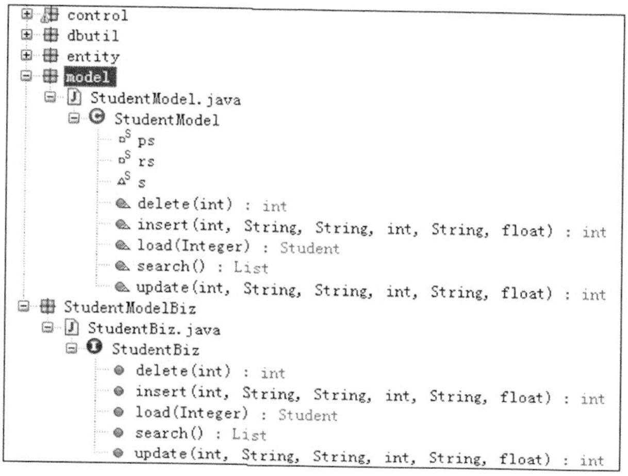

图 9-14　修改完成后案例 9-4 的模型层结构与内容

由本案例可以看出,在完成一个业务处理模型的编程时,先定义其接口及方法,再定义实现类,在实现类中完成这些方法的编码。这就是所谓的将业务处理定义与其实现分离的编程,即所谓的面向接口的编程。

本节介绍了面向接口的一个软件功能模块的实现,通过上述的步骤对案例 6-3 的代码进行修改,其他的代码保留,就完成了面向接口的编程。面向接口的编程能将应用业务处理的定义与其实现分离,从而将分析师从烦琐的实现技术细节中解放出来,让他更能集中精力在业务分析中;而程序员则根据接口的要求进行具体的实现,从而能达到团队合作的目的,使各类角色能更好地各司其职,有利于大型软件的团队开发。

小　结

本章介绍了两种提高软件性能的技术,即数据库连接池技术与 Ajax 技术,并通过案例进行了技术实现。通过数据库连接池技术可以使软件的整体性能得到大幅度提高;Ajax 技术实现的局部刷新,可以使动态页面给用户以静态页面的神奇感受,从而提高软件的可使用性。

另外,本章还介绍了软件的复用技术及接口技术。复用技术的应用能大幅度提高软件开发效率,并通过案例说明 JavaBean 是如何实现软件复用的。本章最后介绍了软件开发过程中接口与实现分离技术,通过接口技术使设计师将精力放在业务的设计与定义上,从而有利于对业务与需求的确定。

综合实训

实训 1　通过连接池技术实现第 6 章实训 2 开发的仓库管理软件各模块的数据库连接的获取,并通过 Ajax 技术实现输入数据的校验与错误提示。

实训 2　通过数据库连接池技术、Ajax 技术完善第 6 章实训 3 开发的后台管理子系统的管理,并完成登录验证模块。

综合软件项目开发案例

本章学习目标

- 了解软件数据结构与软件结构的复杂性。
- 熟练掌握复杂的数据库逻辑结构应用软件的编码实现方法。
- 了解软件开发的过程及文档说明。
- 了解与掌握软件开发报告的编写方法。

软件开发是一个复杂的过程,前面章节只介绍了简单业务的处理,但如果业务复杂度增加,代码编写量就会急剧增加。业务复杂度的增加直接体现在数据库表结构与软件结构复杂度的增加。

关于复杂的数据库逻辑结构的模块实现,首先体现在多数据库表的结构,这种结构往往关联着表结构;同时,这种多表结构的模块对应的软件结构则是多实体类的模块。本章以案例的形式介绍了如何进行关联多表的功能模块开发。另外,本章介绍了一个完整的软件开发及其说明。

10.1　综合软件项目开发概述

前面章节介绍了基于 MVC 开发 Web 软件的技术,主要侧重一个功能模块的 MVC 创建、功能模块的集成及部分实现非功能需求的编码技术。但是,如果要完成一个软件的开发,那么重要的就是要满足用户的使用需求。

在一个业务应用领域,用户的需求非常复杂,比如前面章节介绍的主要是对学生信息管理模块的开发,涉及的学生数据非常有限(只是一个学生表 student,以及姓名、性别、年龄、班级等几个字段,并且字段的设计也不合理),为的只是说明如何基于 MVC 模式用 JSP 技术开发 Web 应用。

但是,如果仅仅是这些字段的开发,远远不能适应用户使用的要求。比如说,要求根据班级来进行学生管理,每个学生每门课程的学习情况等。这样,就涉及复杂的学生信息的数据结构问题。

另外,如果软件的数据结构非常复杂,对其操作的软件结构相应地也会复杂。对于复杂结构的软件开发是软件开发程序员必然要面对的问题。在软件开发过程中,程序员要面临复杂的用户需求、复杂的数据库结构的设计以及复杂的软件设计,并且这些复杂的内容会随着时间的推移、用户要求的变化而不停地变化。基于 MVC 软件开发,将复杂的问题进行分解、将大问题分解为松散耦合的小问题,从而容易进行解决;另外,由于 MVC 模式的开发已经提供了较为稳定的结构,有利于对软件项目的管理。所以,基于 MVC 模式的软件开发有利于复杂的大型软件项目的开发。

对于软件开发,特别是对于大型软件开发,不可避免地要进行多数据库表的处理。前面章节的内容为了说明 JSP 开发技术,基本上是对单数据库表的处理介绍。本章则通过案例介绍较复杂的数据库逻辑结构的处理(即多数据库表的处理)。

由于软件开发的复杂性,决定了软件开发与管理的复杂性。而软件开发与管理重要的内容与依据则是软件开发文档的编写。本章后半部分则以完整的"高校学生管理系统"开发案例为例,为其提供开发文档,并以此作为一般软件项目开发报告的书写范例。

10.2   软件结构的复杂性及实现

大型软件的复杂性不论是指其需求复杂、规模大还是其他方面复杂,最终都会体现在其数据结构的复杂,以及软件结构的复杂。软件数据结构的复杂直接会导致其软件结构的复杂。

比如,前面介绍的学生管理系统,除了学生基本信息外,还有班级信息、课程信息及学习成绩信息。这些信息体现了复杂的逻辑结构。

根据数据库设计原理以及设计范式,这些复杂信息需要进行多表存储与处理。下面通过案例介绍多数据库表的处理技术。

10.2.1   复杂的数据结构及软件结构

【案例 10-1】   学生管理系统中包括专业信息、班级信息、学生个人信息、课程信息、成绩信息等。即一个学院包括多个专业、每个专业有多个班级、每个班级有多个学生。学生在学习时有多门课程,学生每门课程的学习有平时成绩、期末成绩及总成绩。编写软件实现对这些信息的管理。

1. 关系数据建模与数据库设计

根据项目要求,本软件需对高校学生的相关信息进行计算机管理,包括专业信息、班级信息、学生个人信息、课程信息、成绩信息等。再根据关系数据库设计原理对本案例进行数据分析与建模(需要通过日常管理经验及语义分析),本案例基于的"关系-数据模型"(即 E-R 图)如图 10-1 所示。该图显示该数据模型中有 4 个实体(Entity)和 3 个联系(Relationship)。

如图 10-1 所示的 E-R 图,4 个实体分别为:专业、班级、课程、学生;而这些实体之间的 3 个联系及其类型为

(1) 专业与班级之间:一对多联系"属于";

(2) 班级与学生之间:一对多联系"属于";

(3) 学生与课程之间:多对多联系"学习"。

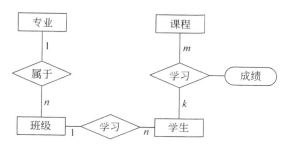

图 10-1　复杂的学生管理系统关系数据模型(E-R 图)

- 4 个实体的属性分别为

(1) 专业：专业代码、专业名称；

(2) 班级：班级编号、班级名称、专业、班主任；

(3) 课程：课程编号、课程名称；

(4) 学生：学生编号、姓名、性别、出生日期、相片、班级。

- 联系"学习"的属性：成绩(平时成绩、期末成绩、总成绩)。

我们知道,关系数据模型中两个实体之间的关系包括一对一关系、一对多关系和多对多关系三种类型。根据关系模型进行关系数据库设计时,有以下原则:

(1) 对于两个实体之间的一对一联系,设计一个数据库表,其主键为其中一个实体的码,其字段是这两个实体属性的并集组成。

(2) 对于两个实体之间的一对多联系,一个实体对应一个数据库表。一方实体的属性作为数据库表的字段,其实体的码作为该数据库表的主键;多方实体的各属性作为多方数据库表的字段,其实体的码作为多方数据库表的主键,一方的主码作为多方的外键。

(3) 对于两个实体之间的多对多联系,每个实体对应一个数据库表,其字段为各实体的属性、主键为实体的码;而联系也对应一个数据库表,其字段为联系的字段,两个实体表的主键均为联系表的外键。

根据上述原则进行数据库逻辑结构的设计,图 10-1 中 4 个实体对应 4 个数据库表:

(1) 专业表(major)：专业代码(maj_id)、专业名称(maj_name)；

(2) 班级表(classes)：班级编号(cla_id)、班级名称(cla_name)、所属专业号(maj_id)、班主任(tech)；

(3) 课程表(subject)：课程编号(sub_id)、课程名称(sub_name)；

(4) 学生信息表(student)：序号(stu_id)、学生编号(stu_no)、密码(stu_pwd)、姓名(stu_name)、性别(stu_sex)、出生日期(stu_birth)、相片(stu_pic)、所属班级号(cla_id)。

学习为课程与学生之间的多对多联系,也构成一个数据库表"学习成绩",其结构为

(5) 成绩表(score)：编号(sco_id)、学生编号(stu_id)、课程编号(sub_id)、平时成绩(sco_daily)、期末成绩(sco_exam)、总成绩(sco_count)。

学生管理系统的数据库逻辑结构的设计包括 5 个表(如图 10-2 所示)。

2. 实体类的设计及实体类之间关联的体现

在基于 MVC 的 JSP 进行软件开发时,如图 10-2 所示的数据库设计结构中各表均对

应一个实体类,且各字段及数据类型对应实体类的属性及数据类型。所以,需根据上述 5 个数据库表设计软件的实体类,如图 10-3 所示。

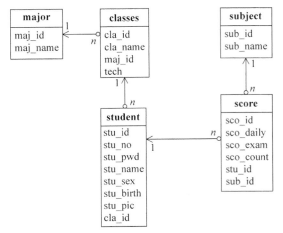

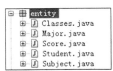

图 10-2　学生管理系统的数据库表之间的关系　　　　图 10-3　对应软件中的 5 个实体类

　　实体类的属性与对应数据库表的属性相同,但数据库表之间的外键关系则通过实体类之间的关联来体现。例如,"班级"与"学生"之间的"属于"是一对多关系,班级为一方、学生为多方。学生表中有一个班级编号为外键,则在学生实体类中,对应增加一个"班级"类型的属性,体现学生与班级之间的关联关系,如图 10-4(d)中 private Classes classes 就是定义一个 Classes 类型的对象属性 classes,而 Classes 类型是一个(班级)实体类。同理,其他的外键体现的关联关系都对应了一个"实体类"类型的属性,如图 10-4(c)、图 10-4(d)、图 10-4(e)所示。成绩实体类中有两个对象类型的属性的定义:

```
private Student student;
private Subject subject;
```

分别对应某个学生某门课的成绩。

　　图 10-4 是上述 5 个实体类的结构定义,注意这个结构中省略了各属性的 setter/getter 方法及其他语句。这 5 个实体类之间的关联关系通过其属性中对应类的属性体现,它们体现了数据库复杂的多表结构及它们之间的关系。

　　图 10-4(c)班级实体类中的下列语句反映了"班级"与"专业"的多对一关系。

```
private Major major;                    //定义班级类中专业类型(Major)的属性 major
```

图 10-4(d)中学生实体类的下列语句反映了"学生"与"班级"的多对一关系。

```
private Classes classes;                //定义学生类中班级类型(Classes)的属性 classes
```

图 10-4(e)中成绩实体类中的下列语句反映了"学生"与"课程"的多对多关系。

```
private Student student;                //定义成绩类中学生类型(Student)的属性 student
private Subject subject;                //定义成绩类中课程类型(Subject)的属性 subject
```

```
public class Major
{
    private int id;
    private String name;
```

(a) 专业实体类结构

```
public class Subject
{
    private int id;
    private String name;
```

(b) 课程实体类结构

```
public class Classes
{
    private int id;
    private String name;
    private Major major;
```

(c) 班级实体类结构

```
public class Student
{
    private int id;
    private String no;
    private String pwd;
    private String name;
    private String sex;
    private Date birth;
    private String pic;
    private Classes classes;
```

(d) 学生实体类结构

```
public class Score
{
    private int id;
    private Float daily;
    private Float exam;
    private Float count;
    private Student student;
    private Subject subject;
```

(e) 成绩实体类结构

图 10-4 对应的 5 个实体类的设计

通过各实体类之间上述对象类型的属性定义,从而建立了这些实体类之间的关联关系。最终对这些对象数据的操作,会体现到这些对象之间的关联关系的操作中。

3. 复杂的软件模块结构

软件系统复杂的数据结构往往决定了其复杂的软件结构。如图 10-2 所示的数据库设计有 5 个表,则软件的模块也对应地至少有 5 个模块,即分别对专业、课程、班级、学生、成绩信息进行管理。且每个模块分别对应 M、V、C 层的程序,所以软件结构的复杂度也会随着数据库结构的复杂程度而增加。

另外,由于上述复杂的数据结构决定的复杂的实体类之间的关联,在程序处理过程中同样会体现出复杂性。

10.2.2 案例实现技术介绍

1. 数据库设计与实现

首先,多表操作的实现离不开数据库的具体设计,该案例的数据库设计见以下 SQL

脚本(多表关联)。

```
CREATE TABLE 'major' (                //专业表的创建
  'maj_id' int(11) NOT NULL auto_increment,
  'maj_name' varchar(10) NOT NULL,
  PRIMARY KEY  ('maj_id')
) ENGINE=InnoDB AUTO_INCREMENT=3 DEFAULT CHARSET=utf8;
CREATE TABLE 'subject' (              //课程表的创建
  'sub_id' int(11) NOT NULL auto_increment,
  'sub_name' varchar(10) NOT NULL,
  PRIMARY KEY  ('sub_id')
) ENGINE=InnoDB AUTO_INCREMENT=3 DEFAULT CHARSET=utf8;
CREATE TABLE 'classes' (              //班级表的创建
  'cla_id' int(11) NOT NULL auto_increment,
  'cla_name' varchar(10) default '',
  'maj_id' int(11) NOT NULL,        //外键
  'tech' varchar(11) default NULL,
  PRIMARY KEY  ('cla_id')
) ENGINE=InnoDB AUTO_INCREMENT=3 DEFAULT CHARSET=utf8;
CREATE TABLE 'student' (              //学生表的创建
  'stu_id' int(11) NOT NULL auto_increment,
  'stu_no' varchar(10) NOT NULL,
  'stu_pwd' varchar(20) NOT NULL default '123456',
  'stu_name' varchar(10) NOT NULL,
  'stu_sex' enum('男','女') NOT NULL default '男',
  'stu_birth' date default NULL,
  'stu_pic' varchar(50) default NULL,
  'cla_id' int(11) NOT NULL,        //外键
  PRIMARY KEY  ('stu_id')
) ENGINE=InnoDB AUTO_INCREMENT=5 DEFAULT CHARSET=utf8;
CREATE TABLE 'score' (                //成绩表的创建
  'sco_id' int(11) NOT NULL auto_increment,
  'sco_daily' float(8,0) default NULL,
  'sco_exam' float(8,0) default NULL,
  'sco_count' float(8,0) default NULL,
  'stu_id' int(11) NOT NULL,        //外键
  'sub_id' int(11) NOT NULL,        //外键
  PRIMARY KEY  ('sco_id')
) ENGINE=InnoDB AUTO_INCREMENT=9 DEFAULT CHARSET=utf8;
```

数据库的实现,只要执行上述 SQL 脚本就可以了。但是,从上述创建数据库表的脚本中可以看出,各数据库表的外键均为数值型字段。但图10-5、图10-6中显示的"班级"

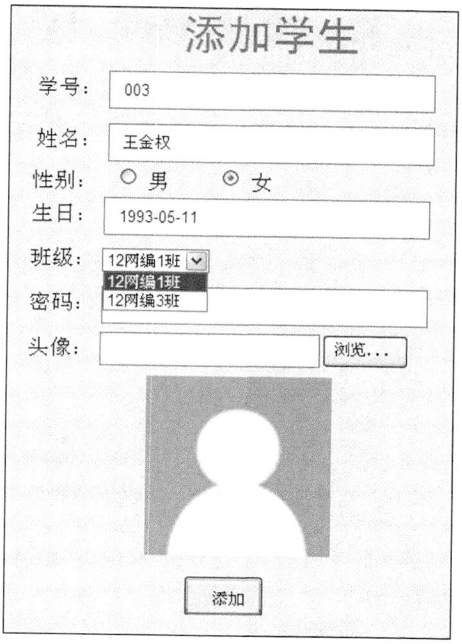

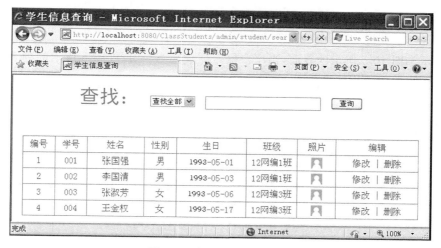

图 10-5 新增学生操作界面

图 10-6 新增学生操作成功

均为汉字,在图 10-7 中显示的科目也是汉字,而对应的数据库字段的存储是数值。而显示的汉字是通过数据库表的外键、实体类之间的关联属性实现的。即通过关联关系使得数据能通过这些关联关系从不同表中得到存储的外键及对应的汉字的显示。

2. 关联的实体类操作关键代码解释

图 10-5 显示对学生信息进行插入操作时,首先要通过下拉框将所有的班级显示出来提供给用户进行选择操作,并且显示的是班级名称而存入的是班级编码;同样在图 10-6

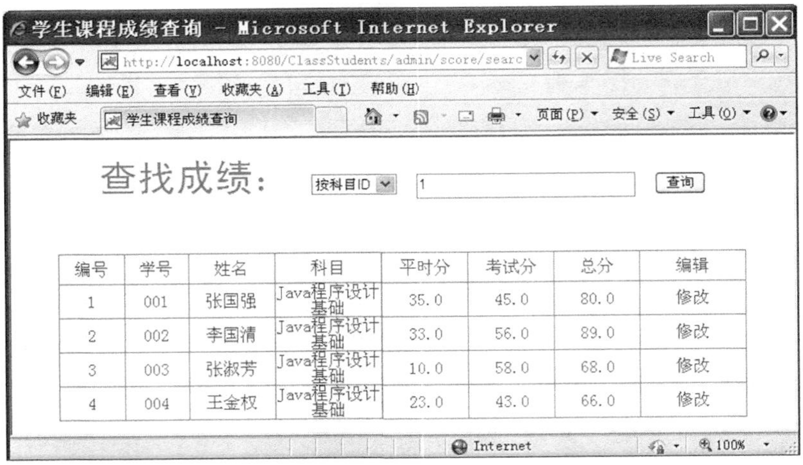

图 10-7　查询与维护学生课程成绩界面

中,数据库查询出的是班级编号而通过类的关联显示的是班级名称。程序中是通过对实体类及其关联类的操作实现的。

案例 10-1 的实现代码见本书所附的项目源程序。由于篇幅所限,在本书中只对关联的实体类的操作代码进行说明,且只限于介绍图 10-5、图 10-6 两个图的实现说明。

部署好项目 10-1 的代码之后,启动服务器在 IE 中输入以下地址:

```
http://localhost:8080/ClassStudents/StudentServlet?type=checkClasses
```

则显示如图 10-5 所示的界面,当用户输入完成后显示如图 10-6 所示的列表,该界面中显示了刚添加的学生信息。

但是,这两个图显示了班级(Classes)与学生(Student)的一对多关系的操作(包括数据库表及实体类)。

实现的关键代码及其执行的流程为:

显示新学生输入界面。在显示该界面之前,要提供一个班级选择的下拉框,该下拉框的数据是查询班级表所得的。调用查询班级集合的控制器及模型代码见代码片段 1 与代码片段 2。

代码片段 1:模型中的查询班级信息代码,它将查到的班级信息存放到 List 集合中以便在下拉框中显示。

```java
public List<Classes>queryClasses(String type, String value)
    {//当查询类型(type)为"cla_id"时为根据班级编码进行查询,班级编码为 value 的值
        ArrayList<Classes>list=new ArrayList<Classes>();
        ⋮
        //设置 SQL 查询条件及获取数据库连接(略)
        rs=pst.executeQuery();
        while (rs.next())
        {
            Classes classes=new Classes();
```

```
        classes.setId(rs.getInt(1));
        classes.setName(rs.getString(2));
        Major major=new MajorImpl().queryMajor("maj_id",
            rs.getString(3)).get(0);          //班级实体类中关联的专业类
        classes.setMajor(major);
        list.add(classes);
        return list;                          //返回查询的班级集合
    }
```

代码片段 2：控制器中为进行新增操作做准备，执行代码片段 1 并将结构存放在 Session 中以便 JSP 页面使用。

```
ArrayList<Classes>list=(ArrayList<Classes>)
    new ClassesImpl().queryClasses("all", "");
request.getSession().setAttribute("list", list);
response.sendRedirect("admin/student/regist.jsp");
```

代码片段 3：regist.jsp 页面中创建下拉框。

```
<form action="/ClassStudents/StudentServlet?type=regist"
...
<div align="left">
    班级：<select name="cla_id">
    <c:forEach items="${sessionScope.list}" var="cla">
        <option value="${cla.id}">${cla.name}</option>
    </c:forEach>
    </select>
</div>
```

上述代码通过迭代访问存放在 Session 中的 list 对象，并按班级编码、班级名称以供下拉框选择，选择的值放到 cla_id 中。该界面的 form 表单提交给一个 Servlet 控制器，执行数据的数据库插入操作（见代码片段 4）。

代码片段 4：新增控制器中的代码，实现新增操作及列表显示页面的跳转。

```
new PictureImpl().uploadPic(getServletConfig(), request, response);
response.sendRedirect("/ClassStudents/StudentServlet?type=search&search_
    type=all");
response.sendRedirect("admin/student/search.jsp");
```

上述代码的第一句是实现相片的上传及输入数据的数据库新增操作。但要真正实现操作，需调用代码片段 5、代码片段 6 中的代码。

代码片段 5：通过上传获取各种输入信息，并调用新增学生信息模型（代码片段 6）。

```
Student student=new Student();
student.setNo(sm.getRequest().getParameter("no"));
student.setPwd(sm.getRequest().getParameter("pwd"));
student.setName(sm.getRequest().getParameter("name"));
```

```
student.setBirth(sdf.parse(sm.getRequest().getParameter("birth")));
                                             //出生日期属性及格式的处理
student.setSex(sm.getRequest().getParameter("sex").equals("male") ? "男" :
"女");                                         //性别属性的处理
student.getClasses().setId(Integer.parseInt(sm.getRequest().getParameter
("cla_id")));                                  //班级对象属性的处理
    com.jspsmart.upload.File file=sm.getFiles().getFile(0);        //相片
        String pic="";
        if (!file.isMissing())
        {   pic="upload/"+student.getNo()+"."+file.getFileExt();
            file.saveAs(pic);
        }
        student.setPic("");
    new StudentImpl().addStudent(student);//调用代码片段 6 中的处理
```

上述代码还列出了日期类型及格式设置的操作。

代码片段 6：根据学生对象，实现数据库的新增操作。

```
public boolean addStudent(Student student)
    {
    boolean flag=false;
    try
    {
        conn=DBConn.getConn();
        pst=conn.prepareStatement("INSERT INTO student (stu_no,stu_pwd,stu_
        name,stu_sex,stu_birth,stu_pic,cla_id) VALUES (?,?,?,?,?,?,?)");
        pst.setString(1, student.getNo());
        pst.setString(2, student.getPwd());
        pst.setString(3, student.getName());
        pst.setString(4, student.getSex());
        pst.setString(5, student.getBirth());
        pst.setString(6, student.getPic());
        pst.setInt(7, student.getClasses().getId());//数据库中存储的是班级编号
        flag=pst.execute(); //执行插入操作
```

代码片段 4 调用代码片段 5、代码片段 6 后，转到列表显示数据库中所有学生的信息，该跳转是由一个 Servlet 控制器完成的，在这个控制器中需要查询所有学生信息，特别是学生的班级信息需要对对象属性的操作。

查询所有学生信息并保存到 Session 的 list 集合中。该控制器执行的查询学生模型代码片段见代码片段 7。

代码片段 7：查询所有学生的信息并保存到 Session 的 list 集合中。

```
public List<Student>queryStudent(String type, String value)
    {//根据某种查询类型(type)及查询的条件值(value)查询满足的学生集合
        ArrayList<Student>list=new ArrayList<Student>();
```

```
    ⋮      //设置 SQL 查询条件及获取数据库连接(略)
    rs=pst.executeQuery();
        while (rs.next())
        {
            Student student=new Student();
            student.setId(rs.getInt(1));
            student.setNo(rs.getString(2));
            student.setPwd(rs.getString(3));
            student.setName(rs.getString(4));
            student.setSex(rs.getString(5));
            student.setBirth(sdf.parse(rs.getString(6)));
            String pic=rs.getString(7);
            if (pic==null || pic.equals(""))
                pic="../../images/person.png";
            student.setPic(pic);
            Classes classes=new ClassesImpl().queryClasses("cla_id", rs.
            getString(8)).get(0);
                            //根据查询获取的第一个元素为 Classes 类型的对象
        //8 为第 8 个字段,即班级编号字段;0 为集合的第一个元素
            student.setClasses(classes); //作为 student 对象的属性值
            list.add(student);
            return list;    //返回查询的学生集合
        }
```

上述代码中调用了代码片段 1,使学生的班级属性为一个班级对象。代码片段 4 中的控制器最后重定向到 search. jsp 界面。即通过 response. sendRedirect (" admin/student/search. jsp");语句转到 search. jsp 界面,显示列表所有学生的信息。显示所有学生信息的代码见代码片段 8。

代码片段 8:列表显示所有学生的信息,注意班级信息是班级名称而不是数据库保存的班级代码。

```
<c:forEach items="${sessionScope.students}" var="student" varStatus="num">
    <tr class="change" align="center">
        <td>${num.count}</td>
        <td>${student.no}</td>
        <td>${student.name}</td>
        <td>${student.sex}</td>
        <td>${student.birth}</td>
        <td>${student.classes.name}</td>//显示班级名
        <td><img src="${student.pic}" width="20px"
            height="20px" /></td>
    </tr>
</c:forEach>
```

上面介绍的代码片段 1～代码片段 8,说明了学生与班级实体类关联的数据库操作以

及实现过程。对于如图 10-7 所示的课程分数与课程名称的显示原理相同,这里就不赘述了。浏览与查询课程信息的地址是:

```
http://localhost:8080/ClassStudents/admin/score/search.jsp
```

10.2.3 面向对象的软件开发过程

从 10.2.2 节可以看出,软件的复杂度会根据业务需求的复杂度而急剧增加。所以软件的开发是一项复杂的工程,失败的情况非常常见。但是,人们已经总结出了大量的技术与管理方法,以提高软件开发的成功率。而面向对象的软件开发方法是一个在大型软件开发过程中行之有效的开发方法。

在进行面向对象软件开发时,人们总结出一套"统一软件开发过程",它们是基于面向对象开发的最佳做法。这些做法有以下一些内容。

1. 软件开发最佳做法(统一软件开发过程)

(1) 迭代式软件开发。迭代式软件开发能够有效地控制项目风险,增加对项目的控制能力,减少需求变更对项目的影响。

(2) 有效的管理需求。有效的管理需求能够做到质量保证从一开始做起。在软件开发一开始,就把好需求质量关,实现需求的可追溯性和需求变更的有效管理。

(3) 基于构件的软件架构。采用可视化建模技术来构建以构件为基础,面向服务的系统框架,从而降低系统的复杂性,提高开发的秩序性,增强系统的灵活性和可扩展性。

(4) 可视化(UML)建模。可视化建模从而能够有效解决团队沟通,管理系统复杂度,提高软件重用性。

(5) 持续的质量验证。持续的质量验证,确保持续的软件质量验证,做到尽早测试,尽早反馈,从而确保产品满足客户的需求。

(6) 管理变更。管理变更为整个软件开发团队提供基本协作平台,使团队各成员及时了解项目状况,保持项目各版本的一致。

2. 面向对象软件开发过程序化

上述面向对象软件开发的最佳做法虽然是个软件迭代开发的几个关键方面,但该开发有一个基本秩序过程,即序化开发过程。这个过程是,首先进行业务描述,并获取用例模型和要实现的功能列表;然后进行软件构架,并根据功能列表逐步完成各功能模块的设计、编码与测试。然后再进入下一次迭代。下一次迭代需要完成下一个用户用例或功能列表中的功能,或者测试反馈的结果。直至完成项目,满足用户的要求。

从软件开发行动领域来看,开发一个软件项目过程包括:

(1) 业务需求描述。即通过文字等描述与限定软件要实现的业务及其范围。

(2) 建立用例模型。即描述软件的操作者及对应的操作使用情况,通过完整用例模型了解软件应该满足的用户及其使用要求。

(3) 任务分解,将大问题分解成小问题,建立功能列表。要满足用户的功能需求,即用户对软件的工作处理要求;工作处理包括输入、处理逻辑、输出,它们有大有小。通过任务分解与细化,直至了解每个单元如何做。最后形成要实现的功能列表。

(4) 系统架构,将工作秩序化。前面三个步骤属于需求分析范畴,而此步属于软件设计范畴。系统架构是从总体角度设计软件的整体结构、各部件的功能及它们之间的交互,以及采用的实现技术与基于这些设计软件框架的建立。另外,系统架构还包括那些通用部件的设计与实现。

(5) 每个模块的设计及 MVC 实现。基于上述系统架构下对各个业务处理模块进行设计,并通过 MVC 设计模块进行实现。业务处理模块需要系统架构通用部件的技术支撑,并与各模块进行交互。但是,各个业务处理模块的技术实现基本类似,均需要通过 MVC 设计模式实现。

(6) 测试检验。对已经实现了的软件进行检验,检验标准就是用户的需求、用例等,需要通过测试技术将这些需求、用例等设计成测试用例进行检验。

(7) 通过需求、用例、测试驱动下一次迭代开发。在软件测试过程中,不可能一次就解决问题,通过用户的使用与设计的完善,需要进一步对软件进行需求分析、软件设计、编码实现与测试,即进入又一次的软件开发迭代过程。但发起或驱动这次迭代的可能是一个需求、一个用例、一个测试,它们都能使软件开发重复一次迭代。

(8) 一直满足用户需求,否则进行继续迭代。即通过不停地迭代进行完善,一直到用户基本上完全满意为止。

10.3　综合软件项目开发说明

软件项目开发是一个复杂的过程,很难一次性地开发完成。在整个应用软件开发过程中,一般包括需求分析、软件设计、数据库设计、程序设计与编码实现、软件测试等工作。但这些工作往往体现的是一个复杂的过程,即这些工作互相交叉且循环进行;这些工作需要通过不断地迭代才能逐步完善工作任务、实现开发目标。另外,在这个过程中需要进行有效的控制与管理,才能保证项目的有序进行。

软件开发文档是对整个软件开发过程的记录和说明。如同程序代码,软件文档也是软件中不可缺少的重要组成部分。软件开发文档对今后软件使用过程中的维护、软件版本的升级等都有着非常重要的意义。软件是否有完整与规范的软件开发文档已经被人们看作一个衡量软件过程质量的重要标准。

软件文档包括开发文档、产品文档、管理文档三类。软件文档是软件项目管理的依据;软件文档是软件开发过程中各任务之间联系的凭证;软件文档是软件质量的保证;软件文档是用户手册、使用手册的参考;软件文档是软件维护的重要支持;软件文档是重要的历史档案。所以说,在软件项目开发与管理的过程中,软件开发过程中的相关文档的编写是一项重要内容。通过软件开发文档,可以知道软件开发的内容、任务以及工作的进展、任务跟踪与管理控制。所以说,好的软件开发文档是软件开发与管理顺利进展的有力保障。

下面通过案例,介绍软件开发的过程及开发文档说明,通过开发文档介绍一个较完整的综合项目完成的过程及相关技术内容。

【案例 10-2】 高校学生管理系统的开发与说明。以一个较完整的"高校学生管理软件"的开发项目,其内容涉及高校的专业信息、班级信息、学生信息、课程信息、教师信息、教学计划与授课信息等。

下面通过软件开发过程与文档的角度,完整地介绍软件项目开发的相关内容,包括问题定义、需求分析、软件设计(包括软件结构设计、程序处理过程设计及数据库设计)、编码实现与操作说明等。

(1) 问题定义是从高层次了解"用户要计算机和软件做什么",确定软件的功能及边界。只有了解计算机和软件要干什么,才能安排好下一步的工作,才能少走弯路。该工作一般由系统分析师根据调研的现实情况,通过精确的文字陈述表达出来。

(2) 需求分析的任务是精确地描述软件系统必须"做什么",确定系统具有哪些功能。该任务是由需求分析师通过分析得到软件的需求,然后通过需求分析文档精确地表达出来的。该文档是下一步软件设计的基础。

(3) 软件设计的任务是软件设计师将软件要做的功能,即上一步的软件需求转化为我们要做的内容与规划蓝图,以设计文档的形式表现出来。软件设计回答"怎么做"的问题。软件设计包括宏观层面的软件模块结构的设计,以及各程序内部处理过程的设计,以及被处理对象的数据库的设计。

(4) 软件的编码实现是程序员将第(3)步的软件设计蓝图,通过某个程序编码语言一个一个完成软件的各程序代码,然后将它们集成起来形成一个可使用的完整软件。软件实现的结果是可以运行的源程序,只有运行时才能体现出来。所以,软件文档中还有程序运行的界面、操作功能及说明等。

10.3.1 项目介绍

项目介绍是对项目的背景、问题定义及采取的技术等进行的介绍。下面对案例 10-2 进行项目介绍:

本项目是采用 JSP 技术开发一个简单的高校学生管理 Web 版软件。高校学生管理系统围绕学生进行信息化管理,包括学生的基本信息、学生的学习情况及成绩信息。项目内容描述如下:

学生进入学校学习后,需要建立个人档案信息,并要分专业、班级进行学习。而学校各专业均有自己的教学体系及相应的学习课程。需要安排教师进行日常的教学活动。学生修完规定的学习任务与相应的学分后方可毕业。本项目就是对上述业务进行网络信息化管理。

另外,为了使软件能正常有序地运行,需要管理员在软件后台对各操作员进行权限管理与控制。

本项目是基于 MVC 的 JSP 技术进行的 Web 应用程序开发,其中,

(1) JSP 技术为表示层,包括 EL 表达式、JSP 动作、JSTL 标准标签技术;

(2) Servlet 为控制层技术;

(3) JavaBean 为开发模型层;

（4）采用 MVC 设计模式对各个模块进行开发；

（5）数据库采用 MySQL 数据库；

（6）采用 Tomcat 作为 Web 服务器。

10.3.2 用例模型

10.3.1 节已经对软件项目进行了介绍,但还不详细。需要通过进一步的需求分析了解软件的用户需求。用例模型是从软件的用户角色、用户操作的角度对用户需求进行描述的。

通过对该项目的用户类型的分析,以及对各类用户操作的分析,建立了用例模型,它是以用例的角度说明系统的业务需求的。

本系统有 4 种操作人员(也称 4 类角色),分别是学生、教师、教务员和管理员。

（1）学生主要是查看自己要学习的课程,以及查询自己的学习成绩。

（2）教师可以查看自己授课的课程安排,以及对应的班级、学生情况,可以对学生的学习成绩进行登记。

（3）教务员需要录入学生、教师、课程等档案信息,还可以修改专业的相应信息、班级及学生对应班级的信息;教务员还需要对本专业各班级的教学情况进行排课。

（4）管理员主要是后台管理。包括操作员管理,即对操作员进行注册、权限分配的管理,以及静态数据的维护等。

具体的业务见图 10-8 所示的用例图。

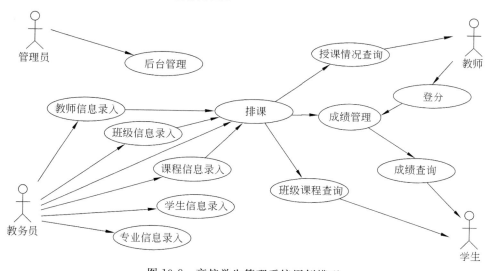

图 10-8 高校学生管理系统用例模型

10.3.3 功能需求

用例模型是从用户与用户使用的角度说明软件的需求,这些使用主要是完整的使用流程的说明。但是,软件的每个处理细节的描述就是所谓的功能需求的说明。功能需求说明软件各局部的功能处理细节,它通过输入、处理逻辑、输出等方面进行描述。

本学生管理系统需要满足用户的以下操作功能:

(1) 日常静态数据的管理,主要是日常操作时的环境数据,大部分只有教务员才有权限进行操作,它们包括

① 专业管理:输入、修改维护本专业的信息。

② 班级管理:新增新的班级信息,并维护班级信息。

③ 课程管理:对本专业的所有课程信息进行管理,包括新增课程信息及维护课程信息。

④ 教师管理:对本专业的所有教师信息进行管理,包括新增老师信息、教师变动信息的维护。教师可以看到与修改自己的某些基本信息。

⑤ 学生管理:对本专业的所有学生信息进行管理,包括新增学生信息及对学生信息的维护。学生可以看到与修改自己的某些基本信息。教务员还可以对学生进行专业、班级的分配。

(2) 日常业务信息的管理包括

① 班级排课:教务员对每个班进行排课,排课时是确定上课的班级、课程、教师等信息。

② 成绩管理:教师对所授的课程的学生进行分数登记,学生可以查看到自己的学习成绩,并且教务员可以对学生成绩的操作权限进行控制。

③ 查询报表:可以按条件对相关信息进行查询,可以形成报表并打印,也可以以 Excel 表的形式进行导出。

(3) 后台管理:后台管理是对业务操作进行管理与控制,是对操作员、角色、权限、模块信息进行的管理。

10.3.4 数据分析与数据库设计

1. 数据分析

数据分析是通过对软件的功能模型,即各个功能的输入与输出的数据进行分析,建立数据模型,即完整的 E-R 图与数据字典。再根据案例 10-1 所述的数据库设计方法对关系数据库进行逻辑结构的设计。本案例的数据分析及数据库设计过程省略。

下面小节直接给出该项目的数据库设计。

2. 数据库设计

本"高校学生管理系统"的数据库结构设计包括 10 个表,分别是:学生信息表(student)、教师信息表(teacher)、班级表(classes)、专业表(major)、课程表(subject)、成绩表(score)、班级课程表(cla2sub)、功能表(privilege)、角色(role)、操作员表(operator)。

其中,后面 3 个表是后台管理相关的表。本案例数据库结构的设计如表 10-1～表 10-10 所示,E-R 图见图 10-9。

表 10-1　学生信息表（student）结构的设计

字　　段	类　　型	约　　束	描　　述
stu_id	in(11)	主键	学生 id
ope_id	in(11)	外键	操作员 id
stu_no	varchar(22)		学生学号
stu_name	varchar(22)		学生名字
stu_sex	enum('男','女')		学生性别
stu_birth	data		学生生日
stu_pic	varchar(22)		学生照片
cla_id	int(11)	外键	班级 id

表 10-2　教师信息表（teacher）结构的设计

字　　段	类　　型	约　　束	描　　述
tec_id	int(11)	主键	教师 id
ope_id	int(11)	外键	操作员 id
tec_sex	enum('男','女')		教师性别
tec_birth	data		教师生日
tec_major	varchar(22)		专业
tec_phone	varchar(22)		联系电话
tec_name	varchar(22)		教师名字

表 10-3　班级表（classes）结构的设计

字　　段	类　　型	约　　束	描　　述
cla_id	int(11)	主键	班级 id
cla_name	varchar(22)		班级名称
cla_tec	varchar(22)		班主任姓名
maj_id	int(11)	外键	主修专业 id

表 10-4　专业表（major）结构的设计

字　　段	类　　型	约　　束	描　　述
maj_id	int(11)	主键	专业 id
maj_name	varchar(22)		专业名称
maj_prin	varchar(22)		专业负责人
maj_link	varchar(22)		专业联系人
maj_phone	varchar(22)		专业联系人电话

表 10-5　课程信息（subject）结构的设计

字　　段	类　　型	约　　束	描　　述
sub_id	int(11)	主键	科目 id
sub_name	varchar(22)		科目名称
sub_type	varchar(22)		课程类型
sub_times	int(11)		课时

表 10-6　成绩表（score）结构的设计

字　　段	类　　型	约　　束	描　　述
sco_id	int(11)	主键	成绩 id
sco_daily	float		平时成绩
sco_exam	float		考试成绩
wco_count	float		总成绩
stu_id	int(11)	外键	学生 id
sub_id	int(11)	外键	科目 id
cla2sub_id	int(11)	外键	课程表 id
cla_id	int(11)	外键	班级 id

表 10-7　课程表（cla2sub）结构的设计

字　　段	类　　型	约　　束	描　　述
cla2sub_id	int(11)	主键	课程表 id
cla_id	int(11)	外键	班级 id
sub_id	int(11)	外键	科目 id
tec_id	int(11)	外键	主讲老师 id

表 10-8　功能表（privilege）结构的设计

字　　段	类　　型	约　　束	描　　述
pri_id	int(11)	主键	功能 id
pri_name	varchar(22)		模块名称
pri_url	varchar(55)		模块连接
menu_name	varchar(55)		菜单名称
rol_id	int(11)	外键	角色 id

表 10-9　角色（role）结构的设计

字　　段	类　　型	约　　束	描　　述
rol_id	int(11)	主键	角色 id
rol_name	varchar(22)		角色名称

表 10-10 操作员表（operator）结构的设计

字 段	类 型	约 束	描 述
ope_id	int(11)	主键	操作员 id
ope_name	varchar(22)		登录名
ope_pwd	varchar(22)		登录密码
rol_id	int(11)	外键	角色 id

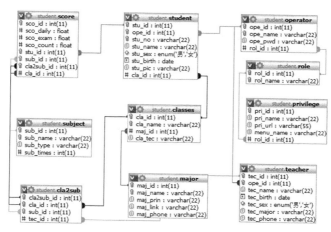

图 10-9　高校学生管理系统数据模型（E-R 图）

10.3.5　软件设计

上面介绍的需求分析是从用户的角度介绍软件"做什么"。而软件设计则从程序员实现的角度介绍软件"怎么做"。10.3.4 节画的用例图（用例模型）、E-R 图（数据模型）属于分析模型，它详细描述了软件应该做什么。

软件设计则是从程序员的角度说明软件"怎么做"。软件设计包括软件模块结构设计、软件模块设计及程序结构设计等。

1. 软件结构设计

软件结构设计是对软件总体组成结构的设计与描述，它说明软件由哪些部分组成，这些部分之间的关系如何等。图 10-10 是本案例中的软件设计结构，其内容是说明软件的模块与模块的组成关系。也可以进一步用表 10-11 的形式对软件设计进行说明。

表 10-11 软件模块设计列表

序号	模块类型	模块名称	模 块 内 容
1	基本信息管理	专业信息管理	添加、查询、修改、删除专业信息
2	同上	班级信息管理	添加、查询、修改、删除班级信息

续表

序号	模块类型	模块名称	模块内容
3	同上	学生信息管理	添加、修改、删除、修改学生信息
4	同上	教师信息管理	添加、查询、修改、删除教师信息
5	同上	课程信息管理	添加、查询、修改、删除课程信息
6	日常教学管理	班级排课	添加、查询、修改、删除班级课程
7	同上	成绩管理	查询、修改成绩信息
8	查询报表	统计报表	可以进行条件查询、统计,将查询的结果进行报表打印,并可导出 Excel 表
9	后台管理	后台系统维护管理	包括操作员管理、权限管理、密码修改

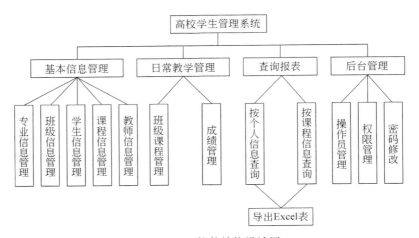

图 10-10　软件结构设计图

2. 软件架构设计

软件架构设计是一种高层设计与决策,它用于解决全局性的、涉及不同"局部问题"之间的交互问题。这些工作包括与整体相关的内容,表示层、模型层、控制层和数据层的设计。

图 10-11 是本案例的软件架构设计的部分内容,它描述了如何组织软件的各个部件以及它们之间的关系。

软件架构设计还包括各层实现技术的选择与搭建、接口与实现的选择、各部件之间交互机制的设计、数据库处理层技术的选择与搭建等,包括通用组件的设计。即那些软件总体方面的技术与设计都可以认为是软件架构设计的范畴。

稳定的软件架构是未来软件顺利进行的基础。关于软件架构的设计见本书第 6 章的介绍及相关案例代码。下面抛开架构技术等问题,只介绍如何对用户要求的业务功能模块进行设计与实现。

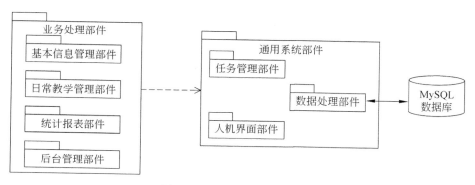

图 10-11 软件总体架构设计

10.3.6 各功能模块设计

相对于架构的全局性设计,对于功能模块的设计属于"局部"设计。它在软件架构下,被很好地组织与安排。该案例的各功能模块如图 10-10 和表 10-11 所示。下面介绍它们的 MVC 各层的设计与代码组织。

1. 专业模块的 MVC 设计

专业模块的 MVC 层的程序及方法的设计如表 10-12 所示,其中包括实体类及对应的数据库表。

表 10-12 专业模块 MVC 设计

子模块	控制层 C	视图层 V	模型层 M	备注
添加专业信息	AddMajorServlet.java	add_major.jsp	MajorImpl.java 的方法: add(Major):void delete(Major):void getcountPage(String,String):int query(String,String):List<Major> query(String,String,int):List<Major> update(Major):void	实体类: Major.java 数据表: major.sql
修改专业信息	UpdateMajorServlet.java	update_major.jsp search_major.jsp		
删除专业信息	DeleteMajorServlet.java	search_major.jsp		
查询专业信息	SearchMajorServlet.java			

2. 班级模块的 MVC 设计

班级模块的 MVC 层的程序及方法的设计如表 10-13 所示,其中包括实体类及对应的数据库表。

3. 教师模块的 MVC 设计

教师模块的 MVC 层的程序及方法的设计如表 10-14 所示,其中包括实体类及对应的数据库表。

表 10-13　班级模块 MVC 设计

子模块	控制层 C	视图层 V	模型层 M	备注
添加班级预处理	PlanClasses Servlet. java	add_classes. jsp add_ classes. jsp search_ classes . jsp	ClassesImpl. java 的方法: add(Classes):void delete(Classes):void getcountPage(String,String):int query(String,String):List <Classes> query(String,String,int):List <Classes> update(Classes):void	实体类: Classes. java 数据表: classes. sql
添加班级信息	AddClasses Servlet. java			
修改班级信息	UpdateClasses Servlet. java	update_ classes. jsp search_ classes. jsp		
删除班级信息	DeleteClasses Servlet. java	search_ classes. jsp		
查询班级信息	SearchClasses Servlet. java			
编辑班级信息	EditClasses Servlet. java			

表 10-14　教师模块 MVC 设计

子模块	控制层 C	视图层 V	模型层 M	备注
添加教师信息模块	AddTeacher Servlet. java	add_teacher. jsp search_teacher. jsp	TeacherImpl. java 的方法: add(Teacher):void delete(Teacher):void getcountPage(String,String):int query(String,String):List <Teacher> query(String,String,int):List <Teacher> update(Teacher):void	实体类: Teacher. java 数据表: teacher. sql
修改教师信息模块	UpdateTeacher Servlet. java	update_teacher. jsp search_teacher. jsp		
删除教师信息模块	DeleteTeacher Servlet. java	search_teacher. jsp		
查询教师信息模块	SearchTeacher Servlet. java			
编辑教师信息模块	EditTeacher Servlet. java			
教师个人信息模块	InfoTeacher Servlet. java	info_teacher. jsp		

4. 学生模块的 MVC 设计

学生模块的 MVC 层的程序及方法的设计如表 10-15 所示,其中包括实体类及对应的数据库表。

5. 课程管理模块的 MVC 设计

课程管理模块的 MVC 层的程序及方法的设计如表 10-16 所示,其中包括实体类及对应的数据库表。

6. 班级课程表管理模块的 MVC 设计

班级课程表模块的 MVC 层的程序及方法的设计如表 10-17 所示,其中包括实体类及对应的数据库表。

表 10-15　学生模块 MVC 设计

子模块	控制层 C	视图层 V	模型层 M	备注
添加前预处理	PlanAddStudentServlet. java	add_student. jsp	TeacherImpl. java 的方法： add(Student) : void delete(Student) : void getcountPage (String,String) : int query(String,String) : List<Student> query(String,String, int) : List<Student> update(Student) : void	实体类： Student. java 数据表： student. sql
添加学生信息	AddStudentServlet. java	search_student. jsp		
删除学生信息	DeleteStudentServlet. java	search_student. jsp		
编辑学生信息	EditStudentServlet. java	update_student. jsp		
修改学生信息	UpdateStudentServlet. java	search_student. jsp		
查询学生信息	SearchStudentServlet. java	search_student. jsp		
查询个人信息	InfoStudentServlet. java	info_student. jsp		
查询同班同学	SearchClassmatesServlet. java	search_classmates. jsp		
查询教师学生	SearchTeacherClassServlet. java	search_student. jsp		

表 10-16　课程管理模块 MVC 设计

子模块	控制层 C	视图层 V	模型层 M	备注
添加课程信息	AddSubject Servlet. java	add_subject. jsp	SubjectImpl. java 的方法： add(Subject) : void delete(Subject) : void getcountPage(String,String) : int query(String,String) : List<Subject> query(String,String,int) : List<Subject> update(Subject) : void	实体类： Subject. java 数据表： subject. sql
编辑课程信息	EditSubject Servlet. java	update_ subject. jsp search_subject. jsp		
修改课程信息	UpdateSubject Servlet. java			
删除课程信息	DeleteSubject Servlet. java	search_subject. jsp		
查询课程信息	SearchSubject Servlet. java			

表 10-17　班级课程表管理模块 MVC 设计

子模块	控制层 C	视图层 V	模型层 M	备注
班级课程预处理	PlanAddCla2sub Servlet. java	add_classes_ subject. jsp	Cla2Submpl. java 的方法： add(Clas2Sub) : void delete(Clas2Sub) : void getcountPage(String,String) : int query(String,String) : List<Cla2Sub> query(String,String,int) : List<Cla2Sub> update(Cla2Sub) : void findCla2sub(int,int,int) : Cla2Sub	实体类： Cla2Sub. java 数据表： cla2sub. sql
查询可选课程信息	SearchCla2sub_exServlet. java			
添加班级课程信息	AddCla2sub Servlet. java			
删除班级课程信息	DeleteCla2sub Servlet. java	search_classes_ subject. jsp		
查询班级课程信息	SearchCla2sub Servlet. java			

7. 学生成绩管理模块的 MVC 设计

学生成绩管理模块的 MVC 层的程序及方法的设计如表 10-18 所示,其中包括实体类及对应的数据库表。

表 10-18　学生成绩管理模块 MVC 设计

子模块	控制层 C	视图层 V	模型层 M	备注
查询学生成绩信息	SearchScore Servlet.java	search_score.jsp	ScoreImpl.java 的方法: add(Score):void delete(Score):void	实体类: Score.java 数据表: score.sql
编辑学生成绩信息	EditScore Servlet.java	update_score.jsp	getcountPage(String,String):int query(String,String):List<Score>	
修改学生成绩信息	UpdateScore Servlet.java	update_score.jsp search_score.jsp	query(String,String,int):List<Score> update(Score):void	

本节介绍了案例各 MVC 层程序的组织与设计。程序级别的设计称为程序设计或过程设计。由于其内容与涉及的代码非常多,其设计与介绍略。关于各个程序内部处理过程的设计请参考本书所附的源程序代码。

10.3.7　软件实现及操作说明

1. 系统登录及主界面

在 Tomcat 服务器上部署该系统后,启动 Tomcat 服务器。

案例 10-2 的系统登录地址为:http://localhost:8080/Student/login.jsp(在本地服务器部署)。在浏览器上输入该地址,出现如图 10-12 所示的系统登录界面。

图 10-12　用户登录页面

系统分别可以由管理员、教师、学生三个角色进入并进行操作,其中教务员的职能含在管理员职能中。这些角色的分配与管理由后台的角色权限管理完成。

登录后,单击主界面右上角的"注销"按钮可以退出系统,并回到登录页面。

后台管理员可对学生信息、教师信息、班级信息、专业信息等进行管理。

教师可以查询自己的档案、给学生打分、查找学生信息、可以把学生成绩导出为 Excel 表格等。

学生可以查看自己的档案、成绩、课程以及同班同学的信息并且可以把课程表导出为 Excel 表格方便使用。

不同类型的操作员登录后,其操作界面也会不同。如学生、教师、管理员登录后其操作界面均不相同,系统管理员登录后的界面如图 10-13 所示。

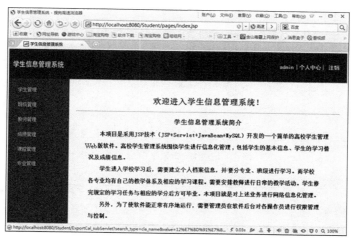

图 10-13　登录成功后的操作界面

下面分别对专业信息、班级信息、课程信息、教师信息、学生信息、排课信息、学习成绩等进行管理操作的说明。

2. 专业信息管理

管理员可以对专业信息进行管理,包括添加专业、查询专业信息、修改专业信息等。

如图 10-14 所示的专业信息添加界面,其操作是输入专业信息后,单击"添加"按钮,专业的基本信息就会存到专业表中。添加完成的结果如图 10-15 所示。

图 10-15 页面显示了专业信息操作结果,并可以进行查询、修改、删除操作。操作时在下拉列表选择查询条件,再输入查询信息,然后单击"查询"按钮,页面就会根据所输入的查询条件显示出符合条件的专业信息。当选择下拉表的"查找全部"时,不用输入查询条件,就会查询所有的专业信息。当单击"编辑"的时候会跳到编辑专业页面,单击"删除"的时候会删除这条专业信息记录。

3. 课程信息管理

可以对课程信息进行管理,包括添加课程信息、查询课程信息、修改课程信息等。添加课程信息界面如图 10-16 所示。

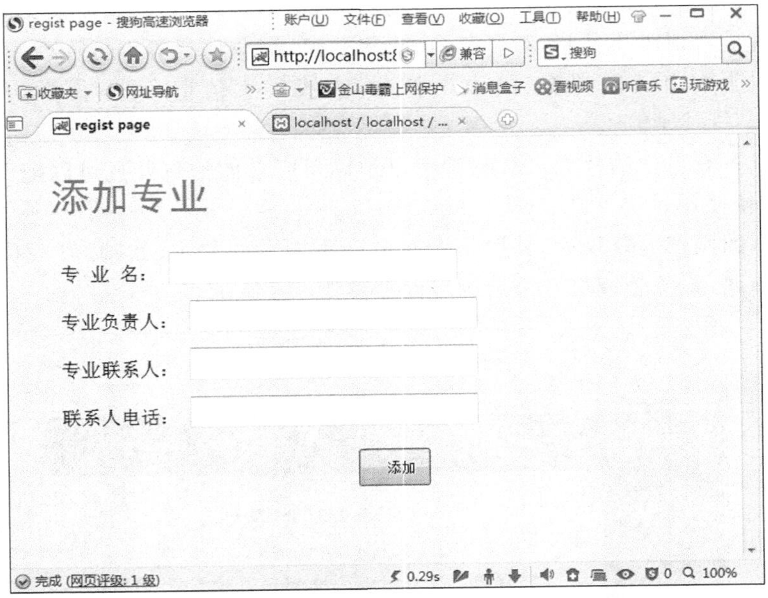

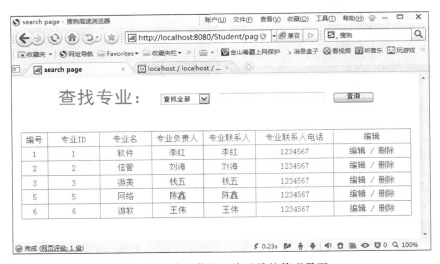

图 10-14　添加专业信息界面

图 10-15　专业信息查询及维护管理界面

　　图 10-16 页面操作：输入课程信息后，单击"添加"按钮，课程的基本信息存到课程表中，操作完成后进入如图 10-17 所示的显示界面。

　　图 10-17 页面显示了课程信息操作结果，并可以进行查询、修改、删除操作。操作时在下拉列表选择查询条件，再输入查询信息，然后单击"查询"按钮，页面就会根据所输入的查询条件显示出符合条件的课程信息。当选择下拉表的"查找全部"时，不用输入查询条件，就会显示所有的课程信息。当单击"编辑"的时候会跳到编辑课程页面，单击"删除"的时候会删除这条课程信息记录。

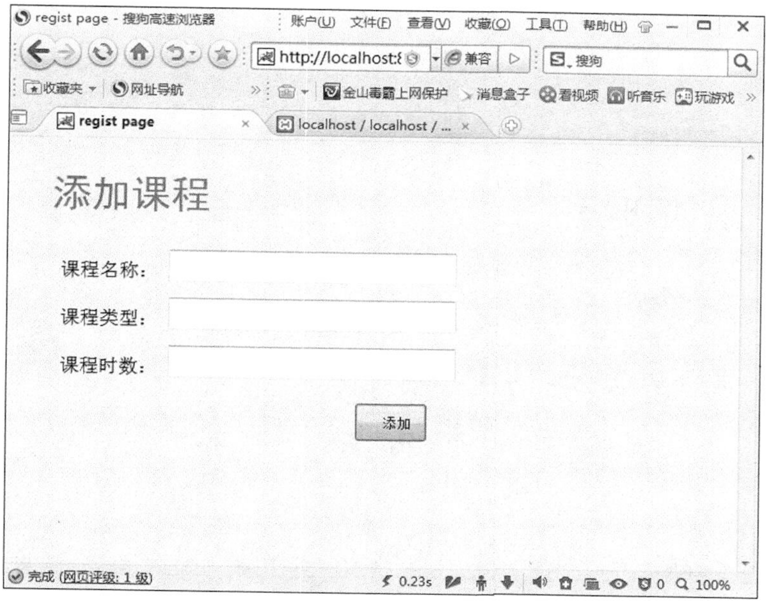

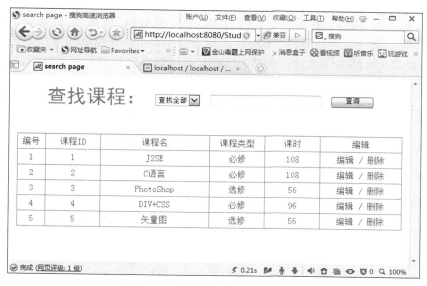

图 10-16　添加课程信息界面

图 10-17　查找课程信息及维护界面

4. 班级信息管理

管理员可以对班级信息进行管理,包括添加班级信息、查询班级信息、修改班级信息等操作。添加班级信息界面如图 10-18 所示。

图 10-18 页面操作:输入班级信息后,单击"添加"按钮,将班级的基本信息存到班级表中。

regist page - 搜狗高速浏览器
http://localhost
regist page
localhost / localhost / ...
添加班级
班级名称：
班 主 任：
李红
主修专业：
软件
添加
完成 (网页评级: 1 级)

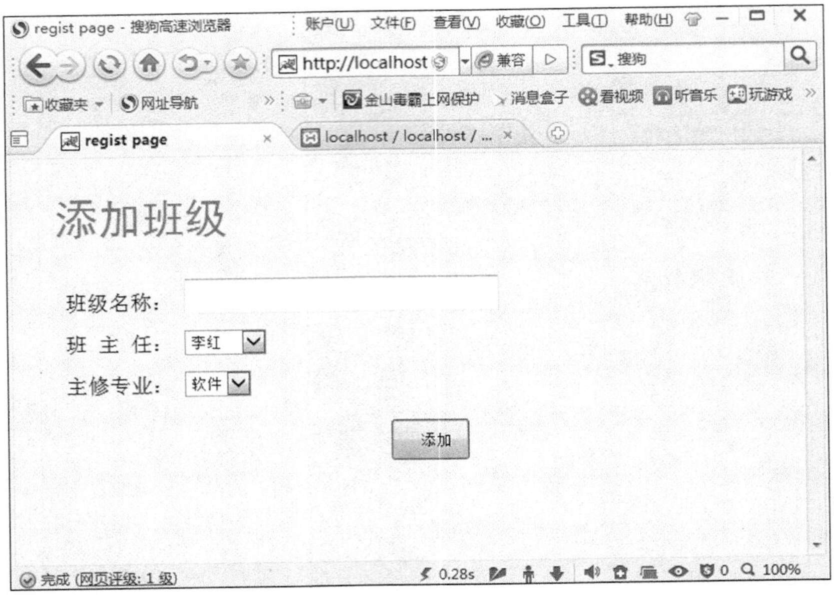

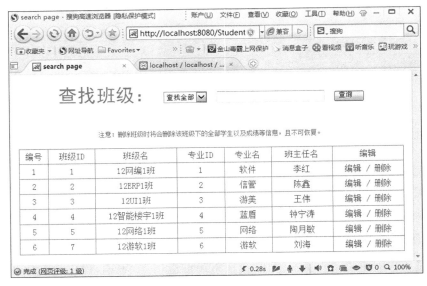

图 10-18　添加班级信息界面

图 10-19 页面显示了班级信息操作结果，并可进行查询、修改、删除操作。操作时在下拉列表选择查询条件后，再输入查询信息，然后单击“查询”按钮，页面就会根据所输入的查询条件显示出符合条件的班级信息。当选择下拉表的“查找全部”时，不用输入查询条件，就会显示所有的班级信息。当单击“编辑”的时候会跳到编辑班级页面，单击“删除”的时候会删除这条班级信息记录。

search page - 搜狗高速浏览器 [隐私保护模式]
http://localhost:8080/Student
search page
localhost / localhost / ...
查找班级：
查找全部
查询
注意：删除班级时将会删除该班级下的全部学生以及成绩等信息，且不可恢复。
编号 班级ID 班级名 专业ID 专业名 班主任名 编辑
1 1 12网编1班 1 软件 李红 编辑 / 删除
2 2 12ERP1班 2 信管 陈鑫 编辑 / 删除
3 3 12UI1班 3 游美 王伟 编辑 / 删除
4 4 12智能楼宇1班 4 蓝盾 钟宁涛 编辑 / 删除
5 5 12网络1班 5 网络 陶月敏 编辑 / 删除
6 7 12游软1班 6 游软 刘海 编辑 / 删除
完成 (网页评级: 1 级)

图 10-19　查找班级信息及管理界面

5. 教师信息管理

教师信息管理模块可以对教师信息进行管理，包括添加教师信息、查询教师信息、修改教师信息等。添加教师信息界面如图 10-20 所示。

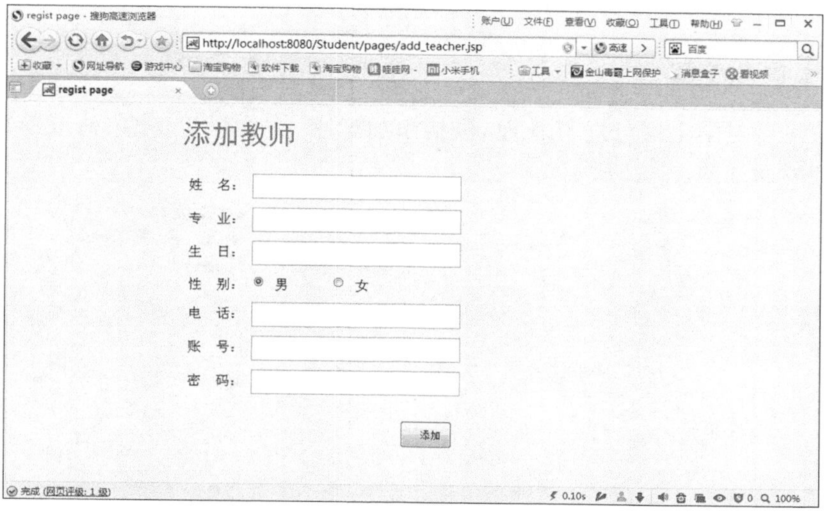

图 10-20 添加教师信息界面

图 10-20 页面操作：输入教师信息后，单击“添加”按钮，将教师的基本信息存到教师表(teacher)中，账号和初始密码保存到操作员表中。

图 10-21 页面操作：在下拉列表选择查询条件后，再输入教师信息，然后单击“查询”按钮，页面就会根据所输入的查询条件显示出符合条件的教师信息。当选择下拉表的“查找全部”时，不用输入查询条件，就能查询所有的教师信息。当单击“编辑”的时候会跳到编辑教师页面，单击“删除”的时候会删除这条教师信息记录。

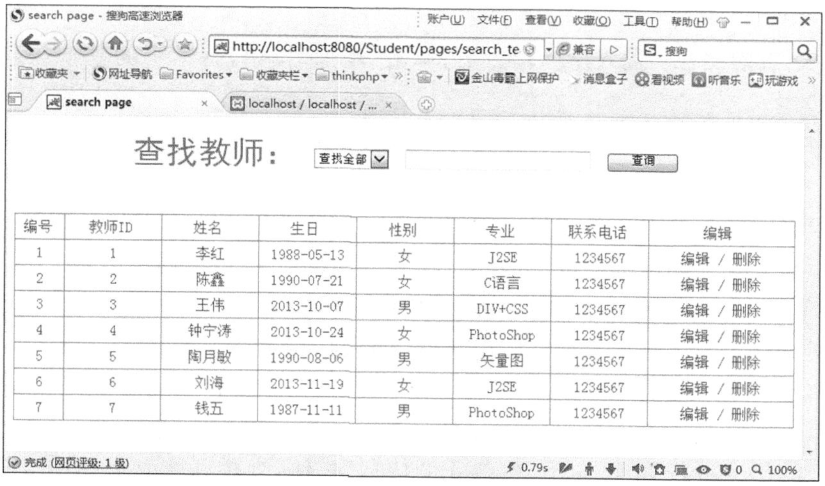

编号	教师ID	姓名	生日	性别	专业	联系电话	编辑
1	1	李红	1988-05-13	女	J2SE	1234567	编辑 / 删除
2	2	陈鑫	1990-07-21	女	C语言	1234567	编辑 / 删除
3	3	王伟	2013-10-07	男	DIV+CSS	1234567	编辑 / 删除
4	4	钟宁涛	2013-10-24	女	PhotoShop	1234567	编辑 / 删除
5	5	陶月敏	1990-08-06	男	矢量图	1234567	编辑 / 删除
6	6	刘海	2013-11-19	女	J2SE	1234567	编辑 / 删除
7	7	钱五	1987-11-11	男	PhotoShop	1234567	编辑 / 删除

图 10-21 教师信息显示及维护管理界面

修改教师信息后,单击"修改"按钮,就会更新教师表中对应的记录,账号和密码更新到操作员表对应的记录中。

另外,教师也可以对自己的部分信息进行修改。如以教师的身份登录后,可进入教师信息修改界面。即当教师登录后,可以对自己的信息进行管理,单击"修改我的信息"按钮,会跳到修改信息页面以对教师的个人信息进行修改。

6. 学生信息管理

管理员可以对学生信息进行管理,包括添加学生、查询学生信息、修改学生信息等。添加学生的界面如图 10-22 所示。

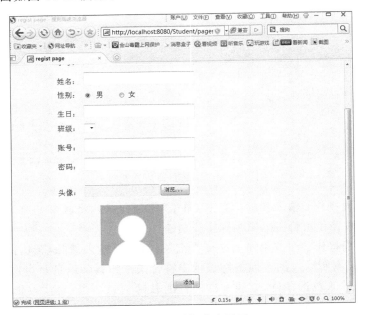

图 10-22　添加学生页面

图 10-22 页面操作:输入学生信息后,单击"添加"按钮,将学生的基本信息存到学生表(student)中。

图 10-23 页面显示了所有学生的信息,通过该界面可以对学生信息进行查询、修改、删除操作。操作时,在下拉列表选择查询条件后,再输入学生信息,然后单击"查询"按钮,页面就会根据所输入的查询条件显示出符合条件的学生信息。当选择下拉表的"查找全部"时,不用输入查询条件就可以查询所有学生的信息。当单击"编辑"的时候会跳到编辑学生页面,单击"删除"的时候会删除这条学生信息记录。

单击了"编辑"操作时会出现学生信息修改界面,修改学生信息后,单击"修改"按钮,就会更新学生表中对应的记录。

学生也可以对自己的部分信息进行查询并可查询同班同学的信息。当学生登录后,可以对自己的信息进行管理,单击"修改我的信息"按钮,会跳到修改信息页面以对学生的个人信息进行修改。

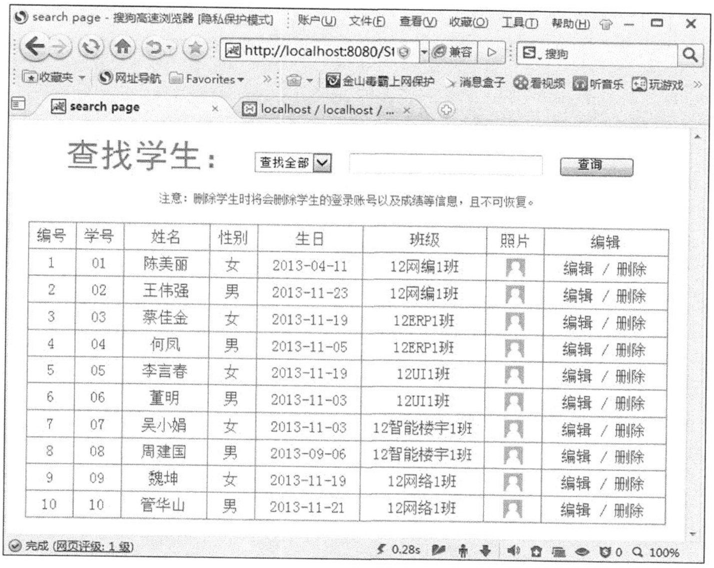

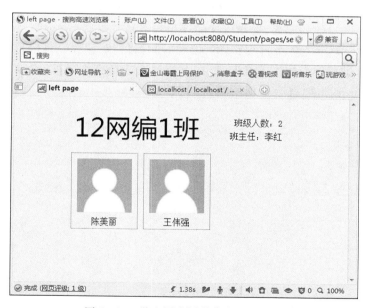

图 10-23　学生信息显示及维护管理界面

当学生登录后,可以查询到自己同班同学的信息并显示在页面上,显示同班同学界面如图 10-24 所示。

图 10-24　学生同班同学信息显示界面

7. 课程安排

管理员(教务员)可以对班级需要上课的课程进行管理,即形成上课课表。添加课程信息界面如图 10-25 所示。

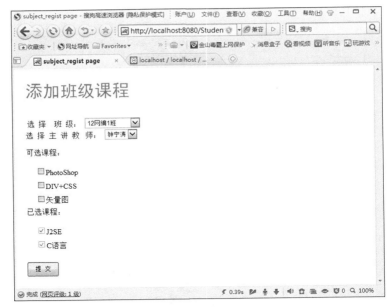

图 10-25　添加课程信息界面

图 10-25 页面操作：输入班级课程信息后，单击"添加"按钮，将班级课程的基本信息存到班级课程表中。单击"班级管理"的"添加班级课程"，选择班级与老师，则会显示班级可以选的课程和已经选的课程，选择可选的课程与老师并提交。

图 10-26 页面显示了各个班级安排的课程，同时可以对课程安排信息进行操作，同时可以对班级课程进行查询操作。查询时，在下拉列表选择查询条件，再输入查询信息，然后单击"查询"按钮，页面就会根据所输入的查询条件显示出符合条件的班级课程信息。

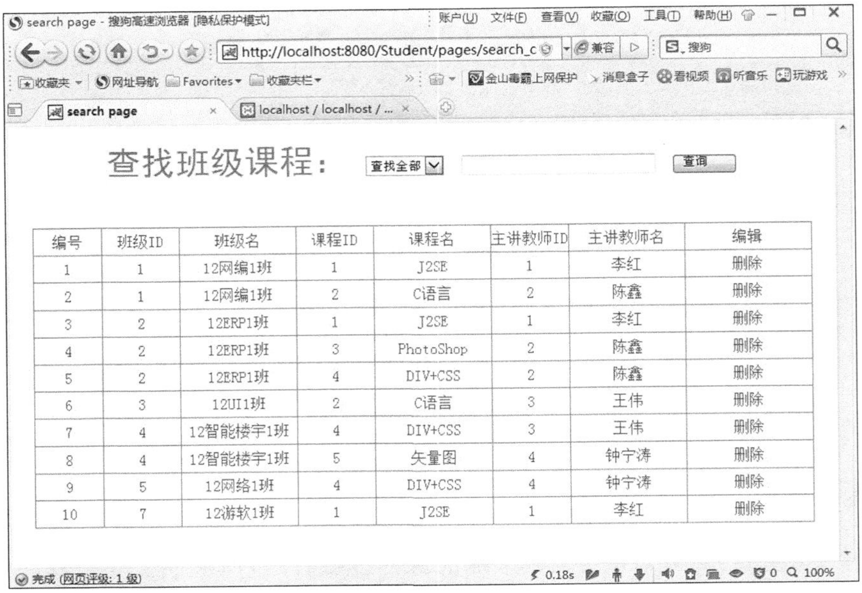

查找班级课程：　查找全部　　　　　　　　查询

编号	班级ID	班级名	课程ID	课程名	主讲教师ID	主讲教师名	编辑
1	1	12网编1班	1	J2SE	1	李红	删除
2	1	12网编1班	2	C语言	2	陈鑫	删除
3	2	12ERP1班	1	J2SE	1	李红	删除
4	2	12ERP1班	3	PhotoShop	2	陈鑫	删除
5	2	12ERP1班	4	DIV+CSS	2	陈鑫	删除
6	3	12UI1班	2	C语言	3	王伟	删除
7	4	12智能楼宇1班	4	DIV+CSS	3	王伟	删除
8	4	12智能楼宇1班	5	矢量图	4	钟宁涛	删除
9	5	12网络1班	4	DIV+CSS	4	钟宁涛	删除
10	7	12游软1班	1	J2SE	1	李红	删除

图 10-26　查找班级课程信息及管理界面

当选择下拉表的"查找全部"时,不用输入查询条件就可以查询所有的课程安排信息。同时可以进行课程安排的"删除"操作。

可以根据班级进行班级课程安排的查询,其操作如图 10-27 所示。

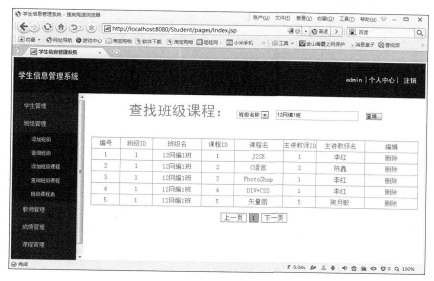

图 10-27　课程表查询

可以导出班级课程表,按班级查询课程表,只能查询班级课程表(操作页面如图 10-28 所示)。

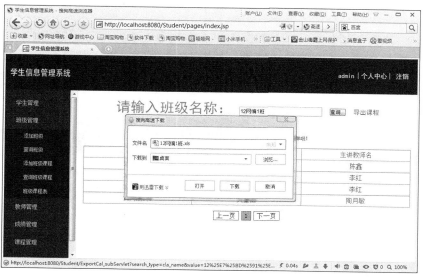

图 10-28　导出课程表

单击"导出课程",则会显示下载课程表的页面,同时显示导出的 Excel 班级课程表,如图 10-29 所示。

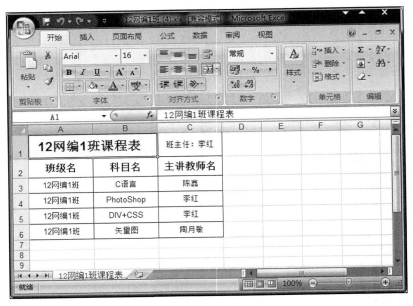

图 10-29　Excel 形式导出的课程表

在图 10-28 中，单击"打开"导出为 Excel 表后的班级课程表，显示该班级的所有课程安排信息（见图 10-29 所示）。

8. 教师登分操作

老师登录后可以查询学生成绩。单击学生成绩页面，可以按全部、学生学号、学生姓名、科目名字、班级名字查询自己教的学生和自己作为班主任所带的学生的成绩，同时可以进行学生成绩登记。查询学生成绩界面如图 10-30 所示。

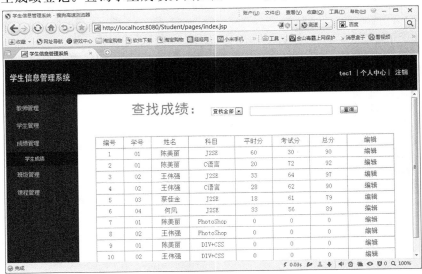

图 10-30　学生成绩查询

按全部查询出来的结果包括自己教的科目以及自己作为班主任所带的学生,同时可以修改学生成绩。另外,班主任可以导出学生成绩表,如图 10-31 所示。

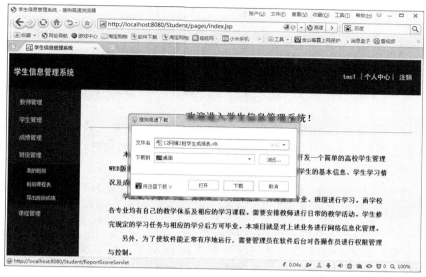

图 10-31 班主任导出学生成绩表

单击"班级管理"目录下的"导出班级成绩",只有登录的教师是班主任才会显示此目录,同时可以导出 Excel 成绩表,如图 10-32 所示。

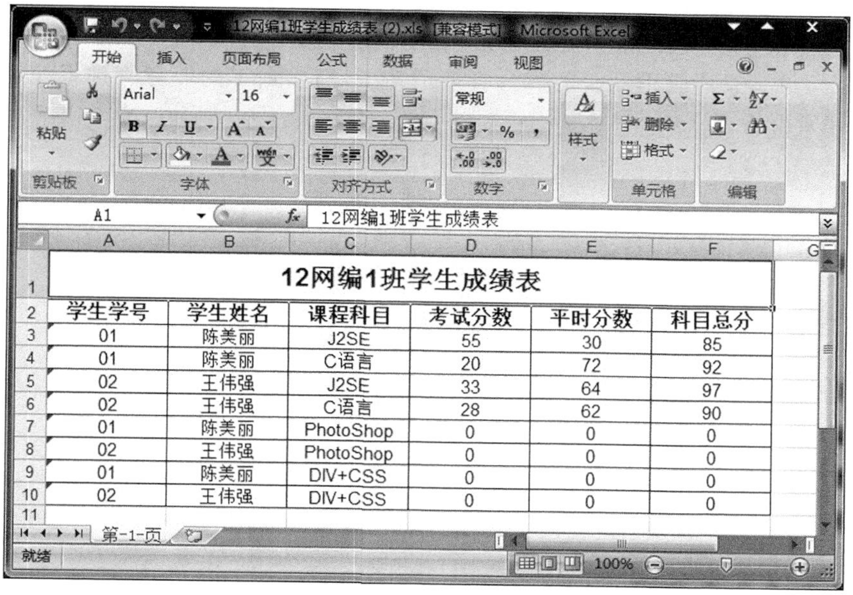

	12网编1班学生成绩表				
学生学号	学生姓名	课程科目	考试分数	平时分数	科目总分
01	陈美丽	J2SE	55	30	85
01	陈美丽	C语言	20	72	92
02	王伟强	J2SE	33	64	97
02	王伟强	C语言	28	62	90
01	陈美丽	PhotoShop	0	0	0
02	王伟强	PhotoShop	0	0	0
01	陈美丽	DIV+CSS	0	0	0
02	王伟强	DIV+CSS	0	0	0

图 10-32 以 Excel 的形式导出学生成绩表

在图 10-31 中"打开"导出为 Excel 表后的班级成绩表,显示了此班级所有学生的成绩,如图 10-32 所示。

9. 后台管理子系统

后台管理子系统包括管理员对角色、模块权限等信息进行管理,并可以创建用户并分配角色与权限。学生用户、教师用户的创建设置了初始密码,学生与老师可以修改自己的密码。由于篇幅有限,具体后台管理的使用介绍省略。

小　　结

本章介绍了数据库结构的软件模块开发的相关概念,如关系数据模型、实体类及其之间的关联、关系数据库设计原则等,并以案例的形式介绍了如何进行关联多表的功能模块的开发与实现。

如果一个软件比较复杂,除了技术外,项目管理与控制也是软件开发成败的关键。本章还介绍了最佳的软件开发过程、面向对象的软件开发过程的序化、软件文档的作用与编写等。这些内容均有利于软件开发的过程管理。

最后,本章介绍了一个完整的软件项目开发案例及其说明。重点介绍软件开发过程中的问题定义、需求分析、软件设计、软件实现及操作说明。本书附有该案例的完整代码,本章给出了其文档说明,该文档说明可以作为一般软件开发报告编写的范例。

综 合 实 训

实训 1　完善仓库管理软件系统并编写其开发文档。

实训 2　编写仓库管理系统的后台管理子系统,与实训 1 的业务管理系统结合起来,并编写其开发报告。

JSP 开发环境的安装、配置与使用介绍

本教材讲授的是基于 MVC 的 JSP 软件开发,本书所附各案例的开发与运行需要以下环境:

(1) JDK;

(2) Tomcat;

(3) MySQL;

(4) Eclipse/MyEclipse 集成开发环境。

由于本教材涉及的软件开发是基本功能,目前市面上流行的上述软件的各版本基本都支持这些案例的运行。下面介绍这些工具的安装与测试。

1. JDK 的安装与环境测试

JDK 是一种开发环境,用于使用 Java 编程语言生成应用程序、Applet 和组件。

JDK 包含的工具可用于开发和测试以 Java 编程语言编写并在 Java(TM)平台上运行的程序。

JDK 安装包下载成功后,一般要求 JDK 1.2 或以上版本。本书选择的是 Java Platform,Standard Edition Development Kit(Java SE6 版本,见第 1 章中的图 1-1)。双击该程序包就可以进行安装了(如图 A-1 所示)。

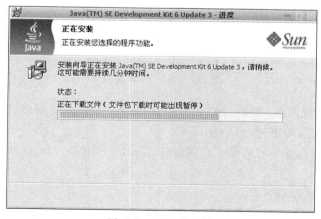

图 A-1　JDK 的安装

　　安装时可以选择 JDK 的安装目录,在图 A-2 中单击"安装到"的"更改"按钮就可以选择你想安装的目录。

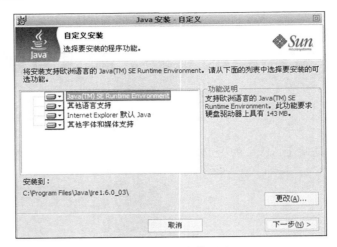

图 A-2　选择安装目录

图 A-3 显示 JDK 安装成功。

图 A-3　JDK 安装成功

　　JDK 的安装比较简单,几乎只要进行默认选项。安装成功后,就会在选择的安装目录中出现 JDK 的安装程序,如图 A-4 所示。

　　在 JDK 的安装目录中有两个子目录:jdk1.6.0_03 和 jre1.6.0_03,它们的作用分别介绍如下。

　　在 jdk1.6.0_03 目录下有:

　　(1) \bin 子目录中存放的是开发工具,即指工具和实用程序。可帮助开发、执行、调试和保存以 Java 编程语言编写的程序。

　　(2) \jre 子目录是运行时的环境,由 JDK 使用的 JRE(Java Runtime Environment)实

图 A-4　JDK 安装成功后的程序

现。JRE 包括 Java 虚拟机（JVM）、类库以及其他支持执行以 Java 编程语言编写的程序的文件。

（3）\lib 子目录是附加库，由开发工具所需的其他类库和支持文件组成。

（4）\demo 子目录存放的是演示 Applet 和应用程序。Java 平台的编程示例（带源代码）。这些示例包括使用 Swing 和其他 Java 基类以及 Java 平台调试器体系结构的示例。

（5）\sample 子目录存放的是样例代码，是某些 Java API 的编程样例（带源代码）。

（6）\include 子目录中存放的是 C 头文件，是支持使用 Java 本机界面、JVM 工具界面以及 Java 平台的其他功能进行本机代码编程的头文件。

（7）源代码（在 src. zip 中）组成了 Java 核心 API 的所有类的 Java 编程语言源文件（即 java. ＊、javax. ＊ 和某些 org. ＊ 包的源文件，但不包括 com. sun. ＊ 包的源文件）。此源代码仅供参考，以便帮助开发者学习和使用 Java 编程语言。这些文件不包含特定于平台的实现代码，且不能用于重新生成类库。

在 jrel. 6. 0_03 目录中有可单独下载的 Java 运行时环境（Java Runtime Environment，JRE）产品。通过 JRE，你可以运行以 Java 编程语言编写的应用程序。与 JDK 相似，JRE 包含 Java 虚拟机（JVM）、组成 Java 平台 API 的类及支持文件。与 JDK 不同的是，它不包含诸如编译器和调试器这样的开发工具。

依照 JRE 许可证条款，可以随意地将 JRE 随应用程序一起进行再分发。使用 JDK 开发应用程序后，可将其与 JRE 一起发行，以便最终用户具有可运行软件的 Java 平台。

安装完成 JDK 后，可以通过编写一个 Java 程序并进行编译、运行测试 JDK 是否安装成功。

为了说明问题，我们免去烦琐的 JDK 的参数配置，直接在其存放开发工具的文件夹中（即 jdk1. 6. 0_03\bin 中）用"记事本"编辑器编写 HelloWorld. java 程序（如图 A-5 所示）。

然后在 jdk1. 6. 0_03\bin 文件夹中直接用 javac. exe 编译及用 java. exe 进行运行（如图 A-6 所示）。

图 A-6 显示了 HelloWorld. java 运行显示的"HelloWorld！"字符串，说明 Java 开发与运行环境 JDK 安装成功了。因为今后会介绍在 MyEclipse 集成环境下开发 Java 程序，

```
HelloWorld.java - 记事本
文件(F) 编辑(E) 格式(O) 查看(V) 帮助(H)
public class HelloWorld{
    public static void main(String args[]){
        System.out.println("HelloWorld!");
    }
}
```

图 A-5　用记事本在 bin 中编写 Java 程序

```
C:\WINDOWS\system32\cmd.exe
C:\>cd C:\Program Files\Java\jdk1.6.0_03\bin

C:\Program Files\Java\jdk1.6.0_03\bin>javac HelloWorld.java

C:\Program Files\Java\jdk1.6.0_03\bin>java HelloWorld
HelloWorld!

C:\Program Files\Java\jdk1.6.0_03\bin>_
```

图 A-6　在 bin 文件夹中编译与运行成功

所以可以避免烦琐的 Java 开发环境的参数配置,只需要了解自己的 Java 开发环境并安装好就可以。

2. Tomcat 的安装与环境测试

Tomcat 是一种免费的开源代码的 Servlet 容器,Servlet 和 JSP 的最新规范都可以在 Tomcat 的新版本中得到实现。Servlet 作为一个 Servlet 容器,负责处理客户端的请求,把请求传送给 Servlet 并把结果返回给客户端。下载成功的 Tomcat 安装程序如图 A-7 所示,双击该程序就可以进行安装了。

apache-tomcat-6[1].0.18.exe
Apache Tomcat Installer
Apache Software Foundation

图 A-7　Tomcat 安装程序

Tomcat 的安装比较简单,几乎只要按照默认选项进行安装即可。但是,你可以改变 Tomcat 的安装目录,如图 A-8 所示。修改默认端口及管理员的用户名与密码(如图 A-9 所示),Tomcat 的默认端口号是 8080。

设置 Tomcat 的端口号以及管理员登录的用户名和密码如图 A-9 所示。

Tomcat 的运行需要 Java 运行环境(JRE)的支持。Tomcat 安装程序会自动寻找到计算机安装的 JRE 来选择,也可以进行修改选择其他的 JRE(如图 A-10 所示)。

安装成功后,在选择的 Tomcat 的安装目录中出现了 Tomcat 已经安装好的内容,如图 A-11 所示。

关于 Tomcat 目录中各子文件夹的作用见第 1 章"表 1-1 Tomcat 服务器目录结构说明"中的相关介绍。

下面介绍 Tomcat 的启动及提供的 Web 服务。首先需要启动 Tomcat 服务,需要进入 bin 子目录,双击运行 tomcat6w. exe 程序(见图 A-12 方框中的内容),会出现图 A-13 的运行界面。

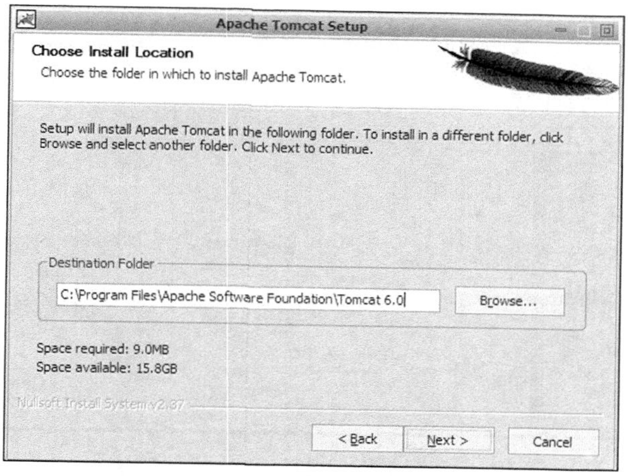

图 A-8　选择 Tomcat 的安装目录

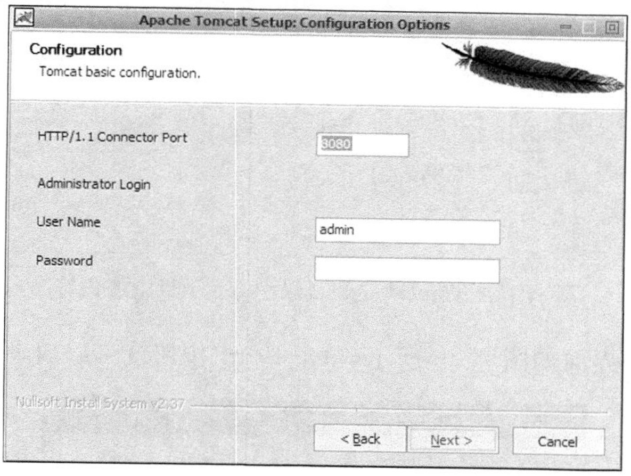

图 A-9　修改默认端口及管理员的用户名与密码

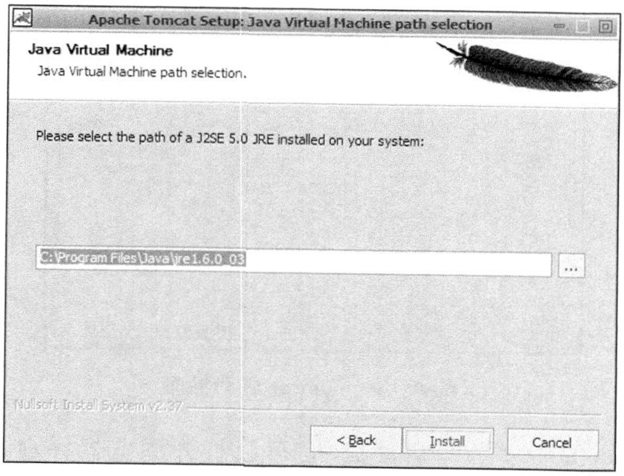

图 A-10　选择对应的 Java 运行时的环境(JRE)

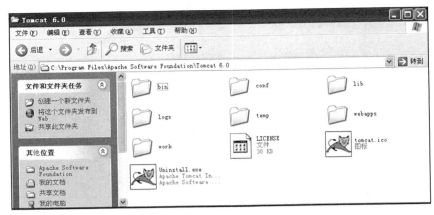

图 A-11 安装成功后的 Tomcat 目录

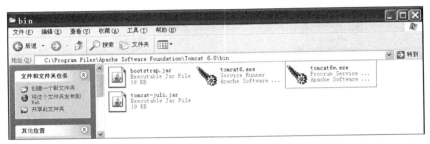

图 A-12 Tomcat 安装目录中 bin 子目录的内容

启动 Tomcat 的界面如图 A-13 所示，单击 Start 按钮就可以启动。

图 A-13 Tomcat 启动界面

为了测试 Tomcat 是否安装与启动成功，可以打开浏览器并在地址栏中输入地址：http://localhost:8080/，如果运行结果与图 A-14 相同，就表明安装成功。

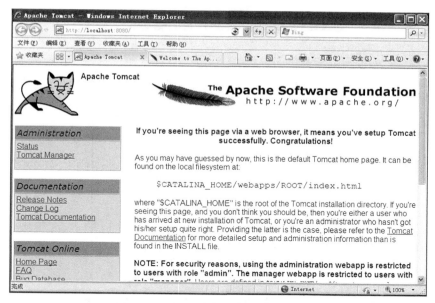

图 A-14　该界面表明 Tomcat 安装成功

　　前面提到 Tomcat 需要 JRE 的支持,也可以修改该 JRE(如图 A-15 所示);另外如果已经不需要 Tomcat 提供的 Web 服务了,可以停止 Tomcat(单击图 A-16 中的 Stop 按钮)。

图 A-15　修改 JRE 对应的 Java 虚拟机

　　下面介绍如何在 Tomcat 中部署自己的 Web 应用程序。在图 A-11 中的 webapps 文件夹中创建一个自己的文件夹 test,并在其中用"记事本"编辑器创建一个 HTML 文件:myjsp.html,如图 A-17 所示。

　　编写 myjsp.html 文件的内容如图 A-18 所示。

图 A-16　停止 Tomcat 服务

图 A-17　在 webapps 文件夹中创建子文件夹及一个文件

　　文件编写好后进行保存，并在如图 A-13 所示的启动界面中单击 Start 按钮启动 Tomcat，打开浏览器在地址栏中输入：http://localhost:8080/test/myjsp.html，则会出现如图 A-19 所示的运行界面。

图 A-18　编写 myjsp.html 文件的内容

图 A-19　myjsp.html 文件运行显示的内容

　　图 A-19 界面显示的内容表明你自己编写的网页及 Web 项目已经运行，表示 Tomcat 安装成功，可以进行 Web 程序的开发了。

3. MySQL 数据库的安装与操作

1) MySQL 数据库的安装

下载 MySQL 数据库安装包后进行解压,然后双击其安装程序 Setup.exe 进行安装(如图 A-20 所示)。

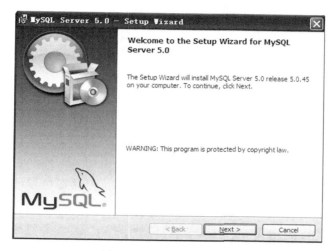

图 A-20　MySQL 的安装

MySQL 数据库的安装比较简单,几乎只要进行默认选项。但是,也可以进行定制安装,如修改 MySQL 数据库的安装目录(如图 A-21 所示)。

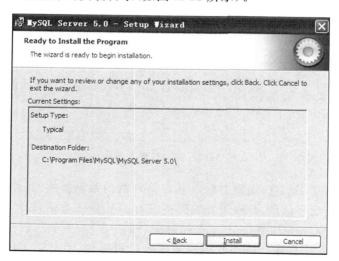

图 A-21　MySQL 的安装目录

上图中显示 MySQL 数据库安装在 C:\Program Files\MySQL\MySQL Server 5.0\ 目录中。安装完成后,系统提示进行 MySQL 的配置(如图 A-22 所示进行选择并单击 Finish 按钮)。这时也可以不配置,今后通过根据配置工具进行配置或修改配置。

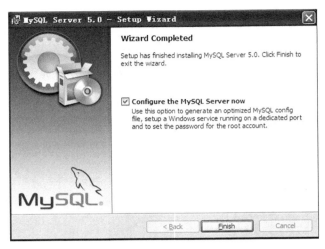

图 A-22　完成安装并进入配置界面

　　MySQL 数据库的配置均可以选择默认配置选项。但其端口号可按如图 A-23 所示的界面进行修改。

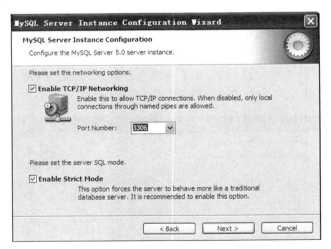

图 A-23　端口号配置界面

　　如果需要存储汉字信息,则需要修改其存储数据的编码格式,其修改界面如图 A-24 所示。为了能存储汉字信息,可以设置编码格式为 gbk、utf8 等格式。

　　可以设置 MySQL 超级管理员 root 的密码(如图 A-25 所示),两次输入相同的密码并单击 Next 按钮才能操作。后面我们对数据库进行操作,需要输入正确的用户名与密码;本教材的案例中在创建数据库连接的语句也要使用正确的用户名与密码,否则数据库操作不能进行操作。

　　例如,图 A-25 我们输入两次"1234",则我们在进行数据库连接时就可以使用用户名为 root、密码为"1234"进行数据库连接了,只有正确进行数据库连接后才能对其进行操作。

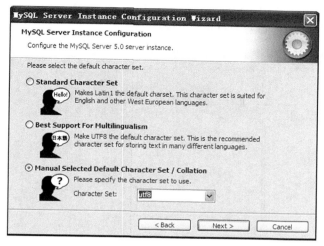

图 A-24　存储数据的编码方式设置

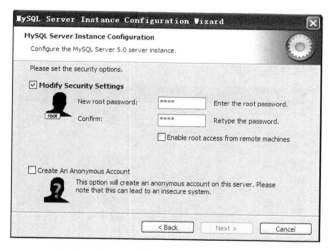

图 A-25　设置数据库超级管理员 root 的密码

结束安装后，MySQL 数据库服务器安装在 C：\Program Files\MySQL\MySQL Server 5.0\文件夹中。

2）MySQL 数据库的操作

对 MySQL 数据库进行操作，可以通过其控制台命令，也可以用其客户端软件。不论是哪种方式，均需要通过正确的用户名与密码进行连接。

为了说明问题简单，我们选择用 MySQL 数据库的客户端软件演示其操作。MySQL 数据库的客户端软件非常多，操作均很方便，例如 MySQL-Front、Navicat for MySQL 等。下面通过 Navicat 演示 MySQL 数据的连接及对数据库表的创建操作。

Navicat 是一个强大的 MySQL 数据库管理和开发工具。Navicat 为专业开发者提供了一套足够强大的工具，新用户易于学习。Navicat 使用了极好的图形用户界面（GUI），可以让用户以一种容易的方式快速地创建、组织、存取和访问数据。

安装好的 Navicat for MySQL 运行界面如图 A-26 所示。如果 MySQL 数据库已经启动,就可以创建"连接"后再对数据库进行各种操作。

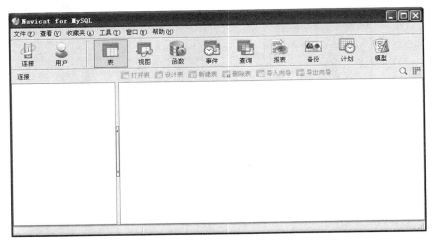

图 A-26　Navicat for MySQL 的主界面

对 MySQL 数据库进行操作,先要创建一个连接。在图 A-26 的界面中单击"连接",则出现图 A-27 的"新建连接"界面。

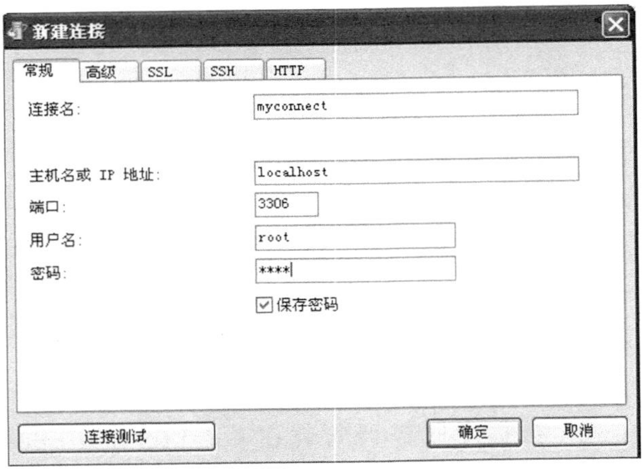

图 A-27　新建连接界面

在图 A-27 的界面中,输入一个连接名(如 myconnect)。对主机名、端口、用户名、密码进行输入,如果正确则创建成功。可以通过"连接测试"按钮测试连接是否设置成功。

(1) 设置主机名的 IP 地址为:localhost,表示数据库安装在本机;

(2) 端口为默认的:3306;

(3) 用户名与密码分别为设置的:root 、1234。

上述参数设置完整后,通过连接测试则显示"连接成功"提示框(如图 A-28 所示)。

连接成功后,则出现如图 A-29 所示的操作界面。

在如图 A-29 所示的操作界面中,对各种数据库的操作可以根据该连接进行。如鼠

图 A-28　测试连接成功

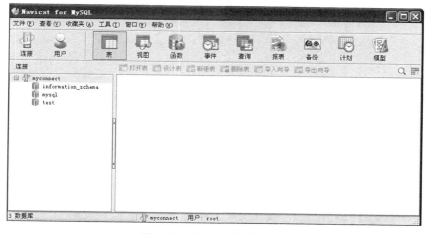

图 A-29　连接成功后的界面

标右击该连接名,选择"新建数据库"则可以创建一个新数据库(如图 A-30 所示)。

选择"新建数据库"则出现如图 A-31 所示的界面。

在如图 A-31 所示的界面中,输入自己的数据库名(如 mydatabase),为了存储汉字信息,可以选择字符集 utf8。

数据库创建好后,就可以在该数据库中创建表及进行数据输入了(分别如图 A-32～图 A-36 所示)。右击数据库中的"表"选择"新建表"以创建新表(如图 A-32 所示)。

在图 A-32 选择"新建表"后出现如图 A-33 所示的创建字段界面。当数据库表的各个字段创建好后,单击如图 A-33 所示的"保存"按钮,则将创建的表与各字段进行保存。在保存前要求给表取名(如图 A-34 所示)。

图 A-30　右击连接名选择"新建数据库"

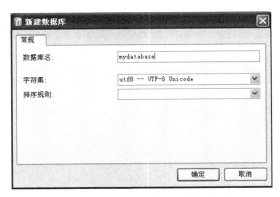

图 A-31　输入新建数据库的名称

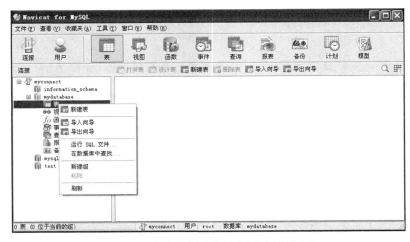

图 A-32　右击数据库中的"表"选择新建表

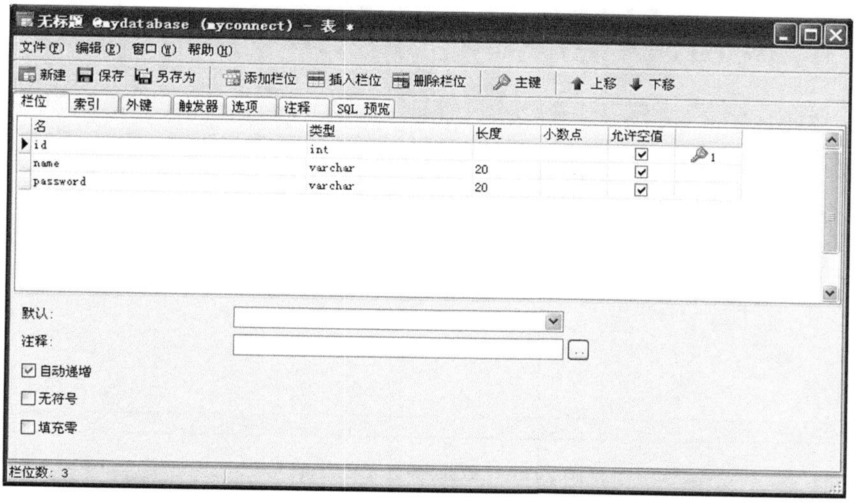

图 A-33　创建字段

图 A-34　给表起名

　　单击"保存"按钮出现"表名"对话框,输入表名则完成了表的创建。在本演示案例中创建了

表名:　用户表 user
字段名:id　用户编号
　　　　name　用户名
　　　　password　密码

user 表创建成功后的界面如图 A-35 所示。

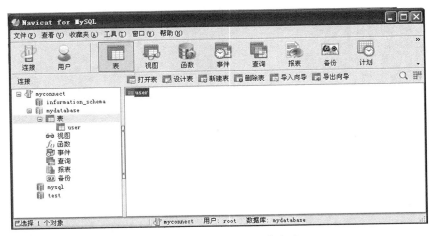

图 A-35　数据库中表创建成功

表创建成功后，就可以在 Navicat 中输入数据了。在图 A-35 中，单击"打开表"工具按钮，则出现如图 A-36 所示的操作界面。

图 A-36　给表中输入数据

在图 A-36 中，输入了两个用户信息，数据的操作可用表格下端的操作工具按钮。通过上述对数据库的操作，说明 MySQL 数据库及其客户端软件已经安装成功，可以使用了。下面介绍 JSP 程序开发工具 Eclipse/MyEclipse 的操作，以及在 JSP 中访问数据库。

4. 软件集成开发环境 MyEclipse 的使用

MyEclipse 是对 Eclipse IDE 的扩展。Eclipse 是著名的跨平台的自由集成开发环境（IDE），是一个开放源代码的、基于 Java 的可扩展开发平台。Eclipse 本身只是一个框架平台，但是众多插件的支持使得 Eclipse 拥有其他功能相对固定的 IDE 软件很难具有的灵活性。许多软件开发商以 Eclipse 为框架开发自己的 IDE。

MyEclipse 就是一个优秀的用于开发 Java、J2EE 的 Eclipse 插件集合，MyEclipse 的功能强大，支持也广泛，特别是对各种开源产品的支持。MyEclipse 目前支持 Java Servlet，AJAX，JSP，JSF，Struts，Spring，Hibernate，EJB3，JDBC 数据库链接工具等多项功能。可以说 MyEclipse 几乎囊括了目前所有主流开元产品的专属 Eclipse 开发工具。

利用 MyEcilpse 开发 Java Web 程序,首先需要配置 Java 运行时的环境 JRE 和 Tomcat 服务器,虽然它有一个内置 JRE 和 Tomcat 服务器,我们还是简单介绍一下外部 JRE 和 Tomcat 的配置。

1) MyEclipse 中 JRE 的安装

MyEclipse 运行的主界面如图 A-37 所示。在第 1 章的图 1-16 已经介绍了 MyEclipse 工作台的各组成部分。下面介绍在 MyEclipse 环境中外部 JRE 的安装及 Java 程序的编写与运行。

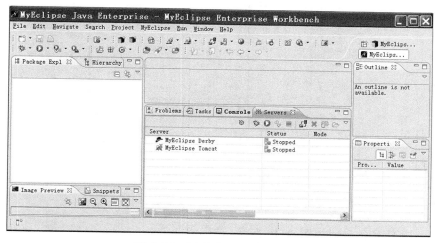

图 A-37　MyEclipse 运行主界面

在如图 A-37 所示的 MyEclipse 操作界面中,选择 Window→Preferences→Java → Installed JREs,出现如图 A-38 所示的安装 JRE 界面。

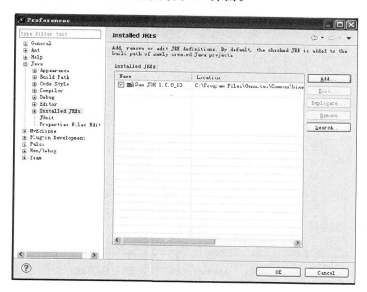

图 A-38　安装 JRE 界面

在如图 A-38 所示的窗口中单击 Add 按钮便可以选择计算机中已安装好的 JRE,其操作如图 A-39 所示。

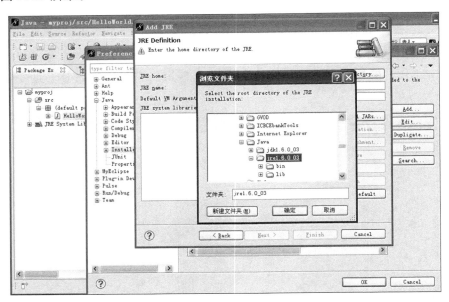

图 A-39 选择计算机中安装的 JRE

安装成功 JRE 的界面如图 A-40 所示,最后需要选中其前面的复选框,MyEclipse 开发环境就可以使用该 JRE 进行 Java 程序的编译与运行了。

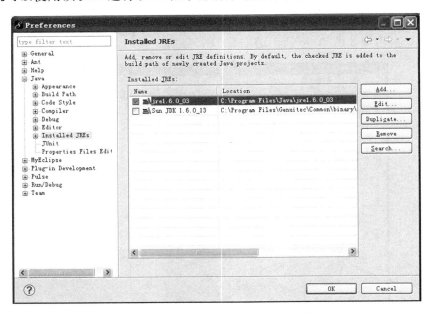

图 A-40 MyEclipse 中安装 JRE 成功

在图 A-40 中单击 OK,则在 MyEclipse 集成开发环境中成功安装 JRE,下面就可以用该 JRE 进行 Java 程序的编译与运行了。

　　下面在 MyEclipse 中编写一个 Java 程序 HelloWorld.java 看其能否运行成功。在 MyEclipse 中编写 Java 程序需要创建一个项目(Project)。在 MyEclipse 的主界面中选择 File→New→Java Project,出现如图 A-41 所示的窗口。

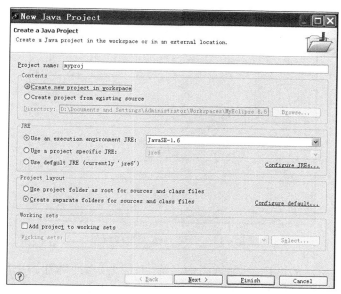

图 A-41　创建 Java Project(Java 项目)窗口

　　在如图 A-41 所示的窗口中填写项目名称(Project name),然后单击 Finish 按钮就成功创建了 Java 项目(如图 A-42 所示)。

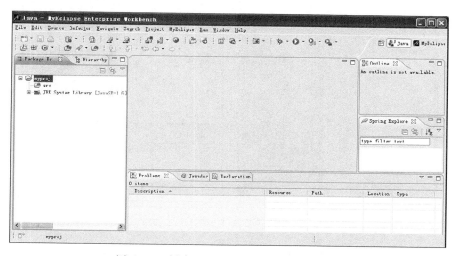

图 A-42　创建 Java Project(Java 项目)成功

　　创建 Java 项目成功后就可以创建 Java 程序并运行。在如图 A-42 所示的界面中右击项目名称,选择 New→Class 则出现如图 A-43 所示的窗口。

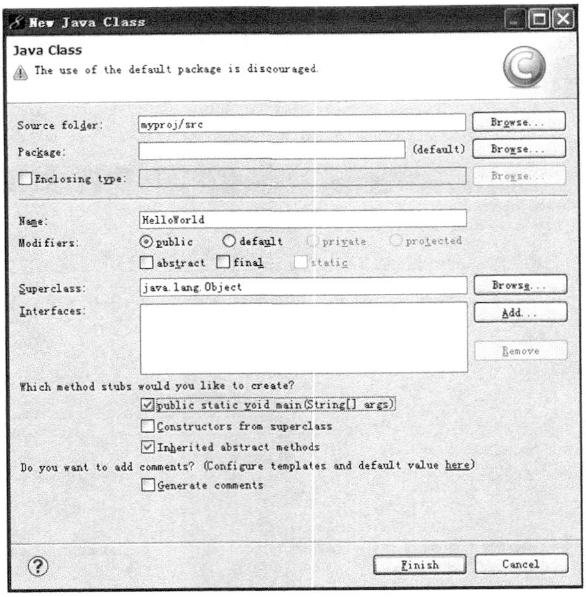

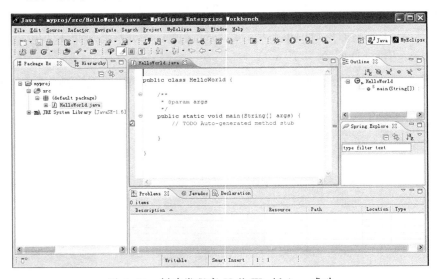

图 A-43　创建 Java 类程序窗口

在如图 A-43 所示的窗口中,输入类的名称、对应的包,并选择图中所示的选项,然后单击 Finish 按钮结束类的创建。输入类名为 HelloWorld,则创建的类如图 A-44 所示。

图 A-44　创建类程序 HelloWorld.java 成功

在 HelloWorld.java 程序中输入以下语句:System.out.println("HelloWorld")(如图 A-45 所示);以显示一个字符串" HelloWorld",然后保存,单击 Run As→Java Application,则运行的结果如图 A-46 所示。

图 A-46 中的方框显示运行的结果,表明 Java 程序的运行环境配置成功,可以进行

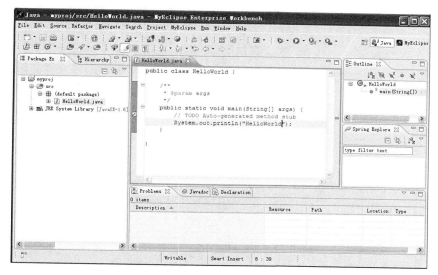

图 A-45　编写 Java 类程序

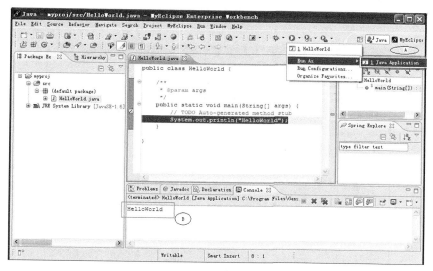

图 A-46　运行 HelloWorld 程序的结果

Java 项目的开发了。

2）MyEclipse 中 Tomcat 的安装

如果要在 MyEclipse 中开发与运行 JSP 程序，不但要求安装 JRE 而且要求安装 Tomcat 服务器。

在 MyEclipse 的操作界面中，选择 Window→Preferences→MyEclipse→Servers→ Tomcat→Tomcat 6. x（假设 Tomcat 是第 6 版），然后出现如图 A-47、图 A-48 所示的窗口。

在图 A-47 中单击 Configure Tomcat 6. x，出现如图 A-48 所示的配置界面。

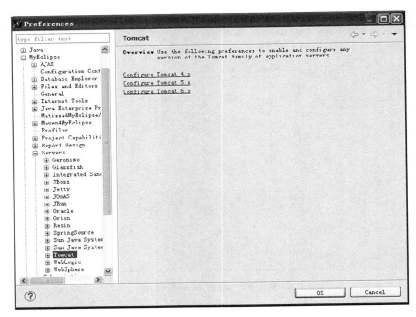

图 A-47　选择 Tomcat 配置界面

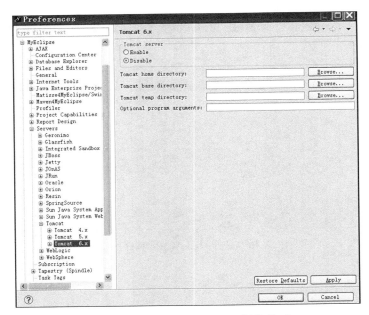

图 A-48　配置 Tomcat 6. x 的操作界面

在图 A-48 中单击 Browse 按钮，寻找计算机中已经安装好的 Tomcat 6 根目录，如图 A-49 所示，选择好后单击"确定"按钮，出现如图 A-49 所示的界面。

在图 A-49 中选择好计算机中安装的 Tomcat 的安装目录后，单击"确定"按钮，则出现如图 A-50 所示的配置界面。

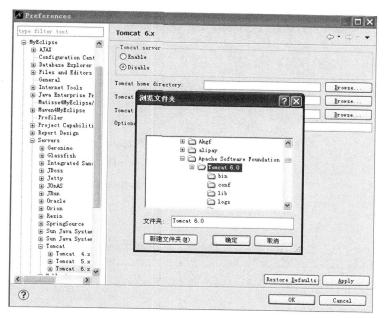

图 A-49 选择计算机中 Tomcat 6.x 的安装目录

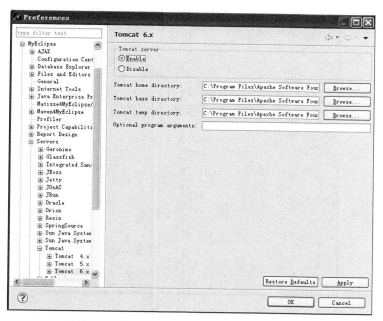

图 A-50 选择计算机中 Tomcat 6.x 的安装目录

在图 A-50 中单击 OK 按钮,则 Tomcat 6.0 服务器安装成功,如图 A-51 所示。

当 MyEclipse 中的 Tomcat 服务器安装成功后,就可以在其中开发与运行 JSP 程序了。下面演示在上述安装好的环境下开发与运行 JSP 程序。

在 MyEclipse 集成环境中开发 JSP 程序首先要创建一个 Web 项目,其操作为:在

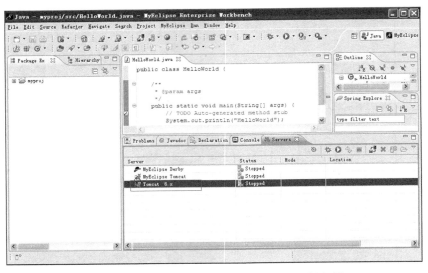

图 A-51　MyEclipse 中安装好 Tomcat 6.x 服务器

MyEclipse 主界面中选择 File→New→Web Project，则出现如图 A-52 所示的创建 Web 项目界面。

图 A-52　创建 Web 项目界面

在图 A-52 中输入项目名（如 myweb），其他选项虽然重要，但我们可以选择默认值。单击 Finish 按钮则出现如图 A-53 所示的界面，表示 Web 项目 myweb 已经创建成功，我们可以在其中创建 JSP 程序、Java 程序等。

在如图 A-53 所示的界面中，如 A 所示的方框是 Web 项目名称；如 B 所示的方框是该 Web 项目默认的主页面 index.jsp；C 方框是该主页面显示的内容；D 方框是 Tomcat

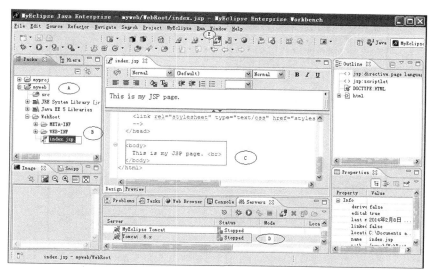

图 A-53　创建 Web 项目 myweb 成功界面

服务器(它目前是 Stopped 停止状态);E 方框显示部署 Web 项目的按钮。下面演示如何运行该主页面 index.jsp。

　　要运行该 index.jsp 页面,需要部署 myweb 项目,并启动 Tomcat 服务器。用鼠标选择项目名称(如 A 方框所示的 myweb),单击如图 A-53 所示的 E 方框的"部署"按钮,则出现图 A-54 的部署对话框。

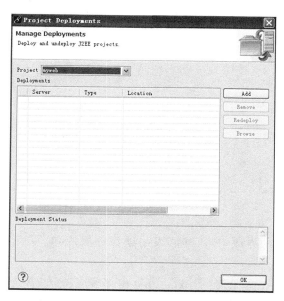

图 A-54　部署 Web 项目 myweb 对话框

　　在图 A-54 中单击 Add 选择部署到的 Tomcat 服务器,如图 A-55 所示。

　　在图 A-55 中选择 Tomcat 6.x,将 myweb 项目部署到我们前面配置的 Tomcat 6.0

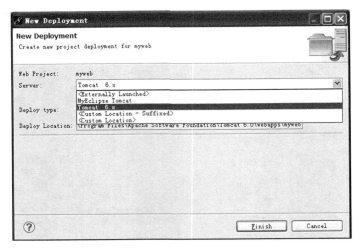

图 A-55　在 Server(服务器)选项中选择 Tomcat 6.x

中,单击 Finish 结束部署,部署成功的界面如图 A-56 所示。

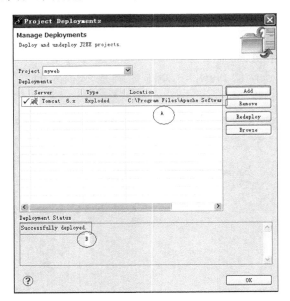

图 A-56　部署 Web 项目 myweb 对话框

在如图 A-56 所示的界面中,B 方框表示项目部署成功。单击 OK 按钮则出现如图 A-57 所示的结果。

图 A-57 显示项目 myweb 在 Tomcat 6.0 中部署成功(如 A 方框所示)。用鼠标先选中 Tomcat 6.0 服务器,然后再单击 B 方框中的启动 Tomcat 按钮,启动 Tomcat 6.0 服务器,部署在其上的各 Web 项目中的 JSP 程序便可以运行了。

图 A-58 显示 Tomcat 6 服务器已经启动(如 A 方框所示),现在可以在浏览器中访问其上部署的 JSP 程序(通过 B 框的按钮可以停止 Tomcat 服务器)。

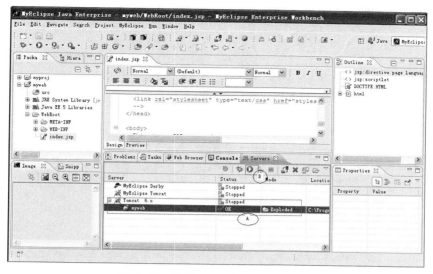

图 A-57 部署 Web 项目 myweb 窗口

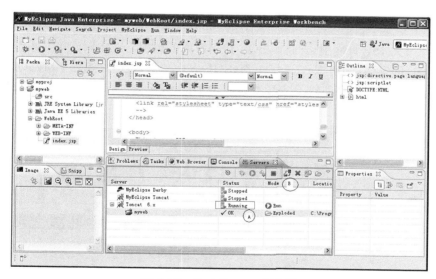

图 A-58 启动 Tomcat 服务器

在如图 A-59 所示的界面中,由于已经启动了 Tomcat 服务器,则选择浏览器 Web Browser 页(如 A 方框所示),在地址栏(Location)输入地址:

http://localhost:8080/myweb/index.jsp(如 B 方框所示,其中 myweb 为项目名称。)

则显示了该页面的内容,如 C 方框所示。表明 Web 服务器下创建 Web 项目并运行成功。现在可以在该开发环境下开发与调试 JSP 程序了。

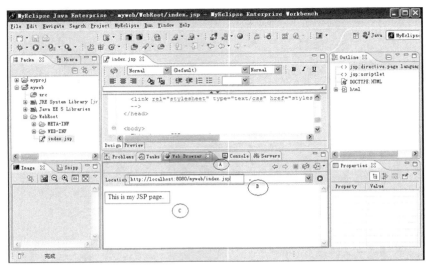

图 A-59　在浏览器中访问网页 index.jsp

5. 在 JSP 页面中访问数据库

下面介绍在 JSP 页面中访问 MySQL 数据库中的数据。在本附录第 3 小节中已经介绍了 MySQL 的安装，并用 Navicat for MySQL 客户端软件操作与使用 MySQL 数据库。在 MySQL 数据库中已经创建了数据库 mydatabase，以及表 user，并输入了两个用户的信息（如图 A-60 所示）。

图 A-60　在 MySQL 数据库系统中创建的数据库与表

图 A-60 显示了在 Navicat for MySQL 中创建的数据库 mydatabase（如 A 方框所示）、表 user（如 B 方框所示）；单击"打开表"按钮（如 C 方框所示）出现 user 表中的数据（如 D 方框所示）。

　　下面介绍并演示在 JSP 文件中编码及在浏览器中显示如图 A-60 所示的数据。即在 myweb 项目的 index.jsp 中进行编码以显示如图 A-60 所示的数据。首先要在该项目中加载 MySQL 数据库 JDBC 驱动程序。

　　MySQL 数据库 JDBC 驱动程序如图 A-62 所示，在 Web 项目中加载该驱动程序的两种方法本书第 3 章已经介绍过。这里演示一种比较简单的方法。

　　如图 A-61 所示，单击 myweb 项目名，逐步展开该项目的文件夹：myweb 名→WebRoot→WEB-INF→lib。lib 文件夹是该项目中存放的存档文件（jar 类型文件，而数据库 JDBC 驱动程序是以该类型的文件存放的）。将如图 A-62 所示的 MySQL 数据库驱动程序 mysql-connector-java-5.0.7-bin.jar"复制"并在如图 A-61 所示的 lib 文件夹中"粘贴"进去，就完成了 myweb 项目中数据库 JDBC 驱动程序的加载。

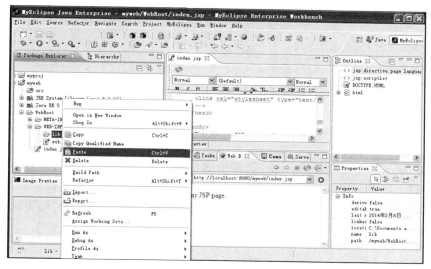

图 A-61　在 myweb 项目中通过 Paste(粘贴)加载 MySQL 驱动程序

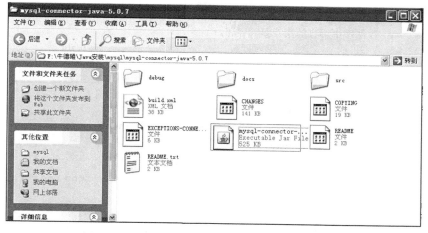

图 A-62　MySQL 数据库 JDBC 驱动程序(方框中)

加载成功后的结果如图 A-63 所示,其中 A 方框显示在 lib 中已经存在该程序,而 B 方框则显示该项目中已经引入了该 jar 程序,项目中可以使用该数据库驱动程序对 MySQL 数据库进行访问了。

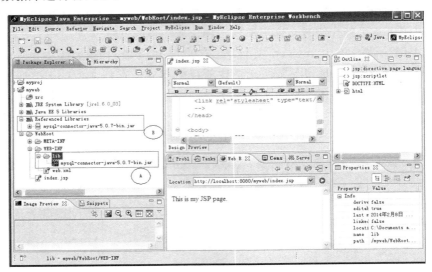

图 A-63 myweb 项目加载成功数据库 JDBC 驱动程序

下面在 myweb 项目的 index.jsp 文件中编码,实现对数据库的访问与显示。在本附录的图 A-54～图 A-60 中演示了该 JSP 文件的内容及运行结果。现在修改该文件内容,使其能访问并显示数据库表 user 中的数据。修改 index.jsp 代码的内容如下所示:

```
<%@page language="java" import="java.util.* ,java.sql.* " pageEncoding=
"gbk"%>
<!DOCTYPE HTML PUBLIC "-//W3C//DTD HTML 4.01 Transitional//EN">
<html>
  <head>
    <title>数据库中所有的用户显示</title>
  </head>
  <body>
```

```
<%   try {
    Class.forName("com.mysql.jdbc.Driver");
    Connection conn=DriverManager.getConnection(
        "jdbc:mysql://localhost:3306/mydatabase", "root", "1234");
    Statement stat=conn.createStatement();
    ResultSet rs=stat.executeQuery("select * from user");
    while (rs.next()) {
        out.print(rs.getString("name")+" ");
        out.print(rs.getString("password")+"<br>");
    }
```

```
        rs.close();
        stat.close();
        conn.close();
    } catch (Exception e) {
        e.printStackTrace();
    }
%>
```

```
</body>
</html>
```

　　上述代码方框中是新增的对数据库操作的代码，为了简洁起见，将部分原 index.jsp 中的代码删去（上述代码的含义见本书第 3 章的介绍，这里不再赘述）。

　　index.jsp 代码修改成功后进行保存，启动 Tomcat 服务器，如图 A-58、图 A-59 所示，在浏览器的地址栏中输入地址：http://localhost:8080/myweb/index.jsp 运行 index.jsp 网页，显示的结果如图 A-64 所示。在图 A-64 中，B 方框显示了输入的地址，而 C 方框则显示了数据库中的数据。该界面的显示结果表示在 JSP 中访问数据库成功。

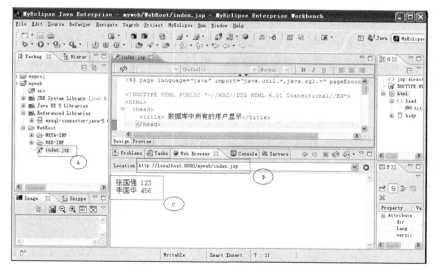

图 A-64　修改后的 index.jsp 运行结果

SSH 框架技术简介

SSH 是由开源框架 Struts、Spring、Hibernate 组成的一个集成框架,是目前较流行的一种基于 MVC 的 Web 应用开发技术。上述三个框架可以单独使用,一般人们常将它们放在一起集成使用。

关于 SSH 框架的详细信息可参考相应的文献。在此,对本章前 10 章介绍的相应的 MVC 实现技术不作介绍,而是针对 SSH 框架与其对应的实现技术方面作简单介绍。

1. SSH 框架概述

所谓的框架(Framework),就是已经开发好的一组组件,程序员可以利用它来快速地实施自己的软件项目、定制自己的应用骨架。相对于一个一个语句地开发软件,利用框架程序员可以更快速地开发自己的系统。从技术角度看,框架是整个或部分系统的可重用设计,表现为一组抽象构件及构件实例间的交互方法。

Struts、Spring、Hibernate 三大框架是在 Java EE(Java 企业版)基础上创建的,而 Java EE 是在 Java SE(Java 标准版,也是 Java 的核心)基础上构建的。本书前 10 章代码与案例基本上是基于 Java SE 开发的。但是提到 Struts、Spring、Hibernate 三大框架就必须提到 Java EE 及它们之间的关系。

Java EE(Java Platform,Enterprise Edition)是 Sun 公司推出的企业级应用程序版本(这个版本以前称为 J2EE)。它能帮助我们开发和部署可移植、健壮、可伸缩且安全的 Java Web 应用程序。Struts、Spring、Hibernate 三大框架与 Java EE 及用户应用程序的关系如图 B-1 所示。

应用程序		
Struts	Hibernate	Spring
Java EE		
Java SE		

图 B-1 三大框架与 Java EE 及应用程序的关系

图 B-1 显示 Java EE 是三个框架 SSH 的基础,而 Java SE 又是 Java EE 的基础。本书前 10 章介绍的基于 MVC 的 JSP Web 应用软件开发,是主要建立在 Java SE 标准版基础上的软件开发。但 Java EE 提供了大量的组件、框架等前 10 章涉及比较少的内容,在构建大型的软件开发时用 Java EE 框架更能给程序员带来方便。

2. SSH 框架各自职责

回顾本书介绍的用 JSP 等基础技术开发 MVC 模式的 Web 应用程序,包括

(1) 实体类:封装数据的 JavaBean,并通过其实例化数据对象。

（2）数据库处理层：JDBC 获取数据库连接。

（3）视图层（表示层）：JSP 及对数据对象的访问，将数据对象存储在 request、session 等内置对象中，在 JSP 中通过 Java 小脚本、EL 表达式、JSP 标准动作等进行访问；JSTL 标签对处理及数据的表示等。

（4）控制层：用 Servlet 作为控制器进行程序处理的控制部件。

（5）模型层：封装业务处理的 JavaBean，以被其他程序调用。

但是，仅用上述技术进行大型软件的开发，软件编码工作量将非常大。例如：任何复杂的数据库操作会写庞大的 SQL 语句，不但难写而且容易出错，也不利于调试；一个处理可能对应一个 Servlet 控制器，这样 Servlet 数量庞大，管理起来困难；数据对象的创建及处理需要编写大量的代码，访问数据对象也不方便；数据的表示以及 JSP 中的相关标签也不丰富；集成各个模块，维护与管理这些模块不方便，不能进行程序在运行中进行维护等。

SSH 框架就是针对这些问题进行开发的。Struts、Hibernate、Spring 各框架的作用是：

（1）Struts 作为系统的整体基础架构，负责 MVC 的分离，在 Struts 框架的模型部分，控制业务跳转，负责在表示层展现数据对象中的数据。它提供控制器（Action）、数据对象、操作及视图层中的展现。

（2）Hibernate 框架对持久层提供支持。它封装了 JDBC，以对象的形式提供对数据库的操作，实现数据对象的持久化。它是数据库处理层的技术框架。

（3）Spring 管理 Struts 和 Hibernate 实现的内容，使各软件模块在松散耦合状态下运行。Spring 提供域模块的管理，构成了域模块层的管理。同样 JavaBean 封装了底层的业务逻辑，包括数据库访问等。

采用上述开发模型，不仅实现了视图、控制器与模型的彻底分离，而且还实现了业务逻辑层与持久层的分离。这样无论前端如何变化，模型层只需很少的改动，并且数据库的变化也不会对前端有所影响，从而提高了系统的可复用性。而且由于不同层之间的耦合度小，有利于团队成员并行工作，大大提高了软件开发效率。

3. SSH 各框架简介

SSH 框架同样面对的是 MVC 模式的软件开发，根据 SSH 各框架的特点，它们分别从职责上将系统分为 4 层：表示层、业务逻辑层、数据持久层和域模块层，以帮助开发人员在短期内搭建结构清晰、可复用性好、维护方便的 Web 应用系统。

1）Struts 框架

Struts 是 Apache 软件组织提供的一项开放源码项目，它也为 Java Web 应用提供了模型-视图-控制器（MVC）框架，尤其适用于开发大型可扩展的 Web 应用。Struts 这个名字来源于在建筑和旧式飞机中使用的支持金属架。Struts 为 Web 应用提供了一个通用的框架，使得开发人员可以把精力集中在如何解决实际业务问题上。

Struts 框架是 MVC 的一种实现（如图 B-2 所示），它继承了 MVC 的各项特性，并根据 J2EE 的特点，做了相应的变化与扩展。此外，Struts 框架提供了许多供扩展和定制的地方,应用程序可以方便地扩展框架,来更好地适应用户的实际需求。

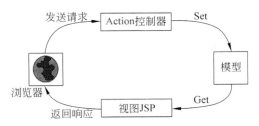

图 B-2　Struts 框架是 MVC 的一种实现

　　Struts 提供了丰富的标签库,通过标签库可以减少脚本的使用,自定义的标签库可以实现与模型的有效交互,并增加了现实功能。Struts 中 Action 控制器负责处理用户请求,本身不具备处理能力,而是调用模型来完成处理。

　　Struts1 是第一个开放源码的框架,用来开发 Java Web 应用,它是使用最早、应用最广的 MVC 架构。而 Struts 2 是 Struts 的下一代产品,是在 Struts 1 和 WebWork 的技术基础上进行了合并的全新的 Struts 2 框架。其全新的 Struts 2 的体系结构与 Struts 1 的体系结构差别巨大。Struts 2 以 WebWork 为核心,采用拦截器的机制来处理用户的请求,这样的设计也使得业务逻辑控制器能够与 Servlet API 完全脱离开。

　　Struts 2 框架以 Action 作为控制器,数据存放在数据对象或 Action 属性中;丰富的 Struts 标签提供数据的各种显示;对象图导航语言(Object Graphic Navigation Language,OGNL)提供方便的数据对象的访问。

　　2) Hibernate 框架

　　Hibernate 是一个开源的对象关系映射(ORM)框架,以对对象操作的形式对数据进行数据库操作(即持久化操作);它对 JDBC 进行了非常轻量级的对象封装,使得 Java 程序员可以随心所欲地使用对象编程思维来操纵数据库。Hibernate 可以应用在任何使用 JDBC 的场合,既可以在 Java 的客户端程序使用,也可以在 Servlet、JSP、Struts 的 Web 应用中使用。

　　Hibernate 框架对数据的持久化操作。数据存放在数据对象中,一个数据对象只有一个对象名(有若干属性),且只有新增、修改、删除、查询操作。如果用 JDBC 方式进行操作,就需要对这些属性(对应数据库表的字段)编写大量的 SQL 语句,这些 SQL 语句可能有多个表、多个参数、多个条件、多重嵌套等。如果简化成对数据对象的操作,而复杂的针对表与字段的 SQL 语言简化成简单的对对象的操作(HQL 语言),则能大大简化对数据库的操作。Hibernate 框架就是基于该思想产生的,当然数据对象与数据库表、属性与字段的对应关系及转换,是由 Hibernate 框架完成(基于其 ORM 模型)的,用户只需要做简单的配置与编码便可以完成基于 Hibernate 框架的数据处理层及对数据的持久化操作。

　　3) Spring 框架

　　Spring 是一个开源框架,是为了解决企业应用开发的复杂性而创建的。最初人们常用 EJB 来开发 J2EE 程序的,但 EJB 开始的学习和应用非常困难。EJB 需要严格地继承各种不同类型的接口,类似的或者重复的代码大量存在,配置也是复杂和单调的。总之,学习 EJB 的高昂代价和极低的开发效率,造成了 EJB 的使用困难。而 Spring 出现的初衷就是为了解决类似的这些问题。

Spring 带来了复杂的 J2EE 开发的春天。它的目标是为 J2EE 应用提供全方位的整合框架,在 Spring 框架下实现多个子框架的组合,这些子框架之间可以彼此独立,也可以使用其他的框架方案加以代替,Spring 希望为企业应用提供一站式的解决方案。Spring 是一个轻量级控制反转(IoC)和面向切面(AOP)的容器框架,而其核心是轻量级的 IoC 容器。所谓轻量的含义是指大小、开销两方面都是小的(相应地 EJB 被认为是重量级的容器)。完整的 Spring 框架可以在一个大小只有 1MB 多的 jar 文件里发布,并且 Spring 所需的处理开销也是微不足道的。此外,Spring 是非侵入式的、典型的,Spring 应用中的对象不依赖于 Spring 的特定类。

Spring 框架是由 Rod Johnson 创建的。它使用基本的 JavaBean 来完成以前只可能由 EJB 完成的事情。然而,Spring 的用途不仅限于服务器端的开发。从简单性、可测试性和松耦合的角度而言,任何 Java 应用都可以从 Spring 中受益。Spring 之所以与 Struts、Hibernate 等单层框架不同,是因为 Spring 致力于提供一个以统一的、高效的方式构造整个应用,并且可以将单层框架以最佳的组合糅合在一起建立一个连贯的体系。可以说 Spring 是一个提供了更完善开发环境的框架,可以为 POJO(Plain Old Java Object)对象提供企业级的服务。

控制反转(IoC)——一种技术促进松耦合的技术。当应用了 IoC 后,一个对象依赖的其他对象就会通过被动的方式传递进来,而不是这个对象自己创建或者查找依赖对象。你可以认为 IoC 与 JNDI 相反——不是对象从容器中查找依赖,而是容器在对象初始化时不等对象请求就主动将依赖传递给它。

面向切面(AOP)——允许通过分离应用的业务逻辑与系统级服务进行内聚性的开发。应用对象只实现它们应该做的——完成业务逻辑——仅此而已。它们并不负责其他的系统级关注点,例如日志或事务支持。

Spring 可以将简单的组件配置、组合成为复杂的应用。在 Spring 中,应用对象被声明式地组合,典型地是在一个 XML 文件里。Spring 也提供了很多基础功能(事务管理、持久化框架集成等),将应用逻辑的开发留给了程序员。

所有 Spring 的这些特征使你能够编写更干净、更可管理并且更易于测试的代码。它们也为 Spring 中的各种模块提供了基础支持。

4. 利用 SSH 框架开发软件的过程

类似于 JSP、Servlet、JavaBean 是 MVC 模式的一种实现,SSH 框架技术也是 MVC 的一种实现,是一种适合大型软件开发的模式。

在应用 SSH 框架进行软件开发时,首先根据面向对象的分析方法提出一些模型,然后再考虑这些模型的实现。在实现时系统中的部件分为业务领域部分的与系统通用部分的,通用部分尽量先做出来。

首先,编写基本的数据处理层(Data Access Objects,DAO)接口,并给出 Hibernate 的 DAO 实现,即采用 Hibernate 架构实现的 DAO 类来实现各模块与数据库之间的转换和访问,并配置 Spring 管理对模块进行管理的机制与环境。

其次,是对业务领域模块的编写与实现。在进行业务领域模块编写时,首先通过 Struts 搭建该域模块的 MVC 结构。在表示层中通过 JSP 页面实现交互界面,负责显示和存取数据对象中的数据(Action 属性中或数据对象中);配置文件(struts. xml)将 Action 接收的数据通过直接访问 Action 属性中或模型(数据对象)给相应的 Action 控制器处理。Action 控制器负责调用 JavaBean 实现的模型(Model)进行业务逻辑处理,这些模型组件构成了业务模型层。

在业务层中,其实现数据的持久化依赖于 Hibernate 的对象化映射和数据库交互,处理 DAO 组件请求的数据,并返回处理结果。Spring 相应的管理服务组件的 IoC 容器负责向 Action 提供业务模型组件和该组件的协作对象数据处理组件(DAO)完成业务逻辑,并提供事务处理、缓冲池等容器组件以提升系统性能和保证数据的完整性。也就是说,Spring 容器对 Struts 和 Hibernate 的组件进行管理。

参 考 文 献

［1］ 姜大源.论高等职业教育课程的系统化设计——关于工作过程系统化课程开发的解读［J］.中国高等教育,2009,04：66-70.

［2］ 沈泽刚,秦玉平.Java Web 编程技术.北京：清华大学出版社,2010.

［3］ 聂哲,范新灿,张霞.JSP 动态 Web 技术实例教程.北京：高等教育出版社,2009-1.

［4］ 张恒汝,虞晓东.精通 Eclipse 整合 Web 开发.北京：人民邮电出版社,2008-8.

［5］ 吴亚峰,纪超.Java SE 6.0 编程指南.北京：人民邮电出版社,2007.

［6］ 刘志威,宁云智,刘雄军,等.JSP 程序设计案例教程.北京：高等教育出版社,2013-4.

［7］ （美）Robert C Martin. 敏捷开发方法：原则、模式与实践. 邓辉,译. 北京：清华大学出版社,2003.

［8］ Brett McLaughlin Gary, Pollice David West.深入浅出面向对象分析与设计.南京：东南大学出版社,2009.

［9］ 杨律青.软件项目管理.北京：电子工业出版社,2012.

［10］ （美）Craig Larman. UML 和模式应用——面向对象分析与设计导论. 李洋,郑焱,译. 北京：机械工业出版社,2001.

［11］ 温昱.软件架构设计.北京：电子工业出版社,2007.

［12］ 王珊,萨师煊. 数据库系统概论(第四版).北京：高等教育出版社,2006.

［13］ 贲可荣,何智勇.软件工程：基于项目的面向对象研究方法.北京：机械工业出版社,2009.

［14］ （美）Carma McClure. 软件复用技术：在系统开发过程中考虑复用. 廖泰安,宋志远,沈升源,译. 北京：机械工业出版社,2003.

［15］ 张海藩.软件工程导论(第五版).北京：清华大学出版社,2008.

［16］ 李绪成,滕英岩,闫海珍.Java EE 实用教程.北京：电子工业出版社,2008.

［17］ 开源社区联盟网.Eclipse 集成开发环境.2013-07-12.